U0203578

晋城市水资源配置研究

周林康 刘 虎 李雪洁 王 丹 唐青凤 晋 华 著

 黄河水利出版社

· 郑州 ·

内容提要

本书以新时期治水思路为指导，以"三条红线"为约束，总结了晋城市水资源配置工作实践经验，结合晋城市的水资源条件和社会经济发展规划，对不同规划水平年进行了需水预测、供水预测，在此基础上制订了水资源配置、节约用水、水资源保护、岩溶泉域生态修复、饮用水水源地保护等规划方案，并对规划实施效果进行了分析。

本书可供从事水资源规划管理工作的工程技术人员使用参考。

图书在版编目（CIP）数据

晋城市水资源配置研究 / 周林康等著 . —郑州：黄河水利出版社，2022.8

ISBN 978-7-5509-3363-7

Ⅰ . ①晋… Ⅱ . ①周… Ⅲ . ①水资源管理 - 资源配置 - 研究 - 晋城 Ⅵ . ① TV213.4

中国版本图书馆 CIP 数据核字（2022）第 155753 号

出 版 社：黄河水利出版社　　　　　　　　　　　　网址：www.yrcp.com

地址：河南省郑州市顺河路黄委会综合楼 14 层　　邮编：450003

发行单位：黄河水利出版社

发行部电话：0371-66026940、66020550、66028024、66022620（传真）

E-mail：hhslcbs@126.com

承印单位：河南博雅彩印有限公司

开本：787 mm×1 092 mm　　1 / 16

印张：21.75

字数：380 千字

版次：2022 年 8 月第 1 版　　　　　　　　印次：2022 年 8 月第 1 次印刷

定价：108.00 元

前　言

　　水是经济社会发展的基础性、战略性资源，水资源的承载空间决定了经济社会的发展空间。水资源配置既是调控水资源需求与分布的有效措施，也是解决水资源问题的重要途径，对实现水资源可持续利用、缓解水资源供需矛盾具有重要意义。我国人多水少，水资源时空分布不均，与生产力布局不相匹配，破解水资源配置与经济社会发展需求不相适应的矛盾，是新阶段我国发展面临的重大战略问题。

　　2011年，中央一号文件明确提出要完善优化水资源战略配置格局，实行最严格的水资源管理制度。在最严格的水资源管理制度下，水资源配置要以"三条红线"为控制目标，通过统筹协调各行业用水需求，处理好水与经济社会发展的关系；通过统筹考虑治山、治林、治田、治湖、治草，处理好水与生态系统中其他要素的关系。通过水资源的刚性约束，倒逼经济结构转型升级，促进河湖和地下水生态环境的改善，实现水资源的可持续利用，保障经济社会的可持续发展，切实践行"绿水青山就是金山银山"的发展新理念。

　　2014年，习近平总书记提出"节水优先、空间均衡、系统治理、两手发力"的新时期治水思路，为新时代的水资源配置工作提供了科学行动指南。新时期治水思路立足流域整体和水资源空间均衡配置，科学推进工程规划建设，提高水资源集约节约利用水平，科学回答了如何处理好水资源开发利用增量与存量的关系、水资源与经济社会发展的关系、治水要素之间的关系，是统筹解决新老水问题，支撑和保障全面建设社会主义现代化国家的逻辑严密的治水理论体系。

　　目前，水资源配置已经成为水资源管理工作的重要内容，保障了经济社会的快速发展，但仍存在水资源配置整体性和系统性研究不够、与最严格水资源管理制度相结合的研究较少、与新时期治水思路相适应的实践缺乏等诸多问题。鉴于此，本书以新时期治水思路为指导，以"三条红线"为约束，总结了晋城市水资源配置工作实践经验，旨在为晋城市未来规划提供技术支撑，也可为类似城市发展用水提供参考。相信本书出版发行，对广大从事水资源规划管理的工程技术人员有一定的借鉴作用。

　　全书共分13章，各章的撰写人员为：第1、5、9章，周林康；第2、4章，刘虎；第 3、8 章，李雪洁；第 6、7、11 章，王丹；第 10、13 章，唐青凤；第 12 章，晋华。周林康负责全书统稿工作。

　　本书是在晋城市水务局、太原碧蓝水利工程设计股份有限公司的大力支持下完成的。本书在撰写过程中还参阅和引用了大量资料与文献，因篇幅有限，未一一列举，在此对有关单位及作者一并表示衷心感谢。

　　限于作者水平，书中难免存在不妥之处，恳请读者批评指正。

作　者

2022 年 6 月

目 录

第 1 章　水资源配置概论

1.1　背景和意义

人多水少、水资源时空分布不均、人口和资源分布与水资源分布不一致、水资源供需矛盾突出、水污染和水生态退化是我国的基本国情水情。我国的淡水资源总量约为 2.8 万亿 ㎥，占全球水资源量的 6%，人均占有量约2 150 ㎥，是世界平均水平的 1/4。我国大部分水资源集中分布在长江以南地区，长江流域及其以南地区国土面积只占全国的 36.5%，其水资源量却占全国的 81%；而淮河流域及其以北区域的国土面积占全国的 63.5%，水资源量仅占全国的 19%。水资源的时间分布变异大，北方大部分地区每年 6—9 月的降水量占全年的 60% ~ 80%，容易形成春旱夏涝。"胡焕庸线"东南侧 43% 的国土面积，集聚了全国 94% 的人口和 96% 的 GDP，压倒性地显示出高密度的经济、社会功能；而西北则地广人稀、干旱缺水，其发展经济、集聚人口的功能较弱。以人均水资源量和人均供水量、人均 GDP 和人均耕地面积、IV类及以下水质河长所占比例等涉及水资源及其利用、区域经济发展和生态环境状况的代表性指标分析的区域经济社会发展与水资源开发利用协调匹配的程度表明，我国山东、山西、河南、辽宁 4 个省的区域发展与水资源极不匹配，这些地区的持续发展受到水资源严重制约；天津、河北、内蒙古、吉林、安徽、陕西、甘肃 7 个省（区、市）的发展与水资源不匹配，未来的发展将进一步受到水资源的制约；基本匹配的有北京、上海、江苏、浙江、福建、湖北、广东、海南、四川、宁夏、黑龙江 11 个省（区、市），这些地区通过当地水资源或通过实施外调水，基本实现了水资源配置与区域发展相协调；江西、湖南、广西、云南、西藏、贵州、青海、重庆、新疆地区的发展基本不受水资源制约。总体来看，全国近 40% 的省（区、市）区域发展与水资源配置不匹配，水资源支撑能力仍将是影响我国经济社会发展的主要因素。

2016 年河流 I ~ III 类水体达到 76.9%，劣 V 类水体比例下降到 9.8%；一级水功能区达标率 64.8%，二级水功能达标率 54.5%。湖泊富营养化轻度占 62%、中度占 38%，湖泊一级水功能区达标率 76.9%，二级水功能达标率

70.5%。河流、湖泊的主要污染物为总磷、化学需氧量和氨氮。总体上，大江大河干流水质、水生态环境稳步改善。

　　随着我国新型工业化、信息化、城镇化、农业现代化的深入发展，预计水资源取、耗、排水量将在较长时期内保持增长，水资源供需矛盾将更加尖锐，水环境和水生态的承载压力将更大。尽管随着我国节水型社会建设的不断推进，经济布局和产业结构的调整、技术创新和节水灌溉技术的推广应用，2016 年全国人均综合用水量 438 ㎥，万元国内生产总值（当年价）用水量 81 ㎥，万元工业增加值（当年价）用水量 52.8 ㎥，水资源利用效率有所提高，但与国际先进水平相比，用水效率和效益总体上仍然不高且地区差异较大，用水方式粗放、用水浪费等问题依然突出。在工业用水方面，水的重复利用率偏低，万元工业增加值用水量是发达国家的几倍；在农业用水方面，渠系完好率低，工程配套差，水的利用效率不高，灌溉水有效利用系数仍较低；在生活用水方面，节水器具采用率依然偏低。因此，对区域的水资源条件、开发利用、水环境和生态环境进行更细致的分析，合理配置水资源、提高用水效率、控制入河排污量，不仅有助于区域水资源的可持续利用，更有助于保障我国经济社会长期平稳较快发展。

1.2　水资源配置的基本内涵

1.2.1　水资源配置的概念

　　水利部 2002 年印发的《全国水资源综合规划技术大纲》给出的水资源配置定义是：水资源配置是指在流域或特定的区域范围内，遵循公平、高效和可持续利用的原则，通过各种工程与非工程措施，考虑市场经济的规律和资源配置准则，通过合理抑制需求、有效增加供水、积极保护生态环境等手段和措施，对多种可利用水源在区域间和各用水部门间进行的调配。

　　水资源配置是保障人类可持续开发与利用水资源的有效手段，它涉及经济、社会、生态和环境等领域，主要解决经济社会可持续发展中水资源供需问题、水环境污染问题、水资源高效利用问题等，涵盖了水资源开发与利用、节约与保护、治理与管理等各个方面。水资源配置中既要注重经济社会可持续发展，又要保护生态环境和谐发展，还要保障人民大众幸福生活；既要保证江河湖等地表水体的基本生态需水，又要保证地下水的采补平衡，维持水循环在时间和空间上的基本稳定。一般来讲，水资源配置的结果对某一用水户的取用水效益可能不是最好的，但对水资源配置的整个取用水系统而言，其总体的经济效益、社会效益和生态环境效益一定是最好的。

1.2.2　水资源配置的目标和任务

水资源配置主要是为了满足社会经济发展，促进人和环境和谐相处，是针对水资源短缺和用水竞争的实际提出的。水资源配置是将流域水资源循环转化为与人工用水的供、用、耗、排水过程相适应并互相联系的一个整体，通过对区域之间、用水目标之间、用水部门之间水量和水环境容量的合理调配，实现水资源开发利用和流域（区域）经济社会发展与生态环境保护的相互协调，促进水资源的持续利用，提高水资源的承载能力，缓解水资源供需矛盾，遏制生态环境恶化的趋势，支撑经济社会的可持续发展。因此，水资源配置的目标是满足人口、资源、环境与经济有序协调发展对水资源在时间、空间、数量和质量上的要求，使特定区域中有限的水资源在不同水用途之间进行合理分配，获得最大的水资源利用效率和效益，实现水资源的合理开发和可持续利用。

水资源配置以水资源调查评价、水资源开发利用情况调查评价为基础，结合需水预测（包括河道内及河道外用水）、供水预测、节约用水、水资源保护等内容进行，其主要任务如下：

（1）提出合理有效的水资源开发利用方式。对区域水资源状况、供水工程、可利用量进行分析，制定符合区域实际情况和满足未来社会发展需求的水资源开发利用方式。

（2）分析社会人口和经济发展、环境和生态保护等对水资源的需求。对水资源配置区域进行用水结构、用水效率分析，预测未来社会生活水平提高、社会经济发展以及生态环境保护条件下的规划区域的水资源需求。

（3）评价区域的水环境质量。对区域的地表水、地下水环境质量进行评价，分析污染程度及原因，制定能满足区域所属水功能区纳污能力和水质要求的水环境保护措施和治理目标。

（4）供需平衡分析。根据区域供水工程模式、城镇化程度、经济发展模式和产业布局进行水资源供需平衡分析，确定生活、生产和生态的供水水源构成、可供水量和供水保证率、余缺水量和缺水程度及其空间分布。

（5）提出总体布局和实施方案。统筹考虑水资源的开发、利用、治理、配置、节约和保护，提出水资源开发利用总体布局、实施方案与管理方式，总体布局要工程措施与非工程措施紧密结合，实施方案要总体目标、任务与措施相协调。

1.2.3 水资源配置基本原则

水资源配置是在水资源供需和用水部门之间矛盾日益突出的背景下提出和发展起来的。它经历了以需定供的水资源配置、以供定需的水资源配置和可持续发展的水资源配置等几个阶段。特别是 20 世纪 90 年代以后，随着可持续发展理论的提出和发展，水资源配置逐渐将社会、经济、资源、环境的协调发展作为目标，公平性、高效性和可持续性成为水资源配置的最基本原则。

1.2.3.1 公平性

水资源具有多种属性和功能。从其资源属性看，水资源作为人类生存和发展不可缺少和替代的基础资源，其分配应遵循公平的原则。首先水资源的开发利用不仅要满足当代经济社会发展需要，也要考虑后代生存和发展的需要，即要保证水资源的代际公平（不同代人之间的公平）；其次，水资源的开发利用要兼顾城乡间、城市间、上下游、左右岸的公平，以及经济社会发展和生态环境保护用水的公平性，即保证水资源的代内公平（同代人之间的公平）。

代际公平要求当代人处理好近期和远期、当代和未来的水资源开发利用关系，水资源开发利用量不超过水资源的可利用量，维护好水资源的再生能力，保证后代人能获得数量上满足、质量上安全的水资源，使子孙后代与当代人拥有同样的发展机会和良好的生存环境。

代内公平要求不仅要考虑不同区域的水资源开发利用的公平性，也要保证社会各群体用水的公平性。既注重经济社会发展，又要满足山水林田湖的基本生态需水，维持地表水产水量基本稳定、地下水采补平衡，不同尺度的水循环基本稳定，使城乡居民在饮水安全、生产用水和良好人居环境等方面拥有平等的权利。

1.2.3.2 高效性

水资源配置的高效性是通过水资源的配置使有限的水资源发挥最大的效益和效率，它是由水资源的商品属性确定的。但在一般情况下，水资源配置的结果对某一水资源用户来讲效益并不是最高、最好的，但对区域整体的用水系统来讲，其综合效益一定是最高和最好的。高效性原则追求的是通过水资源的配置提高水资源的开发利用效率和单位水资源的经济效益。水资源配置的高效性体现在供水高效和用水高效两个方面。

供水高效可以通过工程措施以及非工程措施来干预水资源的天然时空分

布，实现水资源的高效利用；同时可以通过统筹生活、生产和生态环境的用水要求，合理配置地表水与地下水、常规与非常规水源、优质水与劣质水等水源，提高水资源的利用效率。

用水高效原则强调通过水资源的节约与保护，提高水资源的利用效率，实现水资源的合理配置和高效利用。按照"节水优先、治污为本、循环利用"的要求，通过节水、降耗、治污、减排和循环利用，提高单位水资源的经济产出，实现水资源的高效利用。

1.2.3.3　可持续性

自然资源的可持续利用是保障社会大系统可持续发展的基础，水资源作为人类生存和发展不可替代的资源，可持续性显得尤为重要。水资源配置的目标就是使涉及社会、经济、环境、资源等众多方面的动态、多变、不平衡的水资源复杂大系统有序运行，保障区域经济、社会的持续发展；水资源配置合理可以对生态环境产生良好的影响，促进经济社会的持续发展，配置不合理也可导致生态环境恶化，影响经济、社会正常发展。即在水资源配置过程中，应以保障"环境-经济-社会"大系统的良性循环为目标，以确保人类和经济社会的可持续发展。

水资源作为一种可再生的资源，其重点是将水资源的开发利用速度限制在水资源的再生速率之内，将水资源的开发利用控制在合理的范围内，并最大可能地降低水资源在时间和空间上的变异性，以维持水资源的可再生能力与生态系统的整体性，给子孙后代留下足够的资源和发展的空间。水资源配置中可持续性的核心就是通过在自然与社会经济系统之间的水资源合理配置，有效解决或缓解生态环境系统与社会系统及经济社会系统内不同区域、不同用水部门之间的用水矛盾，最终实现以水资源的可持续性支撑人类社会生活、生产和生态用水的可持续性及自然系统用水的持续性，实现自然和人类社会的和谐发展。

1.3　基于"三条红线"的水资源配置

1.3.1　"三条红线"的基本内涵

1.3.1.1　背景概述

水资源作为一种基础资源和战略资源，在保障经济社会快速发展、提高人民生活水平和改善生产条件等方面有着十分重要的作用。新中国成立以来，特别是改革开放以来，党和国家高度重视水资源配置工作，水资源开发、利用、节约、保护和管理工作取得了显著成绩，有力地保障了我国经济快速增长对水资源的需求。但同时也要看到，我国正处于工业化和城镇化高速发展的时期，人多水少、水资源时空分布不均的水资源问题依然是制约我国经济发展的主要瓶颈。如果不转变经济发展方式，水资源支撑不住，水环境容纳不下，社会承受不起，我国经济发展将难以为继。鉴于此，中央在"十二五"时期将我国经济增长的年均目标下调为7%，把建设资源节约型、环境友好型社会作为经济增长方式的主要约束条件，更加注重经济发展的质量和效益。中央相继做出了加快水利改革发展、保障国家水安全、实行最严格水资源管理制度、推进重大水利工程建设、加强水污染防治等一系列决策部署，水安全上升为国家战略，水利改革发展取得重大成就。2011年中央一号文件明确了我国要实行最严格的水资源管理制度，从制度上保障了经济社会发展与水资源水环境承载能力相适应。文件以专门章节和较长篇幅深入阐述了"确立三条红线，建立四项制度"等水资源管理的内容和要求。这是党中央、国务院在充分考虑我国的基本国情、发展阶段和资源禀赋的基础上做出的重大决策，也是为保障经济社会可持续发展所做的必然选择，对我国的科学发展产生了重大而深远的影响。通过对生产、流通、消费等各领域形成反向的倒逼和约束机制，以尽可能小的水资源消耗和水环境损失获得尽可能大的经济效益和社会效益。

党的十八大以来，习近平总书记多次就治水发表重要论述，强调保障水安全必须坚持"节水优先、空间均衡、系统治理、两手发力"的治水思路，强调水安全是涉及国家长治久安的大事，全党要大力增强水忧患意识、水危机意识，从全面建成小康社会、实现中华民族永续发展的战略高度，重视解决好水安全问题。这标志着我们党对水安全问题的认识达到了新的高度，对推进中华民族治水兴水大业具有重大而深远的意义。新时期要坚持节水优先、治污为本、因水制宜、量水而行，倡导循环经济、清洁生产、绿色发展，实行水资源消耗总量与强度双控措施，提高用水效率和促进产业转型升级。即在新时期更应强化"三条红线"管理，坚持以水定需、量水而行、因水制宜的水资源开发、利用、节约、保护和管理工作。按照"空间均衡"原则配置水资源，强化规划水资源论证，加强与城市总体规划以及土地利用总体规划等规划的衔接，推动落实以水定城、以水定地、以水定人、以水定产。把水资源条件作为区域发展、城市建设、产业布局等工作的重要前置工作，让水资源配置为经济社会持续健康发展提供坚实后盾。

1.3.1.2　基本内涵

"三条红线"是 2011 年中央一号文件和中央水利工作会议中提出的"实行最严格的水资源管理制度"中的主要内容，分别为水资源开发利用控制红线、用水效率控制红线和水功能区限制纳污红线，"红"体现最严格，"线"体现管控目标。水资源开发利用控制红线的量化指标是区域的用水总量，其作用主要是对流域或者较大区域进行水资源的宏观管理，通过对流域或区域水资源消耗总量控制，实现流域水资源可持续利用；用水效率控制红线的量化指标主要是万元国内生产总值用水量、万元工业增加值用水量和农田灌溉水有效利用系数，其作用是实现对特定行业或者用水户的微观用水管理，同时也可以作为宏观控制指标实现对一个流域或区域用水效率的考核，以改善水资源利用状况，促进全社会用水效率的提高；水功能区限制纳污红线的量化指标是水功能区纳污能力和水质达标率，其作用是促进水体功能改善和污染治理，有效解决我国地表水质量状况与其开发利用需求不协调问题，保障资源节约型、环境友好型社会建设的有序推进，是对水环境质量进行管理。三者一起实现对水资源的系统管理。三条红线之间既有区别，也有联系。随着用水效率的提高，用水总量和排污量可有效减少；随着排污量的减少，水功能区的水环境质量能得到有效改善；反过来，水功能区管理目标达到了，可以增加供水量，水资源短缺问题就可以得到很好的解决。

2011 年 1 月，国务院发布了《关于实行最严格水资源管理制度的意见》（以下简称《意见》），这是继中央一号文件和中央水利工作会议明确要求实行最严格水资源管理制度以来，国务院对实行这项制度做出的全面部署和具体安排，对于解决中国复杂的水资源水环境问题，实现经济社会的可持续发展具有重要意义和深远影响。《意见》提出了实行最严格水资源管理制度的指导思想，核心是围绕水资源配置、节约和保护"三个环节"，通过健全制度、落实责任、提高能力、强化监管"四项措施"，严格用水总量、用水效率、入河湖排污总量"三项控制红线"，加快节水型社会建设，促进水资源可持续利用和经济发展方式转变，推动经济社会发展与水资源水环境承载能力相协调。《意见》确立了水资源开发利用控制、用水效率控制和水功能区限制纳污"三条红线"的控制目标，它们分别为：水资源开发利用控制红线到 2030 年全国用水总量控制在 7 000 亿 m³ 以内；用水效率控制红线到 2030 年用水效率达到或接近世界先进水平，万元工业增加值用水量降低到 40 m³ 以下，农田灌溉水有效利用系数提高到 0.6 以上；水功能区限制纳污红线到 2030 年主要污染物入河湖总量控制在水功能区纳污能力范围之内，水功能区水质达标率提高到 95% 以上。水资源"三条红线"指标体系充分考虑了区域的水资源条件、社会经济发展水平以及未来经济社会发展的用水需求，同时还兼顾了区域的差异性，既体现出对落后地区加大节约和保护力度的压力，又对先进地区提出激励措施。"三条红线"是水资源开发利用的底线，一旦这个底线被突破，经济社会发展就要受损，生态环境就要受到严重影响。

2016 年 10 月，经国务院同意，水利部和国家发展改革委联合印发《"十三五"水资源消耗总量和强度双控行动方案》（以下简称《方案》），水资源双控行动实质上是最严格水资源管理制度的进一步延伸，是党中央、国务院推进生态文明建设、有效应对水资源短缺和浪费双重压力、解决水资源约束趋紧的重大战略举措。"双控"一是指水资源消耗总量控制，二是指水资源消耗强度控制。水资源消耗总量控制是从用水总量上对水资源开发利用进行宏观控制，是水资源管控的关键指标。水资源消耗强度控制是从用水环节及用水过程进行控制，是对用水效率的控制。它强调总量强度双控与转变经济发展方式相结合、政府主导与市场调节相结合、制度创新和公众参与相结合、统筹兼顾与分类推进相结合等"四个相结合"。实施水资源消耗总量和强度双控行动，是促进水资源可持续利用、保障经济社会可持续发展、贯彻落实绿色发展理念、推进生态文明建设和创新水资源管理体制机制的重要举措。实施水资源消耗总量和强度双控行动可从源头上减少污染物排放，突破水资源短缺瓶颈，提高我国经济发展的绿色水平，实现以水资源可持续利用保障经济社会可持续发展。

1.3.2 "三条红线"约束下的水资源配置

水资源配置是在分析区域水资源开发利用、节约用水、水资源保护和供需水预测等基础上形成的总体方案。它与最严格水资源管理制度中的"用水总量控制""用水效率控制""水功能区限制纳污"的目标相一致。"三条红线"将水资源、经济和环境融为一体考虑，体现了水资源有限，不能无节制地取用水资源，需要控制用水总量；水环境有限，不能无节制地向江河湖库水功能区排放污染物，必须按照水功能区纳污能力限制水功能区受纳污染物总量。"三条红线"追求的是社会发展的整体效益最好。因此，基于"三条红线"约束的水资源配置，其基本思路为：以"开发利用红线""用水效率红线""限制纳污红线"为控制目标，通过统筹协调各行业用水需求，处理好水与经济社会发展的关系；通过统筹考虑治山、治林、治田、治湖、治草，处理好水与生态系统中其他要素的关系。通过水资源的刚性约束，倒逼经济结构转型升级，促进河湖和地下水生态环境的改善，实现以水资源的可持续利用保障经济社会的可持续发展，切实践行"绿水青山就是金山银山"的发展新理念。

《方案》的水资源消耗总量控制相当于"三条红线"中的用水总量控制，是从用水总量上对地表水和地下水的开发利用程度进行宏观调控，其主要手段就是科学合理配置不同水源，它是水资源管控的关键指标；水资源消耗强度控制相当于"三条红线"中的用水效率控制，是从用水环节和用水过程上控制水资源量的消耗，对于行政区域管理来讲，其控制指标为万元国内生产总值用水量，对于单个用水户来讲，其控制指标为万元工业增加值用水量或农田灌溉水有效利用系数。

1.3.2.1 取用水总量控制

取用水总量控制的核心就是要抓好水资源配置工作。通过水资源规划配置严格控制区域的用水总量，并将非常规水源纳入区域水资源统一配置，逐步降低过度开发河流和地区的开发利用强度，退还被挤占的生态用水。对区域内的地下水超采区要设定地下水取水总量和地下水位的双控目标，通过置换水源、调整产业结构、实施节水灌溉等综合措施，推进地下水压采，尽快还清地下水"欠账"，实现采补平衡。各行政区要按照水资源配置方案和总量控制指标制订年度用水计划，实行行政区域年度用水总量控制。对取用水总量达到或超过年度用水控制指标的，水行政主管部门要暂停审批该区域内新建、改建和扩建项目的取水许可；取用水总量接近用水总量控制指标的，水行政主管部门要限制审批区域内新建、改建和扩建项目。在水资源配置中遵循合理有序使用地表水、控制使用地下水，积极推进再生水、矿坑水和雨洪等非常规水源的用水原则，从源头上强化水资源统一调度，将水资源开发利用控制在承载能力范围内，保障重点缺水地区、生态脆弱地区、湿地等用水需求。将水资源条件作为经济布局、产业发展、结构调整的约束性、控制性和先导性指标，实现以水定城、以水定地、以水定人、以水定产，保障水资源的可持续开发利用。

1.3.2.2 用水效率控制

用水效率控制的核心是控制水资源的低效利用和浪费，有效措施是加强用水定额管理，全面推进节水型社会建设。通过强化用水定额管理，加快推进节水技术改造，把节约用水贯穿于经济社会发展和生态文明建设全过程。通过用水定额管理实现用水总量的控制。用水效率控制的红线控制指标为万元工业增加值用水量和农业灌溉水有效利用系数，它们分别用来表征工业和农业的用水效率。《方案》中又增加了万元国内生产总值用水量控制指标，它用来表征区域的用水效率。对于农业领域，要继续抓好大中型灌区和井灌区的田间节水改造，大力推广先进实用的节水灌溉技术；对于工业领域，要重点抓好钢铁、火力发电、纺织、化工等高耗水行业节水工作；对于城市生活领域，要加强供水和公共用水管理，加快城市供水管网改造，全面推广节水器具。水行政主管部门要根据区域的水资源条件、产业结构和规模及节水管理水平等特点，定期对区域内农业、工业、建筑业、服务业以及城镇生活等行业用水定额进行分析评估，通过评估及时发现用水定额在制定和执行过程中存在的问题，并在评估的基础上完善区域的用水定额，以保障用水定额的先进性、约束性和实用性。在水资源配置中，通过采用先进的用水定额指标，抑制不合理的用水需求，实现水资源的高效利用，有效控制用水总量增长。

1.3.2.3　水功能区限制纳污控制

　　水功能区限制纳污控制的核心是控制入河湖排污量不超过水体纳污能力、生态系统所需的河湖湿地不被占用。通过科学核定水域纳污能力，提出分阶段入河污染物排放总量控制，为水污染防治和污染减排管理提供重要依据。通过完善水源地、省界和重要控制断面的水质监测，实现水源地水质监测和信息通报制度，以提升水域预警应急和快速处置能力，满足水域的突发性污染事故处理和水资源水环境的日常保护。通过水生态系统保护与修复，遏制河湖水质状况进一步恶化趋势，满足水域的水资源功能使用要求和河湖生态保护要求。对于水域排污量已超出水功能限制排污总量的地区，行政主管部门要限制审批新增取水许可和入河排污口；对于河湖系统不符合生态用水指标要求的地区，水行政主管部门要进行生态水量调控和生态修复，保障江河主要控制断面生态流量和重要湖泊生态水位，同时不得审批新的取水许可；对于集中式饮用水水源地，水行政主管部门要制定水源地保护的监管政策与标准，依法划定饮用水水源保护区，强化饮用水水源保护监督和应急管理，保障饮用水水源安全。在水资源配置中，通过统筹水资源开发利用量、控制入河湖排污量和水生态系统保护与修复，为水资源的可持续利用提供支撑和保障。

1.4 晋城市水资源配置的必要性及配置原则

1.4.1 晋城市历史发展进程

晋城市历史悠久，古称泽州，文化遗产丰厚，是华夏文明的发祥地之一。早在两万年前的旧石器晚期，这里就留下了人类生活的足迹。相传女娲氏、神农氏、九黎部落首领蚩尤及尧、舜、禹等都曾在这里活动过。晋城行政区的设置最早可追溯到公元 583 年，在隋开皇初年这里就设置州府，称为陵川、"泽州"。后期虽历经变化，但管辖范围大体一致。新中国成立后划为专区、地区管辖，晋城、高平、阳城、陵川 4 县属长治专区，沁水县归属翼城临时专区。1950 年 1 月，翼城临时专区撤销，沁水县归属长治专区。1958 年，陵川、高平两县并入晋城县，沁水县并入阳城县，境内只设 2 个县，同年，长治专区改为晋东南专区，晋城、阳城归属晋东南专区。1959 年 7 月，陵川县从晋城县分出，恢复原陵川县建制；1959 年 10 月，沁水县从阳城县分出，恢复原沁水县建制；1961 年 5 月，高平县从晋城县分出，恢复原高平县建制，隶属关系不变。1971 年，晋东南专区改为晋东南地区，辖县归属不变。1983 年 7 月，晋城县撤县设市，为省辖县级市，由晋东南地区代管。晋城市是在改革浪潮中诞生的一座新城市，1985 年 5 月，经国务院批准，晋城市升为地级市，属山西省管辖。原晋城市（县级）分为城区和郊区。原属晋东南地区所辖高平、阳城、陵川、沁水 4 县划归晋城市管辖。目前晋城市辖城区、高平市、泽州县（原郊区）、阳城县、沁水县和陵川县，共 1 区、1 市、4 县、48 个镇、26 个乡、10 个街道办事处，2 340 个行政村。2015 年末，晋城市全市常住人口 231.5 万人，其中城镇人口 132.9 万人，乡村人口 98.6 万人，全市平均人口密度 244 人 /km^2。

晋城市号称"煤铁之乡"，矿产资源十分丰富，煤、煤层气、石灰岩储量最为丰富，此外还有硫铁矿、铝土矿等金属矿产资源。长久以来采矿行业占据晋城经济发展的主导地位，晋城市的经济发展对煤炭等矿产资源的依赖性较大。2015 年矿业总产值 575.8 亿元，占全市国民经济总产值的 55.3%。其中，采矿行业总产值 383.23 亿元，占工业总产值的 66.6%，矿产资源在晋城市经济发展中有重要的作用。但由于矿产资源的有限性和不可再生性，资源型城市只有走转型的道路，才能实现城市的可持续发展。鉴于此，多年来晋城市凭借"资源之富、交通之便、气候之宜、人文之名"四大优势，工业发展已形成了以煤炭、电力、冶铸、化工、食品、建材、丝麻、饮品等行业为主的工业体系。在做大做强煤炭主业的同时，按照"依托煤、延伸煤、超越煤"的理念，大力发展现代煤化工、煤层气等新兴产业，通过煤转肥、煤转电、煤转油、煤转化等路径，延伸煤炭产业链条，形成了尿素、甲醇、二甲醚、合成油等 30 多种产品。近年来，晋城市以深化产业结构调整、推进转型升级为主线，突出抓好"中高端智能化装备制造、煤层气综合利用、文化旅游产业"三大战略新兴产业，晋城市的产业逐步由"一煤独大"向"多元并举"转变，逐渐构建起了创新能力强、品质服务优、协作紧密、环境友好的现代产业新体系，晋城市的经济得到稳步发展，人均生产总值一直处于山西省的中上等水平。

1.4.2　晋城市水资源配置的必要性

晋城市是国家重要的能源煤化工基地，属山西省相对富水区，多年平均人均水资源量约 626 ㎥。晋城市水资源时空分布不均，降水和河川径流年内集中程度较高，年际变化较大，单站年降水量 C_V 值介于 0.22 ~ 0.34，降水极值比介于 2.5 ~ 3.9；河川径流量 C_V 值介于 0.32 ~ 0.78，极值比介于4.5 ~ 5.1。区内的水资源分布可概括为"富在沁河，贫在丹河；富在山区，贫在盆地；富在下游，贫在上游"，降水从南向北、从东向西递减，大趋势呈东南一西北向；河川径流深低于 50 ㎜ 的低值区位于丹河上游。水资源分布与土地资源和生产力布局不相匹配，降水主要集中在 6—9 月，降水规律与作物生长需水要求不相适应；经济发展中心主要位于丹河流域，工业用水量占全市总用水量的 46.2%。晋城市地下水年取水量占全市工农业及城镇生活年取水总量的 41%，开发利用的主要含水层为中奥陶深层岩溶地下水，该含水层地下水超采区面积约 213 ㎞²，多年平均开采系数为 1.25 左右。水资源开发利用存在的主要问题为水资源开发利用难度与开发利用效益差距较大，丹河流域地下水超采并形成局部超采区，煤矿开采导致的不良水资源和水环境问题依然突出。比如 2015 年晋城市煤炭行业取水量占总取水量的 34.5%，排水量占全市工业总排水量的 45.5%，其中矿井水排水量占到一半以上。解决水资源分布与用水需求不协调、煤炭和煤层气开采与水资源保护、水质污染日趋严重与水环境日益恶化，以及地表水开发利用不足和地下水超采严重的矛盾是晋城市水资源管理需要迫切解决的问题。

近年来，随着晋城市人口的持续增加，产业结构的不断调整，城镇化进程的加快，晋城市水资源开发利用程度加大，促使大气降水、地表水、土壤水、地下水的转化关系不断变化，晋城市水资源的数量、质量和时空变化特征也发生了相应的变化，经济结构和产业布局与水资源、水环境承载能力不相适应的矛盾逐渐显现出来，这给晋城市水资源配置和水资源管理提出了新的挑战。另外，根据晋城市的发展规划，晋城市的工业布局将逐步向水资源丰富的沁河流域转移，如何通过水资源优化配置推进以煤为基、多元发展的新型能源和煤化工基地建设进程，使产业布局和经济结构调整与水资源、水环境承载能力相协调，实现水资源节约集约利用和可持续利用支撑晋城市工业化、城镇化和农业现代化的建设目标，保障经济社会可持续发展是新形势下对水资源优化配置提出的新课题、新任务。

1.4.3　晋城市水资源配置原则

在晋城市水资源配置中，除要遵循公平性、高效性和可持续性的基本原则外，还应根据"节水优先、空间均衡、系统治理、两手发力"的治水思路，统筹生活、生产、生态用水，优先保证生活用水，确保生态基本需水，保障粮食生产合理需水，优化配置生产经营用水，有效发挥水资源的多种功能。坚持充分利用矿坑水、鼓励使用再生水、合理配置地表水、限制开采地下水，以矿坑水收集利用及煤化工、电力等用水大户节约用水为突破口，通过水资源的合理配置，使得生活用水得到优先保障，行业用水趋于合理，重要河湖生态环境用水得到基本保障，地下水基本实现采补平衡。结合晋城的水资源条件和社会经济发展规划，按照以下原则进行水资源的合理配置：

（1）坚持水资源开发利用与经济、社会、环境协调发展的原则。

水资源开发利用要与经济社会发展的水平和速度相适应，并适当超前发展，促进人口、资源、环境和经济的协调发展。经济社会发展要以节约资源、保护环境为重要前提，并与水资源、生态环境和承载能力相适应。注重与水资源综合规划、节水型社会建设规划、水资源保护规划、地下水开发利用规划和水资源中长期供求计划等其他规划相衔接。

（2）坚持以水定需、以水定地、以水定产的水资源优化配置原则。

根据晋城市地表水、地下水和其他非传统水源的资源量、可利用量和区域分布特征，结合当地的人口发展规模、城镇化程度、产业结构调整规划和水功能区达标要求，确定规划水平年的城镇化率、产业发展指标和生态环境建设目标，重点协调工农业用水矛盾，既注重经济社会发展，又要保护生态环境，实现以水资源的可持续开发利用支撑经济社会的可持续发展。

（3）坚持节流与开源并重，节流优先的原则。

　　针对晋城市既是资源型缺水也是工程型缺水的实际，要以提高用水效益为核心，把节约用水放在突出位置。改进粗放的水资源利用方式，加强水资源节约保护的宣传教育，强化节水和治污意识，健全节水法规体系，推广节水设施和器具，发展节水型农业、清洁工业，挖潜配套现有工程以提高水的利用率。同时依托矿坑水和污水的资源化，实现水资源的循环使用，补充水资源的不足。

　　（4）坚持因地制宜，逐步削减地下水超采量，实现采补平衡的原则。

　　根据晋城市地下水开采布局、水资源开发利用现状，分析超采区地下水超采量替代水源条件，按照地下水水量和水位的双控目标，科学有序地实施关井压采，逐步削减地下水超采量，实现区域地下水的采补平衡。但在地下水关停区内，应保留一定数量水质好、出水量大的水井，作为应急备用供水井。

　　（5）坚持最严格水资源管理制度的原则。

　　通过水资源的合理配置，水资源综合规划的结果应达到晋城市实行最严格水资源管理制度工作方案提出的远期控制目标：2020 年全市年用水总量控制在 4.93 亿 ㎥，水功能区水质达标率提高到 80%；2030 年全市年用水总量控制在 5.08 亿 ㎥，水功能区水质达标率达到 100%。

　　（6）坚持以人为本，服务民生；节水优先，注重保护；统筹兼顾，综合利用；落实责任，严格监管的原则。

　　到 2020 年，水资源用途管制的制度体系基本建立，各项监管措施得到有效落实，行业用水配置趋于合理，生活用水得到优先保障，重要河湖生态环境用水得到基本保障，地下水超采得到严格控制；到 2030 年，水资源用途管制的制度体系全面建立，各行业合理用水得到保障，挤占的河湖生态环境用水得到退减，地下水实现采补平衡。

1.4.4　基于"三条红线"的晋城市水资源配置

　　晋城市是在资源开发和利用基础上兴起和建立起来的一个资源型城市，煤炭开采和简单加工一直是其主导产业，煤炭资源为区域的经济发展做出了重要贡献。但是由于矿产资源的不可再生性，决定了晋城市要想可持续发展，必须走产业结构调整和产业转型之路。鉴于此，晋城市根据绿色和可持续的发展理念，针对本地区内外发展环境和条件的深刻变化，以中央提出的"创新、协调、绿色、开放、共享"五大发展新理念为指导，建立新型产业体系。工业发展按照推进新型工业化和绿色低碳发展要求，提出通过提升传统优势产业、培育新兴潜力产业、壮大农副产品加工业进行工业产业结构调整和产业转型。农业发展在进一步夯实基础发展的基础上，加快现代特色农业发展和农业服务体系建设。服务业以经济社会发展急需、具有优势和晋城特色的新兴生产性服务业为发展重点，建设山西东南部现代物流中心（基地）和文化与旅游相融的品牌旅游地。

随着晋城市经济社会进入全面发展阶段，水资源的基础作用日益凸显，为了保障晋城市居民的幸福生活、促进经济快速发展、推进环境友好型社会建设，晋城市要实行最严格的水资源管理制度，水资源配置应严格实行用水总量控制、用水效率控制、纳污红线控制，2020 年全市年用水总量控制在 4.93 亿 m³，万元国内生产总值用水量、万元工业增加值用水量分别比 2015 年降低 23% 和 20%，农田灌溉水有效利用系数提高到 0.55 以上，水功能区水质达标率提高到 80%；2030 年全市年用水总量控制在 5.08 亿 m³，水功能区水质达标率达到 100%。另外，对地下水开发利用也要实行总量控制。在地下水超采地区，设定地下水超采总量目标，实行地下水取水总量控制和地下水位控制的双控管理模式。在地下水超采区，通过置换水源、调整产业结构、实施节水灌溉等综合措施，尽快还清地下水"欠账"，实现采补平衡。规划控制目标 2020 年未超采区维持现状，超采区减少开采量，地下水位实现整体止降回升；2030 年地下水开采在维持不超采的状态下，适当增加开采量，地下水位保持 2020 年水位。

本次水资源配置的范围为晋城市全境，包括所辖 6 个县（市、区），总面积 9 490 km²。规划分区按照县（市、区）级行政分区进行划分，既反映各行政分区的水资源特点和水资源的供求关系，又便于规划的布置、实施、管理和考核。另外，根据晋城市的实际情况，对重点水源地和延河泉、三姑泉 2 个岩溶大泉等进行重点研究和规划。基准年为 2015 年，近期规划水平年为 2020 年，远期规划水平年为 2030 年。

1.5　晋城市水资源配置目标和任务

1.5.1　总体目标

晋城市水资源配置的总体目标是：为晋城市水资源的统一管理和合理开发利用提供依据，在晋城市第二次水资源调查评价成果及水资源现状情势的基础上，根据晋城市社会经济发展规划对水资源的要求，提出水资源合理开发、高效利用、优化配置、积极保护和综合治理的总体布局和实施方案，促进晋城市人口、资源、环境和经济的协调发展，以水资源的可持续利用支撑社会经济的可持续发展。

1.5.2　主要任务

（1）调查晋城市自然地理、社会经济地质及水文地质条件以及情况等基本情况，为水资源量的分析、评价、预测和配置提供依据，并以晋城市第二次水资源调查评价成果为基础，分析评估 2001—2015 年晋城市水资源变化趋势、岩溶泉域水资源概况及水环境状况。

（2）收集晋城市现状及历史资料，对水资源供、用、耗、排以及用水水平、开发利用程度和存在问题等情况进行调查分析。

（3）结合晋城市经济社会发展情况及水资源开发利用现状和变化情况进行不同规划水平年需水预测，结合晋城市供水工程现状及规划建设情况进行不同规划水平年供水预测。

（4）结合上述分析结果进行晋城市水资源配置，并提出总体布局及实施方案等，并对水资源开发利用现状、供需水预测和配置方案等进行节水评价，并提出节水措施。

（5）对晋城市地表水、地下水、岩溶泉域和饮用水水源地的保护现状及存在问题进行分析并提出保护的措施方案。

（6）提出晋城市水资源配置和保护的总体布局和实施方案，并对规划实施的效果进行分析评价。

第 2 章　自然与社会经济概况

2.1　自然地理概况

2.1.1　地理位置及交通状况

晋城市位于山西省东南部（见图 2-1），东枕太行，南临中原，西望黄河，北通幽燕，是"山西转型综改区"和"中原经济区"的叠加区域。地理位置介于东经 111°55′ ～ 113°36′，北纬 35°12′ ～ 36°04′，总面积为 9 490 km²。晋城市最东端在陵川县古郊乡锡崖沟村当中洼东，最南点在泽州县山河镇龙门村南槽自然村南，最西端在沁水县中村镇后河庄村西，最北点在沁水县十里乡范庄村果角岭庄北。因四周多山，与周边县、市多以山为界，边界变迁不大，基本上与古泽州相同，分别为：东与河南省的辉县市、修武县接壤，距离辉县市 168 km，距离修武县 122 km；南与河南省的博爱县、沁阳市、济源市交界，距离博爱县 78 km，距离沁阳市 74 km，距离济源市

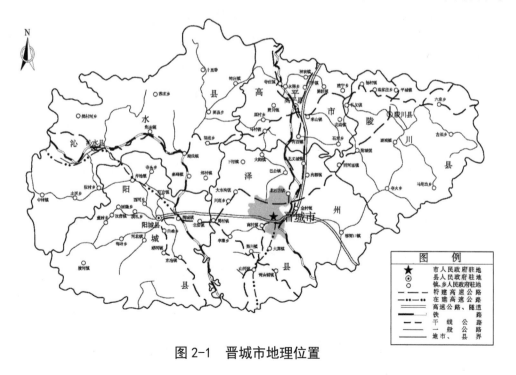

图 2-1　晋城市地理位置

80 km；西与山西省临汾市的安泽县、浮山县、翼城县及省内运城市的垣曲为邻，距离浮山县 183 km，距离翼城县 137 km；北与山西省长治市的长子县、长治县、壶关县相连接，距离长子县 93 km，距离长治县 73 km，距离壶关县 115 km。

晋城市陆路交通便捷，太焦、侯月铁路纵贯本境，晋焦高速、长晋高速、晋阳高速、207 国道、省道与县道、乡道一同构成了四通八达的陆路网状交通网，在地理交通位置上起到桥梁的作用，使得晋城市东西往来，南北互通十分便利，发达的交通网络为晋城市经济社会发展创造了良好条件。

2.1.2 气候特征与河流水系

2.1.2.1 气候特征

晋城市属暖温带半湿润大陆性季风气候，四季分明。春季干旱多风，蒸发量大；夏季受海洋暖湿气流影响，盛行东南季风，降水主要集中在 7—9 月 3 个月；秋冬季在强盛的极地干冷气团控制下，雨雪稀少，干燥寒冷。受山脉、河谷的影响，晋城市风向变化较大，冬春盛行偏北风，夏秋盛行偏南风。

受境内复杂的地形地貌的影响，各县（区）气候差异显著，总体上气温由南向北递减，东西山地气温比中部稍低。全市多年平均无霜期 185 d 左右，沁水县最长为 198 d，陵川县最短，仅 165 d。晋城属全国"长日照地区"，年均日照时数 2 563 h，年均日照百分率为 58%。根据晋城市二次水资源评价系列 1956—2000 年资料，全市多年平均年降水量为 624.0 mm，蒸发量为 1 740.0 mm。境内大部分地区降水量为 600～650 mm，在晋城盆地的中心地带巴公河附近，雨量最少，多年平均年降水量不足 600 mm。年最大降水量为 1 640.8 mm，发生年份为 1963 年，位置为陵川县琵琶河站；年最小降水量为 254.3 mm，发生年份为 1965 年，位置为沁水县山泽站；极值比为 6.45。

2015 年全市平均降水量为 523.68 mm，汛期降水量为 263.76 mm，占全年降水量的 50.37%。最大降水量发生在 8 月，月降水量为 89.78 mm，最小降水量发生在 12 月，月降水量为 0.12 mm，见图 2-2。2015 年与 2014 年（636.8 mm）相比减少了 113.12 mm，减少了 17.76%；与 1956—2000 年多年平均降水量（624 mm）相比减少了 100.32 mm，减少了 16.08%，属于枯水年。2015 年各县（区）降水量，城区、泽州县为 525.5 mm，阳城县为 493.6 mm，沁水县为 554.2 mm，高平市为 484.8 mm，陵川县为 560.3 mm。

2.1.2.2 河流水系

晋城市境内河流分属黄河和海河两大流域，流域大致以陵川县六泉至泽州县柳口一线的分水岭为界，东部为海河流域的卫河水系，西部为黄河流域的沁河水系。

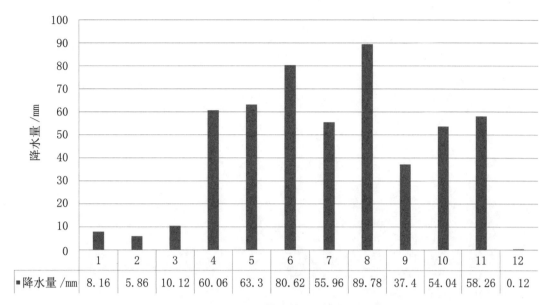

图 2-2　2015 年晋城市降水量月分配

	1	2	3	4	5	6	7	8	9	10	11	12
■降水量/mm	8.16	5.86	10.12	60.06	63.3	80.62	55.96	89.78	37.4	54.04	58.26	0.12

　　属于黄河流域的河流有：沁河，其支流有丹河、龙渠河、沁水河、端氏河、芦苇河、获泽河、长河、涧河和西冶河等；丹河，其主要支流有东仓河、许河、东大河、巴公河、白洋泉河和白水河；阳城县境内中条山南麓直接入黄的诸多较小河流；沁水县境内中条山西麓入汾的中村河。

　　属于海河流域的为分布在陵川、泽州县东南部的河流和太行山西麓诸河流，其中最大的河流为卫河的支流武家湾河。

　　晋城市境内主干河流及其支流，与周围山地纵横交错的大小支毛沟一起构成本区的水系网，见图 2-3。

　　1. 沁河

　　沁河是黄河的一级支流，也是晋城市最大的过境河流。它发源于山西省沁源县西北太岳山东麓的二郎神沟，流经长治市的沁源县、临汾市的安泽县，在沁水县的冯庄村龙门口流入晋城市，经沁水县、阳城县、泽州县，在泽州县的拴驴泉经河南省武陟县汇入黄河。晋城市境内河长 168 km，流域面积 4 858 km²，落差 449 m，河道坡降 2.7‰。沁河在润城以北河谷宽阔，断面呈 U 形，宽 700～1 200 m；润城以南河谷深切，两岸灰岩陡立，断面呈 V 形，谷底宽仅 100～180 m，河流蜿蜒曲折。沁河河水含沙量年均 6.95 kg/m³，为山西八大河流中含沙量最小的河流。

　　沁河水量充沛，特别是阳城县润城至泽州县拴驴泉区间，泉水多处出露，以延河泉最大，其次有下河泉、磨滩泉、晋圪坨泉、赵良泉、黑水泉等，由于众多泉水补给，河道常年流水不断，为常年性河流。

图 2-3　晋城市水系

2. 丹河

丹河发源于高平市丹株岭下的李家村附近，源头分水岭高程 1 200 m 左右，流经高平与泽州，在泽州县两谷坨附近流入河南省，并在沁阳县汇入沁河。晋城市境内全长 128.65 km，流域面积 2 945 km²，落差 875 m，平均坡降 6.8‰。丹河及其支流产流条件受地层、构造和地形等因素控制，在流经灰岩裸露区、半裸露区时，河水大量潜入地下，致使小会泉以上河道无清水流量，只为雨季洪水河槽。小会泉以下，由于河床切割，泉水出露，主要有小会泉、白洋泉、郭壁泉、土坡泉、围滩泉和三姑泉等。由于岩溶泉水补给，该河段常年流水不断，为常年性河流。

3. 入汾小河

入汾小河指位于沁水县境内的中条山西麓的中村河，属汾河流域，直接流入临汾市，晋城市境内流域面积 90 km²。

4. 入黄小河

入黄小河主要指阳城县境内中条山南麓（三门峡至沁河间）直接入黄的次滩河、盘亭河、南门河、杨柏河、石圈河、蟒河和龙门河等诸小河，晋城市境内流域面积 524 km²。其中较大的河流有盘亭河，其余支流流域面积均不足 100 km²。

5. 卫河各支流

卫河各支流在晋城市境内流域面积 1 073 km²。主要有陵川县的武家湾河、碾槽河、香磨河和泽州县东南部的东大河等。

2.1.3 地形地貌与土壤植被

2.1.3.1 地形地貌

晋城市地处黄土高原的东南边缘,平面轮廓略呈卵形,属于山西东部山地,黄土覆盖于起伏不平的基岩之上,并继承了下伏基岩的古地形。晋城市整个区域的地势呈东西北高、中南部低的簸箕状。根据境内地形形态特征、成因类型、地表组成物质、下伏基岩古地形及现代地貌的演变过程等,将本区划分为高中山区、中山区、低中山区、低山区、丘陵区和山间河谷区等 6 个地貌类型和 13 类次级地貌类型。地貌以山地丘陵为主,山地和丘陵面积占总面积的 87.1%,其中山地占 58.6%,丘陵占 28.5%。东部、西部和南部群山连绵、山崇岭峻,太行山耸立东部,中条山环绕西南,这些山地在地貌上以中山为主,部分为高山;北部和中部丘陵起伏,盆地相间,西北部为太岳山的延伸部分,内部以丘陵为主,盆地穿插其中,主要盆地有晋城盆地和高平盆地,盆地及山间宽谷占总面积的 12.9%,中部沁河、丹河流域多属中低山、低山丘陵、盆地和谷地。陵川县、高平市与泽州县境内诸山属太行山脉,沁水县境内诸山大都属太岳山脉,阳城县境内诸山属中条山脉。区内最高峰为西南部舜王坪,海拔 2 322 m,最低为沁河、丹河下游河谷,海拔 290 m,相对高差约 2 000 m。境内大部分地区海拔在 800 m 以上。晋城盆地地势相对平坦,海拔在 600 ～ 1 000 m,是晋城市工农业生产及政治、文化、交通的中心地带。各区地貌特征见表 2-1。

表 2-1 晋城市地貌类型分区

形态类型	成因类型	分布地区	形态特征
高中山区	褶皱断块剥蚀、溶蚀侵蚀地形	沁水县西南角、阳城县西南横河镇一带	海拔 1 500 ～ 2 200 m,相对高差大于 1 000 m。由长城系砂岩、泥页岩、安山岩组成,岩体裸露,山顶和缓,山脊多呈圆形
		沁水县西南、阳城县西南析城山一带	海拔 1 500 ～ 2 000 m,相对高差大于 1 000 m。由奥陶系、寒武系白云岩、灰岩组成,岩体裸露,山势陡峻,可见悬崖峭壁,岩溶地貌发育

续表 2-1

形态类型	成因类型	分布地区	形态特征
中山区	褶皱断块侵蚀、溶蚀侵蚀地形	沁水县西南杏峪、土沃一带	海拔 1 300 ～ 1 700 m，相对高差 500 ～ 1 000 m。由二叠系、石炭系砂页岩组成，山顶多为平台或桌面状，山坡陡缓相间，呈阶梯状，河谷呈箱形谷，局部黄土覆盖
		陵川县东南、阳城县驾岭乡一带	海拔 1 000 ～ 1 600 m，相对高差大于 500 ～ 1 000 m。由奥陶系、寒武系白云岩、灰岩组成，岩体裸露，山体陡峻，可见悬崖峭壁，岩溶地貌较为发育
低中山区	褶皱断块侵蚀、溶蚀剥蚀及褶皱侵蚀地形	高平市以东地区、晋城市大箕、犁川及西河底一带	海拔 900 ～ 1 360 m，相对高差 200 ～ 400 m。由二叠系、石炭系砂页岩组成，山顶浑圆，岩石风化破碎，局部黄土覆盖
		晋城市伊侯山一带	海拔 800 ～ 1 160 m，相对高差大于 200 m。由奥陶系、石炭系灰岩、砂页岩组成，山体陡峻
		沁水县东北部地区	海拔 1 000 ～ 1 300 m，相对高差大于 200 m。由二叠系砂页岩组成，山顶呈浑圆状，沟谷呈 V 形，地形切割较强烈
低山区	褶皱断块溶蚀侵蚀及褶皱侵蚀地形	晋城市三姑泉一带及延河泉以南地带	海拔 500 ～ 1 100 m，相对高差 200 ～ 300 m。由奥陶系灰岩、白云岩组成，岩溶地貌较为发育
		阳城县北部、沁水县东北部	海拔 700 ～ 1 100 m，相对高差大于 200 m。由二叠系砂页岩组成，岩层风化破碎，有黄土覆盖
丘陵区	溶蚀侵蚀剥蚀堆积地形	高平市、晋城市市区大部分地区	海拔 750 ～ 1 100 m，由第四系松散层组成。地形较平坦，局部形成盆地
		阳城县城、润城一带	海拔 650 ～ 800 m，由二叠系砂页岩及第四系松散层组成。冲沟发育，地形较破碎
		泽州县周村、大东沟一线	海拔 950 ～ 1 100 m，由奥陶系灰岩及第四系松散层组成。以侵蚀作用为主，黄土冲沟较发育
山间河谷区	侵蚀堆积地形	沁河、丹河及其支流河谷地带	由第四系冲积物组成，局部河段为基岩河床。河谷宽阔，呈 U 形，侵蚀切割剧烈，沿河谷底部有多处岩溶泉出露

2.1.3.2　植被和土壤

晋城市整体植被覆盖较为丰富，植被覆盖度呈现南高北低、西高东低之势，植被覆盖度最高地区主要位于阳城县的历山国家自然保护区、晰城山地质公园与陵川县南方红豆杉自然保护区，植被覆盖度最低区域主要位于城区市中心及陵川县北部地区。晋城市境内属温暖半湿润地区，林木生长条件较好，森林面积共有 541.1 万亩[1]，森林覆盖率为 38.25%，以天然次生林为主，森林资源主要分布于西南部中条山区和东部的太行山南端。中条山是全市树种最多的地区，有"山西植物宝库"之称，已发现的高等植物有 1 000 余种，其中，有国家重点保护的树种 10 余种，历山国家自然保护区和晰城山地质公园就位于该区。由于晋城市的地理位置和自然条件，其植物与山西省中部及北部有明显的不同，而与秦岭北坡植物类型相似，区内既有亚热带植物群，也有中国特有树种，如南方红豆杉、匙叶栎、领春木、山白树等，南方红豆杉自然保护区位于太行山区的陵川县。森林类型有油松、华山松、胡桃、野核桃、花椒、臭椿等。灌木主要有绣线菊、荆条、酸枣、胡枝子、连翘、黄蔷薇、沙棘等。

根据晋城市第二次水资源评价成果，土壤调查面积 1 386.5 万亩，主要土壤类型包括山地草甸土、棕壤土、淋溶褐土、褐土和潮土，面积约 1 190.75 万亩。另外，还有部分未形成土壤剖面的石质土、粗骨土、红黏土、新积土等初育土，该部分面积约 195.75 万亩。在不同土壤分类中，褐土面积最大，约 989.16 万亩，占土壤调查面积的 71.3%，该类土壤广泛分布于丘陵、低山及侵蚀较为强烈的低中山区，土地利用类型主要为农林牧综合用地。淋溶褐土面积次之，约 165.87 万亩，占土壤调查面积的 12%，分布于阳城、陵川、沁水三县境内的中山地带，土地利用类型主要为自然型林牧地。棕壤土、潮土和山地草甸土面积较小，面积分别为 22.12 万亩、13.05 万亩和 0.55 万亩，棕壤土主要位于阳城、沁水两县的高中山地带，土地利用类型为林业基地；潮土主要分布在沁、丹河流两侧及一些沟谷地带，是高产土壤类型，土地利用类型主要为水浇地；山地草甸土主要分布在中条山舜王坪缓顶平台，为优良的天然牧场。

2.2　地质及水文地质条件

2.2.1　地质条件

2.2.1.1　地层岩性

晋城市地层发育较为齐全，从老到新有太古界、元古界、古生界、中生界和新生界，且以古生界和中生界为主，约占全区总面积的 85%。区内岩浆岩

---

[1]　1 亩 =1/15 hm^2 ≈ 666.67 m^2。

不发育，仅在东北部和南部边缘分别出露有闪长岩侵入体和中性喷出岩。

1. 太古界

太古界零星分布于东部和西南部。东部太行山区称赞皇群，出露在陵川县横水、大河口和迈河一带，岩性主要为片麻岩系地层；西南中条山区称涑水群，分布在阳城县羊圈底庙一带，岩性为片岩和片麻岩，普遍具有混合岩化，一般变质程度较深，其厚度分别大于 300 m 和 500 m。

2. 元古界

（1）下元古界中条山下亚群（银鱼沟群）。该亚群仅分布在阳城县羊圈底庙以南地带，由变质砾岩、长石石英砂岩、石英岩和绢云片岩、绢云石英片岩、绿泥白云片岩等组成，厚 354 m，与下伏涑水群呈角度不整合接触。

（2）上元古界震旦系。该系分布在陵川和阳城一带。在陵川县境内仅分布在东南部陈家园、大河口、马圪当等地沟谷中，为白草坪组直接覆盖于赞皇群片麻岩之上，由石英砂岩、石英砂岩夹紫红色页岩、含海绿石石英砂岩夹页岩及灰岩、泥质白云岩等组成，厚 550 ～ 1 200 m。在阳城县境内主要分布在西南部的李圪塔、横河和杨柏一带，由石英砂岩、泥岩、页岩和安山玢岩、辉石安山玢岩及碎屑凝灰岩等组成，厚几米至几千米。

3. 古生界

（1）寒武系（∈）。该系在市区东部和南部的陵川、泽州、阳城和沁水县呈弧形带状出露，为一套由砾岩、砂岩、页岩、泥灰岩、鲕状灰岩、竹叶状灰岩、白云岩等组成的浅海相碎屑岩和碳酸盐岩沉积建造，与下伏太古界呈角度不整合接触关系，厚 377 ～ 570 m，该系在本市分下、中、上三统。

①寒武系下统（$\in_1$）。

辛集组—馒头组：区内除阳城河口有零星辛集组分布外，一般辛集组和馒头组为连续沉积，无很好的标志层将两组分开。岩性底部为砾岩，下部为泥灰岩、页岩夹细砂岩及灰岩，上部为泥质灰岩、灰岩夹紫红色页岩，厚 72 ～ 82 m。

毛庄组：下部为紫红色泥岩、页岩、粉砂岩夹青灰色灰岩，上部为青灰色中厚层状灰岩、鲕状灰岩夹紫红色页岩，厚 39 ～ 66 m。

②寒武系中统（$\in_2$）。

徐庄组：中下部为紫红色页岩夹中厚层状灰岩、薄层状细砂岩，上部为中厚层状灰岩、鲕状灰岩夹紫红色、黄绿色页岩，厚 77 ～ 129 m。

张夏组：底部为薄层状泥质灰岩夹紫红色、灰绿色页岩，下部为灰岩，上部为厚层鲕状灰岩、鲕状白云质灰岩，厚 160 ～ 198 m。

③寒武系上统（$\in_3$）。

崮山组—长山组：主要为灰色薄—中厚层状结晶白云岩，下部为薄层状泥质条带细晶白云岩。崮山组厚 15～50 m，长山组厚 7～9 m。

凤山组：主要为中厚—厚层白云岩，中上部普遍含燧石条带及结核，中下部普遍夹数厘米翠绿色页岩，厚 105～156 m。

（2）奥陶系（O）。该系广泛分布在市境内，为一套灰岩、泥灰岩和含燧石白云岩组成的浅海相碳酸盐岩沉积，与下伏寒武系呈整合接触，一般厚 476～700 m。境内分布下统和中统，缺失上统。

①奥陶系下统（O_1）。奥陶系下统底部为一层厚度不足 1 m 的黄绿色页岩，中下部为厚层粗晶白云岩，上部为含燧石中薄层白云岩和泥质白云岩，厚 166.9～209.8 m。

②奥陶系中统（O_2）。

下马家沟组：底部为黄色钙质页岩和薄板状泥质灰岩，下部为角砾状泥灰岩、灰岩，中上部为中厚层灰岩夹泥灰岩，厚 82.4～140.7 m，一般 120 m。

上马家沟组：下部为灰黄色角砾状泥灰岩、泥质灰岩及白云质灰岩，中部为中厚层豹皮灰岩，上部为中层石灰岩、泥灰岩与白云质灰岩互层，厚 223.3～267.0 m，一般厚 230 m。

峰峰组：下部灰黄色角砾状泥灰岩，夹两层灰岩，上部为豹皮状灰岩、白云质灰岩和纯石灰岩，厚 58.5～114.1 m。

（3）石炭系（C）。石炭系分布在陵川县的平城、附城，泽州县的梨城、大阳，阳城县的下白桑以及沁水等地，为一套蕴藏着煤、铁、铝、黄铁矿等沉积矿产，由砂岩、页岩、泥岩、铝土岩和灰岩等组成的海陆交互相沉积，与下伏奥陶系呈平行不整合接触，本系在境内分布有中统和上统，缺失下统。

①石炭系中统（C_2）。

本溪组（C_2b）：下部为杂色铁质黏土岩、铝土页岩和砂砾岩，富集有山西式铁矿、铝土矿和黏土矿，上部为灰绿色页岩夹薄层砂岩、灰岩和薄煤层，厚 2～15 m，一般厚 4～9 m。

②石炭系上统（C_3）。

太原组（C_3t）：由砂岩、砂质页岩、页岩、煤、石灰岩及黄铁矿组成，为一套海陆交互相含煤岩系，连续沉积覆盖于本溪组之上，厚 32～142 m，一般为 90 m 左右。含煤层为 8～10 层，稳定可采或局部可采为 3～5 层。本市主要开采的煤层为 15 号煤及 9 号煤，其中：15 号煤（俗称臭煤）厚 1.23～7.70 m，比较稳定；9 号煤（俗称半香煤）为稳定局部可采煤层，厚 0～2.83 m。

山西组（C_3s）：由灰色、灰白色石英砂岩、硬砂岩、灰黑色页岩、砂质页岩及煤层组成，与下伏地层连续沉积，厚 36～132 m。本组含煤 1～3 层，其中可采煤层为 3# 煤（俗称大香煤）。

（4）二叠系（P）。二叠系分布在沁水块坳中，呈弧形出露在陵川礼义、泽州高都以西、城区、阳城县城至沁水县城以北一带。为一套由砂岩、砂质泥岩、砂质页岩、泥岩组成的河湖相沉积，与下伏石炭系呈整合接触，厚 1 272～1 616 m。本系分为下统和上统。

①二叠系下统（P_1）。

下石盒子组（P_1x）：由黄绿色砂岩、砂质页岩及黏土岩组成，厚 93～145 m。

②二叠系上统（P_2）。

上石盒子组（P_2s）：以杏黄、黄绿色、少量紫红色砂质页岩为主夹砂岩、黏土岩及透镜状含锰菱铁矿，厚 384～448 m。

石千峰组（P_2sh）：主要由绿色厚层长石石英砂岩与紫红色泥岩组成，厚 200～216 m。

4. 中生界

本区中生界缺失侏罗系和白垩系，仅分布有三叠系。三叠系主要分布在阳城芹池、寺头、沁水端氏、柿庄一线西北侧的樊村、王壁、苏庄、壁底一带，为一套由长石砂岩、砂质泥岩、泥岩、页岩等组成的陆相沉积，与下伏二叠系呈整合接触，厚达 1 100 多米。三叠系在本市出露有下统和中统的下部。

①三叠系下统（T_1）包括刘家沟组和和尚沟组。岩性为棕红色细粒长石砂岩和紫红色页岩、泥岩，厚度分别为 460～490 m、220～240 m。

②三叠系中统（T_2）二马营组：岩性主要由灰绿色、黄绿色长石砂岩和暗紫红色、紫红色砂质泥岩、泥岩组成，厚 267.4 m。

5. 新生界

（1）上第三系（N_2）。主要分布在晋城市区以北至高平市区以南的丘陵区，区内仅出露上新统上部静乐组，岩性为棕红色黏土及砂质黏土，含黑褐色铁锰质结核，富含钙质结核，局部成层。此层风化带常有 0.5～1 m 厚的土壤化现象，底部为砾岩。厚 12～20 m，局部可达 40 m，与下伏奥陶系、石炭系、二叠系呈角度不整合接触。

（2）第四系（Q）。

①下更新统（Q_1）。主要分布在边山地带或掩伏于盆地下部。其岩性下部为角砾岩，上部为浅红色黏土含砾石，厚 3～10 m。

②中更新统（Q_2）。主要分布在团池、高平城区、石末、晋城城区以及马壁经端氏到润城一带的低山丘陵区。岩性以浅棕色亚黏土为主，中夹埋藏土，富含钙质结核，局部夹砂砾石与砾石的透镜体，出露厚 5 ～ 37.1 m。

③上更新统（Q_3）。本统在区内出露较广，由西向东分布在高平、晋城城郊、陵川一带的沟谷及丘陵区，按成因可分为坡洪积和冲洪积。坡洪积岩性为浅黄色亚黏土，含少量钙质结核，在山前边坡与山前地带亚黏土中常夹有砂砾石的透镜体；冲洪积层主要分布在河流沟谷中，组成二级阶地，岩性为浅黄色亚砂土、亚黏土或砂质黏土，其下部多与砂砾石互层，厚度可达 35.7 m。

④全新统（Q_4）。主要分布在端氏、高平一带山区河谷中的河床、河漫滩及一级阶地上，为现代冲洪积层。岩性由砂、砂砾石和亚砂土组成，具有一定的分选性和层理，厚 1 ～ 10 m。

2.2.1.2　地质构造

晋城市位于华北地台（一级构造单元），吕梁—太行断块（二级构造单元）东南部。主体构造线方向为北北东向，西部边缘跨越豫皖断块，构造线方向转为北东。构造格架形成于中生代，所处的三级构造单元有：吕梁—太行断块的沁水块坳、太行块隆，豫皖断块的中条山断块隆，济源—渑池块坳。区域构造形迹发育比较明显，能够对地层分布和水文地质条件等方面起控制意义的主要有新华夏构造、近南北向构造、东西向构造、北东向构造、晋东南"山"字形构造和丹河小"山"字形构造。

1. 新华夏构造

新华夏构造在本区主要是晋—获褶断带。它位于高平以东、泽州以西的峪口、南连氏、三家店一带，由一系列的褶皱、断层构造形迹组成，宽 15 ～ 20 km。主构造线呈 NNE 向，南端转向 NE40°，主要为 NNE 向的压扭性断裂，并伴有 NNE 向的褶皱群，褶皱群被北西西向张扭性断层错断。以泽州季村和石盘两地为界，将其划分为北、中、南三段。

北段，位于巴公镇以北至高平一带，由于新生界地层覆盖，石炭系和二叠系零星出露构成了一个较开阔的褶皱带，其轴向为 NE20° ～ 25°，两翼不对称，东翼岩层倾角 40°，西翼岩层倾角 10°，轴面倾向 NW。

中段，位于晋城西断头山一带。地貌表现呈一道狭长的山梁。受北西向沟谷切割，呈现串珠特点，山梁两侧为山间凹地，其长轴呈 NNE—SSW 方向延伸。山梁为奥陶系中统马家沟组地层，构成不对称倒转背斜，轴面向南东倒转，北西翼倾角 17° ～ 28°，南东翼倒转，倾角 54° ～ 82°，并伴有平行的倒转向斜。在倒转向斜的南东翼上次级小褶皱发育，并伴生与褶皱轴面相一致的压扭性断层，断距达数十米。倒转背斜东翼产状变化较大，自中部向两端由倒转逐渐变为正常，倾角由陡变缓。倒转背斜东北端在尧头一带倾没，西南端被陟椒—石盘东西向断层截断。倒转背斜西侧为一与其平行的向斜，由石炭二叠系组成，北部及中部被新生界黄土覆盖，南部在环秀一带仰起，与其伴生的 NWW 向断裂把断头山不对称的倒转背斜截成串珠状山包。

南段，位于石盘山以南地区，主要由望后断层，安岭背斜组成。安岭背斜是断头山倒转背斜向南西延伸部分，轴向偏转为 NE40°，南东翼倾角 38°～44°，北西翼倾角为 18° 左右。望后断层位于安岭背斜东侧，二者相互平行，断层面倾向 NW，倾角为 55°～65°，破碎带宽达 5 m 左右，断距 80～100 m，其中充填断层泥及断层角砾岩。

从以上北、中、南三段构造形迹展布规律可以看出：新华夏系构造在区内较为发育，但从北至南有显著的变化，北段以开阔的对称褶皱为主，向南逐渐变为紧密褶皱，并伴有 NNE 向压扭性断层和 NWW 向张扭性断层，其主要压性结构面轴向由 NE20° 方向至南段逐渐展为 SW40° 方向，其原因可能是受晋东南山字形前弧的干扰。

2. 近南北向构造

沁水复式向斜，分布于安泽县马必、石槽、苏庄及沁水县郑庄一带，属沁水拗陷的次级褶皱，主要由二叠系石千峰砂岩及三叠系下部地层组成，为一总体走向近南北向的复式向斜构造，东西宽约 11.5 km，南北长约 25 km。规模最大的是刘庄背斜，长约 20 km。由东向西主要的褶皱和断层还有贯沟背斜、平头向斜、官道断层、南安阳向斜、孔西背斜、岭后向斜和程家庄背斜等，它们彼此近于平行，规模不等，长短各异。由于受东西向构造带与晋东南"山"字形构造前弧的综合影响，该褶皱带南部总体走向为 5°～10°，北部则表现为南北向。

3. 东西向构造

东西向构造由一系列走向 EW 或近 EW 向的断裂和褶皱组成，主要分布于本区西部。断层走向近东西，主要表现为张性断层，规模一般延伸较长，常构成不同地层接触，横向上往往构成阻水边界，纵向上往往形成岩溶发育带。断层主要有吴家庄—梁庄地堑、岩上—通义正断层、磨石腰—封头断层等。褶皱群主要有侯井—水村褶皱群、驾岭—河北褶皱群、台头褶皱群等。

4. 北东向构造

北东向构造主要集中发育在太行山隆起区的南部边缘地带，即在山西与河南交界处的张路口至方山一带，由一系列褶皱和数十条近于平行的压扭性断层组成，其走向为 NE45°～55°，延伸 10～20 km，有些规模更大。褶皱和断裂主要发育在中、下奥陶统地层中，局部在上寒武统地层。构造控制了这些地区的岩层走向，破坏了岩层的完整性。

东西向构造主要表现为断裂带。主要分布于西北部中村、土沃、羊泉、芹池、寺头、端氏一带。断层走向一般为 NE50°～65°，倾角 70°～80°，为压扭性。该断裂带总体较宽，延伸长度约 55 km，主要发育在二叠系、三叠系地层中。其中主要断层有肖庄—中乡断层、张村—寺头断层。

5. 晋东南"山"字形构造

晋东南"山"字形构造位于晋豫两省相邻地区，西起翼城、绛县，东至辉县、临淇，北到屯留、长子，南以济源、沁阳为界。东西长约 220 km，南北宽约 100 km。

弧顶展布在济源县和沁阳县之间，弧顶及东翼外侧大部分为新生界覆盖，在济源一带断裂近 EW 向，向东逐渐转为 NEE 和 NE 向，向西转为 NWW—NW 向，构成了向南突出的弧形断裂带。

脊柱分布于沁水县东部和阳城东北部，由一组南北向展布的褶皱带构成，南北长 56 km，呈北宽南窄的楔形。

马蹄形盾地分布于脊柱和前弧之间的广大地区，因受新华夏系构造、近南北向构造及东西向构造的干扰，其构造形迹显著，其他地区均为构造形迹微弱的地块。

6. 丹河小"山"字形构造

丹河小"山"字形构造是晋东南"山"字形构造和太行山大型构造隆起区的次级构造产物。主要发育于本区东南部，其前弧展布在大箕、和尚山、双庙村一线，呈向南突出的弧形断裂。东翼由数条压扭性断裂和次一级褶皱构造组成，在双庙附近与晋东南山构造东翼复合。前弧弧顶位于和尚山一带，由数条东西向压扭性断裂组成的构造带，倾向南，倾角大于 70°。在大箕附近，由北西向南东方向延伸斜列的压扭性断裂和次一级褶皱组成了"山"字形构造的西翼，破裂结构面呈舒缓波状，倾角陡达 70°～80°。脊柱在郭峪、水东一带，沿丹河南北方向展布，由一系列小型背斜和小断裂组成的褶造带。

构造对本区岩溶发育、地下水贮存、运移和排泄起到重要的控制作用。

2.2.2　水文地质条件

2.2.2.1　含水岩组

根据地质特征和含水岩组构成条件，将晋城市的含水层分成 4 个含水岩组，即第三、四系松散岩类孔隙水含水岩组，二叠、三叠及震旦系碎屑岩类（含变质岩类）裂隙水含水岩组，石炭系碎屑岩夹碳酸盐岩层间裂隙岩溶水含水岩组，寒武、奥陶系碳酸盐岩类岩溶裂隙水含水岩组。

1. 松散岩类孔隙水含水岩组

该含水岩组主要为第四系（Q）、第三系（N）地层。全新统（Q_4）与上更新统（Q_3）地层主要分布在沁丹河及其支流两侧河漫滩及一、二级阶地，含水层主要为冲洪积的亚砂土、砂和砂砾石，含水层厚度一般为 2～20 m，水位埋深 1～15 m，单位涌水量 0.7～10 m³/（h·m）。中更新统（Q_2）地层主要分布于高平、晋城等盆地，岩性为亚黏土含钙质结核，局部夹砂砾石与砾石的透镜体，含水层厚度一般为 5～35 m，水位埋深 20～60 m，甚至可达 100 m，单位涌水量 0.9～5 m³/（h·m）。下更新统（Q_1）地层主要分布于边山地带或盆地下部，含水层岩性为砾石、黏土含砾石，含水层厚度一般为 5～14 m，单位涌水量小于 1.8 m³/（h·m）。

第三系地层（N_2）主要分布于晋城城区以北高平以南等丘陵区，含水层岩性为砂质黏土，富水性极差，单位涌水量小于 0.01 m³/（h·m）。孔隙水含水岩组一般河谷区富水性较丘陵区强。

2. 碎屑岩类（含变质岩类）裂隙水含水岩组

二叠系、三叠系碎屑岩类裂隙水含水岩组主要分布于晋城市的中西部，地下水主要赋存于风化裂隙中，据煤田资料，风化带厚度通常为 10～50 m，在构造带发育最大可达 100 m，水位埋深 3～50 m。其中二叠系砂岩、粗砂岩及含砾砂岩含水层主要分布于高平与泽州和陵川西部，单位涌水量 0.001～10 m³/（h·m）；三叠系砂岩及含砾砂岩裂隙含水层主要分布于沁水，单位涌水量 1～10 m³/（h·m）。

震旦系碎屑岩及变质岩类裂隙水主要分布于阳城县西南部下川—横河一线以南中低山区，陵川县东部锡崖沟一带。地下水主要赋存于构造裂隙与风化裂隙中，由于风化带厚度与开启度较小、充填程度较高，因此富水性差。

3. 碎屑岩夹碳酸盐岩类层间裂隙岩溶含水岩组

该含水岩组分布于高平—陵川、茶元—东土河与伊候山及阳城一带，为砂岩、页岩、煤层夹灰岩地层。含水层主要为石炭系太原组 5～7 层灰岩（K_1～K_7），以岩溶裂隙水为主，砂岩裂隙水次之。含水层厚 60～100 m，富水性不均一，其中 K_1、K_5 灰岩较为富水。泉水流量为 0.1～18 m³/h，单位涌水量为 0.01～3.6 m³/（h·m）。近些年，由于煤矿开采深度与范围的不断加大，排水的影响越来越大，致使该含水岩组水位大幅度下降，部分地区甚至呈现疏干状态。

4. 碳酸盐岩类岩溶裂隙含水岩组

（1）中奥陶统岩溶裂隙含水层。该含水层广泛分布在全市境内，为区内主要含水层，自上而下分别为峰峰组及上、下马家沟组，每组又按岩性分上、下两段。一般上段以灰岩为主，下段多为泥灰岩，且常有石膏夹层赋存。

①峰峰组岩溶裂隙含水层。该含水层在区内大部分地区位于岩溶水位之上，为透水不含水层，在阳城下河泉以南局部地区为含水层。上段多为厚层状灰色石灰岩，质纯性脆，厚 50 ～ 120 m，裂隙较发育。下段以灰黄色泥质灰岩、灰白色泥质灰岩或白云质泥质灰岩为主，夹一层厚 8 ～ 15 m 的石灰岩，厚 70 ～ 90 m。据泉域有关勘测资料，泥质灰岩岩溶较发育，且多呈蜂窝状或网格状，岩溶发育带厚度一般为 3 ～ 8 m，富水区域的单位涌水量为 11 ～ 50.9 m^3/（h·m）。

②上马家沟组岩溶裂隙含水层。该含水层上段为中厚层状石灰岩及豹皮状灰岩，其上部为豹皮状灰岩、泥质灰岩、白云质灰岩互层，厚 130 ～ 200 m，下段为泥质灰岩、角砾状泥质灰岩、泥质灰岩及白云质灰岩，厚 40 ～ 60 m。岩溶主要发育在石灰岩和石膏层位中，且石膏对岩溶发育有很大影响，石膏溶解地段一般岩溶发育，富水性强。延河泉在本含水层底部出露。该含水层富水性不均一，单位涌水量为 1.0 ～ 151.67 m^3/（h·m）。

③下马家沟组岩溶裂隙含水层。该含水层一般埋藏较深，上段为灰色厚、中厚层石灰岩，局部夹泥质灰岩，质纯性脆，岩溶裂隙发育，多以溶蚀加宽裂隙为主，也有规模不等的大小溶洞，但多为半充填状态，充填物多为红色黏土和灰岩碎屑，局部为粉细砂，厚 100 ～ 200 m。下段为角砾状灰岩和泥灰岩，局部地段底部有厚度不大的泥质白云岩，厚 20 ～ 30 m，该层层位稳定，但厚度变化大，灰岩和泥灰岩块常具混杂胶结现象。单位涌水量为 13.8 ～ 864 m^3/（h·m）。

（2）下奥陶统岩溶裂隙含水层。该含水层为灰色厚层细—粗晶白云岩，上部含燧石结核或条带，下部夹薄层泥灰岩或泥质白云岩，厚为 70 ～ 110 m。此层大部地段裂隙及岩溶均不发育，可视作奥陶系的相对隔水层，单位涌水量多小于 1.0 m^3/（h·m）。但地处泉域排泄区的岩溶水溶蚀条件好，在一些断层和褶皱轴部等构造有利部位，形成裂隙破碎带，溶隙和蜂窝状溶洞发育，富水性强。

（3）上寒武统裂隙岩溶含水层。该含水层由竹叶状灰岩、白云质灰岩、泥质白云岩组成，厚 40 ～ 100 m。此层裂隙及岩溶均不发育，单位涌水量达

$0.29 \sim 6.12 \, \text{m}^3 / (\text{h} \cdot \text{m})$。

（4）中寒武统岩溶裂隙含水层。该含水层是本区又一重要岩溶裂隙含水层。该含水层在区内按埋藏条件可分为裸露型和埋藏型，主要出露于郭壁以南丹河河谷，由厚层鲕状灰岩及灰岩组成，厚130～350 m。岩溶发育极不均一，主要沿构造裂隙溶蚀扩大，形成脉状裂隙含水带，而一般岩石完整，岩溶发育相对较弱。单位涌水量为 $0.29 \sim 9.2 \, \text{m}^3 / (\text{h} \cdot \text{m})$。

该含水层富水性不均一，在郭壁以北该层埋藏较深，岩溶裂隙不发育，富水性很弱；在郭壁以南，由于构造影响，裂隙发育，富水性较强，成为主要含水层。物探勘测资料证实，在断裂带附近，构造裂隙发育，富水性强；离开断裂带，构造裂隙发育程度逐渐减弱，富水程度变差。河东村副坝、城群—三姑泉一带及围滩泉附近富水区，单井涌水量大于5 000 m³/d，泉流量大于50 L/s，水量丰富，如三姑泉和围滩泉，出露标高分别为342 m、444 m，流量分别为3 500 L/s、70 L/s。北部富水区，泉流量小于50 L/s，如郭峪泉和马头泉，出露标高分别为472 m、412 m，流量均为15 L/s，单位涌水量为 $0.29 \sim 129 \, \text{m}^3 / (\text{h} \cdot \text{m})$。

2.2.2.2 水文地质类型区划分

水文地质类型区是根据地下水含水层的结构特征、地貌形态和成因等条件划分的具有独立或相对独立的区域。它是开展地下水开发利用、有效保护、综合治理、优化配置、科学管理的基本区域，因此进行区域的水文地质类型区划分具有非常重要的现实意义。在水文地质类型区划分中，本着水文地质类型区勘查和地下水资源评价相结合、综合考虑水文地质类型区主要供水目的层的介质类型、埋藏条件和地下水形成的地形地貌条件的基本原则，采用自然条件、地质构造条件、含水介质类型和边界条件等综合指标作为分类依据，侧重考虑水文地质类型区勘查方法、评价方法和允许开采量组成的差别，按孔隙、裂隙、岩溶水分布范围，结合流域和地貌类型，水文地质类型区划分为孔隙水水文地质类型区、岩溶水水文地质类型区和裂隙水水文地质类型区。孔隙水水文地质类型区以地貌条件作为划分依据，分为一般山丘区、盆地平原区和山间河谷区。岩溶水水文地质类型区以埋藏条件作为划分依据，分为裸露岩溶水区和埋藏岩溶水区，埋藏岩溶水区按其分布的地理位置，又分为埋藏型岩溶山地地下水和埋藏型岩溶平原地下水。裂隙水水文地质类型区以便于水资源的分析与管理、地貌、岩性条件作为划分依据，分为若干区。根据山西省的地貌类型、地下水资源特点及水资源分区情况，按一般山丘区、岩溶山区、盆地平原区、岩溶平原区和山间河谷区5个地貌类型区，孔隙水、裂隙水和岩溶水 3 种地下水类型相结合的形式进行水文地质类型区划分，地貌类型区和水文地质类型区对照见表 2-2。另外，为了便于对地下水资源的开发利用和配置管理，水文地质类型区边界线的划定，一般情况下不跨越乡（镇）行政区，不允许跨越行政村。跨县（市、区）的水文地质类型区要注明该县处于该类型区的补、径、排相对位置。

表 2-2 山西省地貌类型区与水文地质类型区对照

地貌类型区	水文地质类型区
一般山丘区	L—一般山丘区裂隙地下水；K_S—一般山丘区黄土层孔隙地下水
岩溶山区	Y_1—裸露型岩溶山地地下水；Y_2—覆盖型岩溶山地地下水；Y_3—埋藏型岩溶山地地下水
盆地平原区	K_1—洪积扇孔隙地下水；K_2—洪积扇群孔隙地下水；K_3—山前倾斜平原孔隙地下水；K_4—冲积平原孔隙地下水；K_5—冲湖积平原孔隙地下水；K_6—黄土层中孔隙地下水；K_7—黄河漫滩孔隙地下水；K_8—黄河台垣地下水
岩溶平原区	Y_f—覆盖型岩溶平原地下水；Y_m—埋藏型岩溶平原地下水
山间河谷区	K_h—山间河谷区孔隙地下水；K_P—山间盆地区孔隙地下水

根据晋城市的地形、地貌、地质构造等水文地质条件，以及山西省（市、区）水文地质类型区划分工作大纲，按孔隙、裂隙、岩溶水分布范围，结合流域和地貌类型，将晋城市划分为 36 个水文地质类型区。孔隙水类型区 23 个，见表 2-3，其中，山间河谷区孔隙地下水水文地质类型区 12 个，一般山丘区黄土层孔隙地下水水文地质类型区 11 个。裂隙水类型区 5 个，见表 2-4，主要由碎屑岩类裂隙水和层间岩溶裂隙水组成。岩溶水类型区 8 个，见表 2-5，其中裸露型岩溶山地地下水类型区 4 个，埋藏型岩溶山地地下水类型区 4 个。

表 2-3 晋城市孔隙地下水水文地质类型区划分

序号	水资源流域分区	地貌类型区	名　称
1	丹河区	山间河谷区	丹河山间河谷区孔隙地下水
2	丹河区	山间河谷区	许河山间河谷区孔隙地下水
3	丹河区	山间河谷区	巴公河山间河谷区孔隙地下水
4	丹河区	山间河谷区	北石店河山间河谷区孔隙地下水
5	丹河区	山间河谷区	白水河山间河谷区孔隙地下水

续表 2-3

序号	水资源流域分区	地貌类型区	名　　称
6	沁河区	山间河谷区	沁河山间河谷区孔隙地下水
7	沁河区	山间河谷区	沁河山间河谷区孔隙地下水
8	沁河区	山间河谷区	固县河山间河谷区孔隙地下水
9	沁河区	山间河谷区	芦苇河山间河谷区孔隙地下水
10	沁河区	山间河谷区	长河山间河谷区孔隙地下水
11	卫河区	山间河谷区	古郊河山间河谷区孔隙地下水
12	汾河下游区	山间河谷区	中村河山间河谷区孔隙地下水
13	丹河区	一般山丘区	神农—石末—秦家庄一般山丘区黄土层孔隙地下水
14	丹河区	一般山丘区	麻峪—磨山底一般山丘区黄土层孔隙地下水
15	丹河区	一般山丘区	汤王头—大阳—大车渠—金村一般山丘区黄土层孔隙水
16	丹河区	一般山丘区	东掩—南村—大箕一般山丘区黄土层孔隙地下水
17	丹河区	一般山丘区	潞城—附城—寺沟一般山丘区黄土层孔隙地下水
18	沁河区	一般山丘区	井沟—西峪一般山丘区黄土层孔隙地下水
19	沁河区	一般山丘区	北留一般山丘区黄土层孔隙地下水
20	沁河区	一般山丘区	固隆—白桑一般山丘区黄土层孔隙地下水
21	沁河区	一般山丘区	犁川—南岭一般山丘区黄土层孔隙地下水
22	沁河区	一般山丘区	蟒河—东冶一般山丘区黄土层孔隙地下水
23	汾河下游区	一般山丘区	平城镇一般山丘区黄土层孔隙地下水

　　松散岩类孔隙水主要分布在盆地、丘陵和山间宽谷，含水岩组以第四系各种冲洪积层为主。该类地下水以大气降水的垂直入渗补给为主，其次是边山基岩侧向补给。

表 2-4　晋城市裂隙地下水水文地质类型区划分

序号	水资源流域分区	地貌类型区	名　　称
1	丹河区	一般山丘区	丹河一般山丘区裂隙地下水
2	沁河区	一般山丘区	沁河一般山丘区裂隙地下水
3	卫河区	一般山丘区	卫河一般山丘区裂隙地下水

续表 2-4

序号	水资源流域分区	地貌类型区	名　称
4	汾河下游区	一般山丘区	汾河下游一般山丘区裂隙地下水
5	三门峡—沁河区	一般山丘区	三门峡—沁河一般山丘区裂隙地下水

表 2-5　晋城市岩溶地下水水文地质类型区划分

序号	水资源流域分区	地貌类型区	名　称
1	丹河区	岩溶山区	丹河裸露型岩溶山地地下水
2	沁河区	岩溶山区	沁河裸露型岩溶山地地下水
3	卫河区	岩溶山区	卫河裸露型岩溶山地地下水
4	三门峡—沁河区	岩溶山区	三门峡—沁河裸露型岩溶山地地下水
5	丹河区	岩溶山区	丹河埋藏型岩溶山地地下水
6	沁河区	岩溶山区	沁河埋藏型岩溶山地地下水
7	卫河区	岩溶山区	卫河埋藏型岩溶山地地下水
8	汾河下游区	岩溶山区	汾河下游埋藏型岩溶山地地下水

碎屑岩类裂隙水分布在晋城市的中、西部二叠、三叠系砂页岩分布区及阳城县西南部下川—横河一线震旦系砂岩地区，主要赋存于风化裂隙和构造裂隙中，含水层埋深较浅，多以散泉形式排出，因径流过程短、调节能力差，泉水流量小且不稳定。在高平、陵川、泽州、阳城等地发育有碎屑岩夹碳酸盐岩层间岩溶裂隙水，含水层主要为石炭系太原组灰岩和砂岩，以岩溶裂隙水为主。该含水岩组（又称煤系地层含水层）富水性受煤矿排水影响较大。近些年，由于煤矿开采深度与范围的不断加大，排水影响越来越大，致使水位大幅度下降，部分地区呈现疏干状态。

岩溶水含水岩组包括奥陶系中统含水岩组和寒武系中统含水岩组。奥陶系中统含水岩组广泛分布于三姑泉、延河两泉域，岩溶水富水性随构造部位和所在泉域的补、径、排位置不同而不同，一般补给区富水性较差，径流排泄区富水性较好；寒武系中统含水岩组主要分布于郭壁以南丹河河谷一带，富水性极不均一，一般岩溶沿构造破碎带发育，在郭壁以北岩溶裂隙不发育。岩溶水除灰岩裸露区、半裸露区接受降水渗入补给外，在横切河道的构造破碎带上接受河水的补给，在构造有利部位还接受上覆含水层的越流补给，其主要排泄方式为人工开采和泉水的天然排泄。

2.3 社会经济情况

2.3.1 国民经济发展情况

一个地区国民经济发展情况是第一、第二和第三产业的综合展示，其常用指标为地区生产总值（GDP）。地区生产总值是一个地区所有常住单位在一定时期内生产活动的最终成果，它等于第一、第二和第三产业增加值之和。第一产业主要指农业、畜牧业、渔业和农林牧渔服务业，第二产业主要包括工业、建筑业、电力、煤气业等重型制造业，第三产业指除第一、二产业外的其他行业，比如交通运输业、邮政业、批发、零售、餐饮业等。

晋城市是依托改革开放发展起来的新兴工业城市，发展主要依托丰厚的矿产资源。在东西长 160 km、南北宽 100 km 的地下，蕴藏着煤、煤气层、锰铁矿、铝土矿、铜、锌、金、银、大理石、水晶石等数十种矿产资源。特别是煤、铁的储量十分可观，有"煤铁之乡"之美称。煤炭资源以无烟煤为主，储量约占全国无烟煤储量的 1/4 以上，占山西省的 1/2 多。全市含煤面积 5 350 km²，占全市国土总面积的 56.4%，总储量 808 亿 t，其中已探明储量 271 亿 t。采区面积为 3 245.4 km²，2015 年规模以上煤炭产量 8 791 万 t，晋城煤炭具有含硫量小、发热量高、可选性好的特点。所产块炭晶莹光亮，燃烧无烟无味，素有"白煤、香煤、兰花炭"之称，曾被英国皇室选为壁炉专用煤，销往全国 20 个省（区、市），并出口英国、日本、韩国、东南亚、西欧等国家和地区。2001 年在沁水县南部发现并探明了一个大型煤层气田——沁水煤层气田，煤层气目前探明储量为 1 000 亿 m³，目前全市探明的煤层气储量约 6.8 万亿 m³，占全国的 1/4，且煤层气纯度高、埋藏浅、可采性好，已在全国率先实现了规模化、商业性的开发。另外，晋城素有"山西生物资源宝库"之美称，畜牧、桑蚕、小杂粮、干鲜果、中药材等农牧业资源丰富，是华北最大的桑蚕丝绸基地和山西重要的畜牧基地。早在 1984 年晋城市就被国家定为全国化肥和化工原料煤基地。自 1985 年建市以来，晋城市逐步建立了以煤炭为主体，化工、冶金、丝绸、食品、建材、机械等工业相配套的地方工业体系，发展了交通、邮电、商业、饮食服务业等第三产业，农业现代化程度稳步提高，形成了较为完整的地方国民经济体系。

晋城市作为一个资源型城市，以改革发展为主题，充分发挥自身优势，经过 30 多年的高速发展，依靠煤炭资源创造了经济奇迹，1985—2015 年 30

年间，晋城市 GDP 年均增长 11.0%，人均 GDP 年均增长 10.30%，在建市不到
10 年的时间内实现了经济翻两番，1995 年国民经济生产总值是 1985 年建市
时的 6.04 倍，经济实力大幅增强，经济总量已经超过吕梁、朔州、忻州等市，
经济实力居全省第七位，增速排全省第四位。1995 年以后，晋城市经济增长
步入了快速发展的轨道，从图 2-4 可以看出，晋城市国民生产总值屡创新高，
2012 年跨过千亿大关，达到 1 012.81 亿元，但随着 2012 年煤炭行业告别"黄
金时代"，晋城市经济增长率下降明显，2013—2015 年经济增长几乎趋于停
滞，国民经济生产总值徘徊在 1 030 亿元左右。针对存在的问题，晋城市以习
近平新时代中国特色社会主义思想为指引，深入学习宣传贯彻党的十九大精
神，认真落实省委、省政府和市委决策部署，坚定不移践行新发展理念，深
入实施转型综改、创新驱动战略，全力做好稳增长、促改革、调结构、惠民生、
防风险各项工作。根据《晋城市国民经济和社会发展第十三个五年规划纲要》，
以深化产业结构调整、推进转型升级为主线，突出抓好"中高端智能化装备
制造、煤层气综合利用、文化旅游产业"三大战略新兴产业，坚定不移推进
供给侧结构性改革，加快构建创新能力强、品质服务优、协作紧密、环境友
好的现代产业新体系。近年来，在农业得到大力加强的基础上，随着工业、
金融、科技、文教、信息、咨询和社会服务业的快速发展，全市三次产业结
构呈现出农业比重不断趋于下降和第二、第三产业比重逐渐提升的合理化演
进过程，初步形成新的经济发展格局。

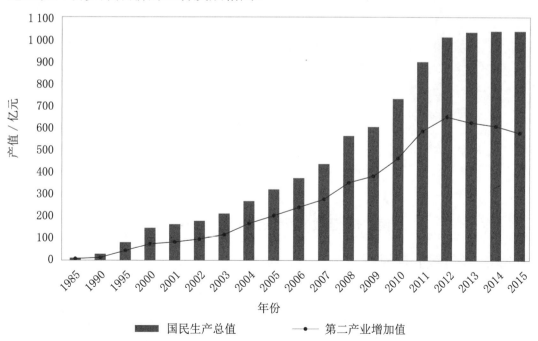

图 2-4　晋城市 1985—2015 年生产总值与第二产业发展趋势

　　产业结构作为衡量一个国家和地区经济发展水平高低的重要标志，其结构组成变化既是不同产业生产力发展的客观表现，也是不同级别政府产业政策引导的结果。一个地区国民经济中各产业的构成及占比变化，反映了其经济发展水平和质量的高低。从晋城市国民经济和社会发展结构（见图2-5）看，30年来晋城产业结构具有以下特点：一是第一产业比重在总量增长的基础上整体呈递减趋势，第二产业1985—2012年占比呈上升态势，到2012—2015年比重有所下降，第三产业呈波动性增长。二是第二产业特别是工业增加值占比长期稳定在50%～65%。晋城市从建市到2015年，第一产业所占比例的多年平均值仅为7.0%，第二产业的多年平均值为59.6%，第三产业的多年平均值为33.4%。工业的快速发展是晋城经济快速增长的主要引擎。晋城市产业结构基本上实现了以工业为主，向一、二、三产业协同发展转变，工业基础地位更趋巩固并向中高端迈进，服务业正在科学有序发展，逐渐成为国民经济增长的另一个重要驱动力，农业通过供给侧结构性改革，正稳步推进有机农业、生态农业、特色经济、乡村旅游等产业发展。

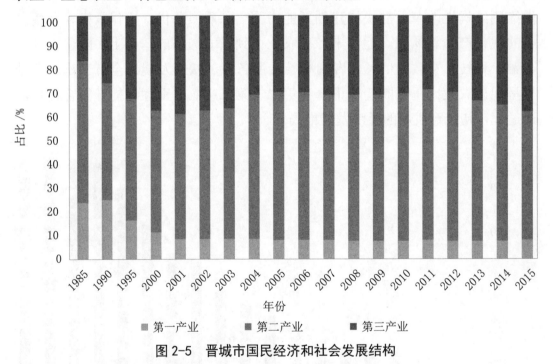

图 2-5　晋城市国民经济和社会发展结构

2.3.2　经济社会现状

2.3.2.1　人口概况

　　人口结构是区域经济持续健康发展的关键因素，城乡人口结构是指总人口中城乡人口之间的比例关系，它代表了区域的经济发展特征。城乡人口结构中的城镇人口占总人口的比例又称为城镇化率，它反映了人口向城镇聚集的过程和聚集的程度，是衡量一个国家或地区社会经济发展水平的重要指标。如果一个区域的城镇化率低于 30%，可以认为该区域经济发展处于低速增长期；城镇化率在 30% ～ 60%，处于高速增长阶段；城镇化率高于 60%，则表明该区域已进入成熟的城镇化社会。据此判断，山西省处于城镇化发展的高速增长阶段。根据晋城市国民经济统计年鉴，2015 年全市常住人口 231.5 万人，其中城镇人口 132.93 万人，占总人口的 57.42%；乡村人口 98.57 万人，占总人口的 42.58%。各行政分区人口分布情况见表 2-6。从表中可以看到，晋城市各个县（市、区）的城镇化率处于 39.65% ～ 100%，晋城市整体的城镇化率达到 57.42%，处于经济发展高速增长阶段，但各个县（市、区）的发展程度不同，经济相对好的是高平市，陵川和沁水发展相对弱一些。除城区外，其他县（市、区）城镇化的发展空间都比较大。

表 2-6　2015 年各行政分区人口分布情况

行政分区	总人口 /万人	城镇人口		乡村人口	
		数量 /万人	占总人口百分比 /%	数量 /万人	占总人口百分比 /%
城区	49.10	49.10	100	0.00	0.00
沁水县	21.53	8.80	40.87	12.73	59.13
阳城县	39.14	17.84	45.58	21.30	54.42
陵川县	23.48	9.31	39.65	14.17	60.35
泽州县	49.07	22.33	45.51	26.74	54.49
高平市	49.18	25.56	51.97	23.62	48.03
合计	231.50	132.94	57.42	98.56	42.58

2.3.2.2　地区生产总值

地区生产总值反映了一个地区经济增长的状况和经济结构的布局，不同产业增加值占比构成区域的经济结构。近年来，晋城市在农业得到大力加强的基础上，随着工业、金融、科技、文教、信息、咨询和社会服务业的快速发展，全市三次产业结构呈现出农业比重不断趋于下降和第二、第三产业比重逐渐提升的合理化演进过程，初步形成新的经济发展格局。2015 年晋城市进一步加大产业结构调整力度，三次产业比重由 2010 年的 4.2∶63.6∶32.2 调整为 2015 年的 4.7∶55.4∶39.9，体现出了晋城市产业结构正向高级化和服务化迈进。全市 2015 年生产总值为 1 040.2 亿元，按可比价格计算，比 2014 年增长 3.3%。其中，第一产业增加值 49.2 亿元，增长 5.8%；第二产业增加值 576.3 亿元，增长 0.8%；第三产业增加值 414.7 亿元，增长 8.1%。第三产业中，金融保险业增加值 63.9 亿元，增长 10.0%；交通运输、仓储和邮政业增加值 69.6 亿元，增长 8.7%；批发和零售业增加值 60.2 亿元，下降 2.0%；住宿和餐饮业增加值 28.6 亿元，增长 5.3%；营利性服务业增加值 40.8 亿元，增长 3.5%。

2015 年晋城市生产总值 1 040.2 亿元，其中，第一产业增加值 49.2 亿元，占生产总值的比重为 4.7%；第二产业增加值 576.3 亿元，占生产总值的比重为 55.4%；第三产业增加值 414.7 亿元，占生产总值的比重为 39.9%。人均地区生产总值 44 994 元，按 2015 年平均汇率计算为 7 243 美元。从 2015 年的产业结构可以看出，第三产业增长幅度最大，第一产业次之，第二产业仅有微幅提升，全年农业生产总值在晋城市三大产业中的比重仍是三大产业中占比最低的，第二产业增幅虽小，但其仍占居晋城市经济的大半壁江山，在国民生产总值中占比达到 55.4%。

2.3.2.3 主要产业状况

晋城市气候温和，早午温差变化较小，适宜于农作物和蔬菜的生长，优越的地理位置和气候条件为晋城市现代农业的发展打下了良好的基础，为产业转型提供了机遇，尤其是药材、蚕桑、畜牧业、食用菌产业和乡村旅游业等农业产业。2015 年全市农作物种植面积 18.919 万 hm²，比 2014 年减少 820 hm²，其中粮食种植面积 17.814 万 hm²，减少 50 hm²；油料种植面积 2 060 hm²，减少 350 hm²；棉花种植面积 140 hm²，减少 80 hm²。2015 年耕地面积 20.47 万 hm²，有效灌溉面积 4.904 6 万 hm²，实际灌溉面积 4.8067 万 hm²。2015 年粮食产量 96.2 万 t，增加 23.2 万 t，增产 31.8%。全市完成造林面积 3 500 hm²，下降 58.5%。全市肉类总产量 17.2 万 t，增长 8.5%；全市设施蔬菜产量 14.5 万 t，增长 2.7%。主要的传统特色农业药材、蚕茧和蜂蜜趋于下降，其中药材 0.8 万 t，下降 25.2%；蚕茧 0.5 万 t，下降 8.5%；蜂蜜 0.2 万 t，下降 4.7%。很多农业产业也受到了影响，投入和产量都在下跌。晋城市农业结构已从粮食种植占主要比重发展演变为农林牧渔业和特色农业共同发展的新模式，特色农产品加工生产正逐步成为农业结构优化调整的重要组成部分。

随着产业结构的进一步调整，工业内部结构得到优化，煤炭行业加快了重组整合和矿井改造，以及煤电一体化发展进程。煤层气、装备制造、煤化工、新材料、电子信息、新能源汽车等新兴产业发展态势良好。2015 年全市非煤工业增加值占规模工业比重达到 42.1%,较"十一五"末提高 23.7 个百分点。2015 年末全市规模以上工业企业 229 家,全年规模以上工业增加值比 2014 年增长 0.8%。采矿业增加值占整个国民经济生产总值的 36.8%,制造业增加值占整个国民经济生产总值的 11%。2015 年末具有资质等级的总承包和专业承包建筑业企业 109 家,总产值 59.6 亿元,比 2014 年下降 18.7%;房屋施工面积 353.9 万 m²,比 2014 年下降 0.2%,建筑业增加值占整个国民经济生产总值的 4.2%。规模以上工业主要工业产品产量及增长速度见表 2-7。

表 2-7　规模以上工业主要工业产品统计

产品名称	单位	产量	增长 /%
原煤（全社会）	万 t	8 791	8.2
洗煤	万 t	2 805	13.2
煤层气	亿 m³	31	5.5
金属切削工具	万件	474	−22.3
矿山专用设备	t	52 477	−12.1
光电子器件	万只（套、片）	111 621	−6.0
焦类	万 t	45	−15.5
合成氨	万 t	329	−0.5
精甲醇	万 t	80	25.6
水泥	万 t	224	−5.2
农用化肥（折纯）	万 t	262	0.2
生铁	万 t	364	−2.1
钢材	万 t	301	0.8
发电量	亿 kW/h	226	−3.1

晋城市多年来大力发展现代服务业,生产性服务业和生活性服务业并重。对经济社会发展急需、具有比较优势和晋城特色的现代商贸物流、高技术服务等新兴生产性服务业进行重点扶持。晋城市服务业增加值由 2010 年的 235.2 亿元增加到 2015 年的 414.7 亿元,年均增长 8.1%。科技创新体系建设取得明显进展,企业创新主体地位不断增强,国家级煤层气实验室和一批省级、市级重点实验室、工程技术研究中心相继建立。

第 3 章　水资源条件分析

3.1　水资源概述

　　"水资源"一词虽出现较早，但目前并还没有公认的定义，它的定义随着社会的发展不断地丰富和发展。英国大百科全书对水资源的定义为"自然界一切形态（液态、固态、气态）的水"，英国 1963 年水资源法中定义为"具有足够数量的可用水源"；根据世界气象组织（WMO）和联合国教科文组织（UNESCO）1988 年定义"作为水资源的水应当是可供利用或可能被利用，具有足够数量和可用质量，并且可适合对某地的水资源需求而能长期供应的水源"，2012 年修订为"水资源是指可资利用或有可能被利用的水源，这个水源应具有足够的数量和合适的质量，并满足某一地方在一段时间内具体利用的需求"。全国科学技术名词审定委员会公布的水资源定义为"水资源是指地球上具有一定数量和可用质量能从自然界获得补充并可资利用的水"。《中国大百科全书》定义为"水资源是地球表层可供人类利用的水，包括水量（质量）、水域和水能资源，一般指每年可更新的水量资源"。2015 年 1 月 19 日实施的《水资源术语》中水资源的定义为"地表和地下可供人类利用又可更新的水。通常是指较长时间保持动态平衡，可通过工程措施供人类利用可恢复和更新的淡水"。刘昌明认为广义水资源应为一切可被人类利用的天然水。狭义的水资源是指被人们对水资源开发利用的那部分水，主要指地下水和江河湖库中的地表水，这部分水资源也是目前进行水资源评价和开发利用的主体。

　　水资源总量（俗称水资源量）是指降水落到地表后形成的地表水和地下水的产水量之和。地表水资源量（俗称地表水量）是指河流、湖泊、冰川、沼泽等水体的动态水量，在水资源评价时一般通过还原计算获得的天然河川径流量表示。地下水资源量（俗称地下水量）是指与降水、地表水有直接补排关系的降水入渗补给量、河道及渠系渗透补给量、湖库渗漏补给量和田间灌溉入渗补给量之和。对于地表水和地下水而言存在着相互转化关系，河川径流量的基流是由地下水补给形成的，而地下水中又有一部分来源于地表水体的入渗补给，地表水计算包括这部分内容，地下水计算也包括这部分内容，因此在计算水资源总量时应扣除掉地表水和地下水相互转化的重复部分。

2015 年全国的水资源总量为 32 466.3 亿 m³，其中地表水资源量 26 900.8 亿 m³，地下水资源量 7 797.0 亿 m³，地下水与地表水资源重复量为 6 735.2 亿 m³，重复量占地下水资源量的 86.4%。2015 年山西省的水资源总量为 93.954 3 亿 m³，其中地表水资源量 53.827 3 亿 m³，地下水资源量 86.394 9 亿 m³，地下水与地表水资源重复量为 46.267 9 亿 m³，重复量占地下水资源量的 53.6%。晋城市同年的水资源总量为 8.994 0 亿 m³，其中地表水资源量 7.221 6 亿 m³，地下水资源量 7.429 0 亿 m³，地下水与地表水资源重复量为 5.656 6 亿 m³，重复量占地下水资源量的 76.1%。

3.2　水资源分区

水资源分区是指能反映水资源和其他自然条件地区差别，尽量照顾供水系统、水文地质单元和流域水系完整，适当考虑行政区且便于水资源评价和水资源规划的单元划分。它是水资源规划管理的基础性工作，水资源不同于其他自然资源，其特点决定了水资源的开发利用和管理保护，必须以流域为单元实行统一规划、统一调度、统筹考虑，以提高基础资料的共享性和各种规划成果的可比性。然而，经济社会发展数据和国民经济用水数是按照行政单元来逐级统计和汇总的。因此，为了满足水资源的开发、利用、治理、配置、节约、保护等的要求，进行水资源分区要坚持流域与行政区域有机结合的原则，以保持行政区域与流域分区的统分性、组合性与完整性，以实现流域带区域、流域与区域结合的水资源一体化管理，满足社会经济可持续发展对水资源的需求。

晋城市水资源分区以黄河流域和河海流域为基础，区内黄河流域的面积为 8 417 km²，占全市国土面积的 88.7%，其中重点流域为沁河流域和丹河流域，它们的面积分别为 4 858 km² 和 2 945 km²，占全市国土面积的比例分别为 51.2% 和 31%。海河流域面积为 1 073 km²，占全市国土面积的 11.3%。晋城市 6 个行政区的面积分别为沁水县 2 655 km²、泽州县 2 023 km²、陵川县 1 751 km²、阳城县 1 968 km²、高平市 946 km²、城区 147 km²。在考虑行政区分布、流域特性、地形地貌、地质构造、地层岩性、水资源的形成条件、开发利用、水资源管理和国民经济发展等因素的基础上进行水资源分区。同时，参考晋城市第二次水资源评价工作成果，将全市划分为入汾小河、张峰分区、润城

分区、阳城分区、任庄分区、泽州分区、入黄小河和卫河分区等 8 个水资源区，
分区详情见表 3-1。将水资源分区与行政分区对应划分，划分结果见表 3-2。

表 3-1　晋城市水资源分区所辖县（市、区）

水资源分区			所辖县（市、区）
黄河流域	入汾小河		沁水
	沁河	张峰分区	沁水
		润城分区	泽州、阳城、高平、沁水
		阳城分区	城区、泽州、阳城、沁水
	丹河	任庄分区	泽州、高平、陵川
		泽州分区	城区、泽州、陵川、高平
	入黄小河		沁水、阳城
海河流域	卫河分区		泽州、陵川

表 3-2　晋城市水资源分区各县（市、区）面积统计

水资源分区		城区	泽州	阳城	高平	陵川	沁水	合计
黄河流域	入汾小河						90	90
	沁河 张峰分区						452	452
	润城分区		39	400	23		1 773	2 235
	阳城分区	16	771	1 094			290	2 171
	小计	16	810	1 494	23		2 515	4 858
	丹河 任庄分区		80		886	340		1 306
	泽州分区	131	1 001		37	470		1 639
	小计	131	1 081		923	810		2 945
	入黄小河			474			50	524
	合计	147	1 891	1 968	946	810	2 655	8 417
海河流域	卫河分区		132			941		1 073
	合计		132			941		1 073
总计		147	2 023	1 968	946	1 751	2 655	9 490

3.3　水资源二次评价成果

3.3.1　降水

降水是自然界水循环的重要组成部分，是地表水和地下水的来源。一个区域的水资源量大小直接取决于降水量的大小。由于降水量随季节、年际变化显著，为此在降水量评价中要考虑对不同降水频率、极值情况进行评价。根据晋城市第二次水资源评价，晋城市多年（1956—2000 年）平均降水量为 624.0 mm，折合水体 59.2 亿 m³。其中：海河流域多年平均降水量为 642.6 mm，折合水体 6.9 亿 m³；黄河流域多年平均降水量为 621.6 mm，折合水体 52.3 亿 m³。全市年平均最大降水量为 1963 年，年降水量 866.4 mm；年平均最小降水量为 1997 年，年降水量 326.3 mm。降水量的变化趋势从南到北、从东向西递减，与地势走向基本一致，大趋势呈东南—西北向。晋城市年降水量分布不均，季节变化明显，一般来说，冬季干旱少雨雪，夏季雨水充沛，秋雨多于春雨。降水量在年内分配呈单峰型，汛期为 6—9 月，其间降水量占全年降水量的 70% 左右。各水资源分区和行政分区的分析计算结果见表 3-3 和表 3-4。

3.3.2　蒸发能力及干旱指数

蒸发能力是指充分供水条件下的陆面蒸发量，又称潜在蒸发量或最大可能蒸发量。干旱指数是指年蒸发能力与年降水量的比值，它是反映气候干湿程度的指标。多年干旱指数与气候分布密切相关，干旱指数小于 1，表明该地区蒸发能力小于降水量，属气候湿润区；干旱指数大于 1，表明该地区蒸发能力大于降水量，气候偏于干旱。多年平均干旱指数越大，表明该地区的干旱程度越严重。

根据晋城市第二次水资源评价，晋城市 1980—2000 年多年平均水面蒸发量在 900～1 200 mm（E601）。水面蒸发的高值中心位于高平市，中心处蒸发能力为 1 153.2 mm。低值中心位于陵川县，蒸发量为 973.9 mm。将全年分为冰期（12 月至次年 2 月）、春浇用水期（3—5 月）、汛期（6—9 月）、汛后（10—11 月），冰期蒸发量较小，占年蒸发量的 10%～11.7%，3—5 月蒸发量明显增大，占年蒸发量的 32.4%～34.5%，汛期和汛后期蒸发量占全年蒸发量的比重分别为 42.9%～45.2% 和 11.1%～12%。蒸发量在年际间变化不大，多年平均值为 1 052.5 mm，各年数值均在均值附近波动变化。根据晋城市第二次水资

表 3-3　晋城市水资源分区 1956—2000 年年降水量特征值统计

流域	水资源分区		分区面积/km²	多年平均		年降水量										
				降水量/mm	折合水体/万m³	最大		最小		极值比	C_v	C_s/C_v	不同频率年降水量/mm			
						降水量/mm	出现年份	降水量/mm	出现年份		采用		20%	50%	75%	95%
黄河流域	入汾小河		90	638.4	5 738	999.8	1964	358.7	1997	2.8	0.24	2.0	762.4	626.2	529.5	409
	沁河	张峰分区	452	600.4	27 100	868.1	1971	352	1965	2.5	0.24	2.0	717	588.9	498	384.7
		润城分区	2 235	598.2	133 511	840.4	1958	321.5	1997	2.6	0.23	2.0	709.7	587.7	500.7	391.4
		阳城分区	2 171	656.3	142 283	899.9	1958	323.4	1997	2.8	0.24	2.0	783.8	643.7	544.4	420.5
		小计	4 858	623.5	302 894	865.8	1958	325.7	1997	2.7	0.25	2.0	749.4	610.6	512.5	391.1
	丹河	任庄分区	1 306	602.4	78 642	842.3	1971	327.4	1997	2.6	0.24	2.0	719.4	590.9	499.7	385.9
		泽州分区	1 639	610.7	100 074	857.9	1963	312	1997	2.7	0.25	2.0	734.1	598.0	502	383.1
		小计	2 945	607.0	178 716	825.4	1963	318.9	1997	2.6	0.25	2.0	729.6	594.4	499	380.7
	入黄小河		524	687.5	35 974	978.1	1958	366.7	1997	2.7	0.25	2.0	826.4	673.2	565.1	431.2
	合计		8 417	621.6	523 322	841.2	1963	326.1	1997	2.6	0.22	2.0	732.7	611.6	524.9	415.2
海河流域	卫河分区		1 073	642.6	68 854	1 062.6	1963	327.9	1997	3.2	0.26	2.0	777.3	628.2	523.5	394.7
	合计		1 073	642.6	68 854	1 062.6	1963	327.9	1997	3.2	0.26	2.0	777.3	628.2	523.5	394.7
总计			9 490	624	592 176	866.4	1963	326.3	1997	2.7	0.24	2.0	745.2	612.1	517.6	399.8

表 3-4 晋城市行政分区 1956—2000 年系列年降水量特征值

行政分区	分区面积 / km²	年降水量													
		多年平均		最大		最小		极值比	C_v	C_s/C_v	不同频率年降水量 / mm				
		降水量 / mm	折合水体 / 万 m³	降水量 / mm	出现年份	降水量 / mm	出现年份				20%	50%	75%	95%	
城区	147	614.1	9 027	911.1	1956	284.4	1997	3.2	0.25	2	738.1	601.4	504.8	385.2	
沁水县	2 655	601.3	159 645	838.9	1958	332.3	1997	2.5	0.22	2	708.7	591.6	507.7	401.6	
阳城县	1 968	658.7	129 632	955.2	1958	335.4	1997	2.8	0.25	2	791.8	645	541.5	413.2	
陵川县	1 751	632	110 663	998.5	1963	334.7	1997	3	0.24	2	754.8	619.9	524.2	404.9	
泽州县	2 023	624.7	126 377	866.1	1961	304.4	1997	2.8	0.24	2	746.1	612.8	518.2	400.2	
高平市	946	605.9	57 318	871.6	1971	328.1	1997	2.7	0.24	2	723.6	594.3	502.6	388.2	
合计	9 490	624	592 176	866.4	1963	326.3	1997	2.7	0.24	2	745.2	612.1	517.6	399.8	

源评价，1980—2000 年晋城市干旱指数为 1.5 ～ 2.5，属于半干旱半湿润区。干旱指数总的分布规律是盆地大于山区。

3.3.3　水资源量

3.3.3.1　地表水资源量

本次地表水资源量指当地的地表水资源量，它是区域内的河流、湖库等地表水体由当地降水形成的可以更新的动态水量，常用天然河川径流量表示，可通过还原计算获得。晋城市的河流分属黄河和海河两大水系，入黄河的河流有沁河、丹河、入黄小河，以及先入汾而后再入黄的小河。入海河的河流有武家湾河、碾槽河和香磨河等卫河支流。地表水资源分区是保障区域经济与生态环境协调发展的基础，在全国水资源二次评价中，山西省根据本省的河流分布和经济社会分区，按照开发、利用、治理、配置和保护的要求，将山西省分为 17 个水资源三级区和 11 个地级市行政分区。在此基础上，晋城市二次评价将晋城市分为 8 个水资源四级区和 6 个县级行政分区。

根据晋城市水资源评价，1956—2000 年多年平均径流量为 113 153 万 ㎥，其中海河流域 13 710 万 ㎥，黄河流域 99 443 万 ㎥。在黄河流域中，沁河 66 253 万 ㎥，丹河 26 710 万 ㎥，入黄小河 5 936 万 ㎥，入汾小河 544 万 ㎥。在晋城市的城区、沁水县、阳城县、陵川县、泽州县和高平市等 6 个县级行政分区中，多年平均年径流量最大的是阳城县，地表水资源量为 29 746 万 ㎥；最小的是城区，地表水资源量为 1 007 万 ㎥。各水资源分区和行政分区的分析计算结果见表 3-5 和表 3-6。

3.3.3.2　地下水资源量

地下水资源是水资源的重要组成部分，是指赋存于地表面以下岩土空隙中与当地降水及地表水关系密切的、逐年可以得到不断更新的浅层地下水。地下水是城乡居民生活、经济社会和生态环境用水的重要水源，特别在地表水资源相对缺乏的北方地区，地下水是居民生活和经济社会用水的主要水源，例如 2015 年河北省和河南省地下水源供水量占其总供水量的比例分别达到 71% 和 54%。在全国水资源二次评价中，山西省根据本省的地形和地貌特征，将全省的地下水评价区分为山丘区和盆地平原区 2 个 I 级类型区。然后根据区域地貌特征和水文地质条件，将山丘区分为一般山丘区和岩溶山区 2 个 II 级类型区，而后根据地质构造和地层岩性并结合地表植被和地表水资源分区情况划分出不同的计算单元。平原区则按地层岩性、地下成因和矿化度等分为若干计算单元。

表 3-5　晋城市水资源分区 1956—2000 年天然年径流特征值统计

流域	水资源分区	分区面积 / km²	多年平均 径流量 / 万 m³	多年平均 径流深 / mm	最大 径流量 / 万 m³	最大 出现年份	最小 径流量 / 万 m³	最小 出现年份	年降水量 极值比	C_v 采用	C_s/C_v	不同频率年径流量 / 万 m³ 20%	50%	75%	95%
黄河流域	入汾小河	90	544	60.4	1 450	1958	149	1995	9.7	0.56	2.5	759	476	321	188
黄河流域 沁河	张峰分区	452	4 434	98.1	12 497	1963	1 467	1991	8.5	0.66	3.0	6 220	3 540	2 350	1 630
黄河流域 沁河	润城分区	2 235	23 208	104	65 413	1963	7 679	1991	8.5	0.66	3.0	32 600	18 500	12 300	8 560
黄河流域 沁河	阳城分区	2 171	38 611	178	78 298	1956	16 544	1995	4.7	0.46	4.0	49 900	33 500	25 800	20 700
黄河流域 沁河	小计	4 858	66 253	136	152 716	1963	33 573	1991	4.5	0.48	4.0	85 800	56 700	43 400	35 100
黄河流域 丹河	任庄分区	1 306	3 849	29.5	14 066	1956	440	1997	32.0	0.66	2.0	5 670	3 310	1 990	806
黄河流域 丹河	泽州分区	1 639	22 861	139	53 926	1956	12 972	1997	4.2	0.32	4.0	28 200	21 400	17 500	14 000
黄河流域 丹河	小计	2 945	26 710	90.7	67 992	1956	13 412	1997	5.1	0.38	4.0	33 700	24 200	19 300	15 300
黄河流域	入黄小河	524	5 936	113	17 400	1963	1 210	1986	14.4	0.70	2.5	8 640	4 800	2 940	1 620
黄河流域	合计	8 417	99 443	118	223 164	1963	49 759	1991	4.5	0.48	4.0	129 100	85 300	65 300	52 700
海河流域	卫河分区	1 073	13 710	128	44 059	1956	2 867	1987	15.4	0.78	2.5	20 300	10 500	6 070	3 360
海河流域	合计	1 073	13 710	128	44 059	1956	2 867	1987	15.4	0.78	25	20 300	10 500	6 070	3 360
	总计	9 490	113 153	119	267 097	1956	53 553	1991	5.0	0.48	4.0	146 700	96 900	74 200	59 900

表 3-6 晋城市行政分区 1956—2000 年天然年径流特征值统计

行政分区	分区面积/km²	多年平均		天然年径流量							不同频率年径流量/万m³			
		径流量/万m³	径流深/mm	最大		最小		极值比	C_v 采用	C_s/C_v	20%	50%	75%	95%
				径流量/万m³	出现年份	径流量/万m³	出现年份							
城区	147	1 003	68.2	2 269	1956	615	1991	3.7	0.36	4.5	1 240	908	738	609
沁水县	2 655	29 321	110	77 472	1963	11 391	1991	6.8	0.62	3.5	39 800	23 400	16 600	13 000
阳城县	1 968	29 746	151	66 625	1963	15 046	1972	4.4	0.46	4.0	38 400	25 800	19 900	15 900
陵川县	1 751	19 563	112	57 720	1956	7 273	1987	7.9	0.62	3.0	27 300	16 100	10 900	7 450
泽州县	2 023	30 149	149	68 690	1956	17 826	1991	3.9	0.40	5.0	37 400	26 400	21 500	18 700
高平市	946	3 371	35.6	11 361	1956	690	1997	16.5	0.56	2.0	4 770	3 030	1 990	969
合计	9 490	113 153	119	267 097	1956	53 553	1991	5.0	0.48	4.0	146 700	96 900	74 200	59 900

　　晋城市根据区域地形地貌特征，划定一级类型区为山丘区。根据次级地形地貌特征、地层岩性及地下水类型和晋城市实际情况，将山丘区划分为一般山丘区和岩溶山区 2 个二级类型区。结合地表水资源分区及水文地质条件把 2 个二级类型区划分为入汾小区、张峰分区、润城分区、任庄分区、阳城分区、泽州分区、入黄小河和卫河分区等 8 个地下水资源均衡计算单元。其中，入汾小区、张峰分区、润城分区和任庄分区属于一般山丘区，面积 4 083 km²，占总面积的 43%；阳城分区、泽州分区、入黄小河和卫河分区属于岩溶山区，面积 5 407 km²，占总面积的 57.0%，合计总面积为 9 490 km²。计算分区见表 3-7。

表 3-7　晋城市地下水资源均衡计算分区

分区	类型	地下水资源均衡计算区		
一级类型分区	二级类型分区	名称	面积 / km²	占总面积之比 /%
山丘区	一般山丘区	入汾小河	90	0.9
		张峰分区	452	4.8
		润城分区	2 235	23.5
		任庄分区	1 306	13.8
		合计	4 083	43.0
	岩溶山区	泽州分区	1 639	17.3
		阳城分区	2 171	22.9
		入黄小河	524	5.5
		卫河分区	1 073	11.3
		合计	5 407	57.0
总计			9 490	100.0

　　在地下水资源评价中，一般评价的对象是与降水和地表水有直接或间接联系的现状开采深度范围内的地下水。对于山丘区，一般采用排泄法计算地下水资源量；对于平原区，采用补给法计算地下水资源量。按晋城市的地形、地貌和水文地质条件，晋城市全境属山丘区，地下水资源量计算以排泄法为主，排泄量主要包括河川基流量、潜水蒸发量、开采消耗量、出境潜排量、境内潜排量和境内潜入量等。根据晋城市地下水资源二次评价成果，晋城市 1956—2000 年多年平均地下水资源量为 89 279 万 m³/a，其中基流量为 70 744 万 m³/a，占地下水资源量的 79.2%；蒸发量为 1 547 万 m³/a，占地下水资源

量的 1.7%；地下水净耗量为 6 388 万 m³/a，占地下水资源量的 7.2%；侧向潜排量为 10 600 万 m³/a，占地下水资源量的 11.9%。黄河流域地下水资源量为 75 248 万 m³/a，海河流域地下水资源量为 14 031 万 m³/a。在晋城市的城区、沁水县、阳城县、陵川县、泽州县和高平市等 6 个县级行政分区中，多年平均地下水资源量最大的是阳城县，地下水资源量为 26 270 万 m³；最小的是城区，地下水资源量为 2 458 万 m³。计算结果见表 3-8 和表 3-9。

表 3-8　晋城市 1956—2000 年各水资源分区地下水资源量汇　单位：m³/a

水资源分区			河川基流量	潜水蒸发量	开采消耗量	出境潜排量	境内潜排量	境内潜入量	地下水资源量
入汾小河			163		6	500			669
黄河流域	沁河	张峰分区	2 258		3				2 261
		润城分区	11 164	528	895		1 981	1 454	13 114
		阳城分区	24 351		1 083	2 000	1 454	2 893	25 995
		小计	37 773	528	1 981	2 000	3 435	4 347	41 370
	丹河	任庄分区	819	1 019	1 429		6 652		9 919
		泽州分区	19 148		2 933	2 000	912	6 652	18 341
		小计	19 967	1 019	4 362	2 000	7 564	6 652	28 260
	入黄小河		2 947		2	2 000			4 949
	合计		60 850	1 547	6 351	6 500	10 999	10 999	75 248
海河流域	卫河分区		9 894		37	4 100			14 031
	合计		9 894		37	4 100			14 031
总计			70 744	1 547	6 388	10 600	10 999	10 999	89 279

表 3-9　晋城市各行政分区地下水资源量汇总　　　　单位：万 m³/a

系列	城区	沁水县	阳城县	陵川县	泽州县	高平市	合计
1956—2000 年系列	2 458	10 735	26 270	16 347	26 191	7 278	89 279

3.3.3.3　水资源总量

水资源总量是指在一定区域内降水形成的地表和地下水资源量，即地表的河川径流量和降水入渗补给量之和。由于地表水与地下水都源自于大气降水，属于同一个水循环系统，在一定条件下它们之间的水量可以实现相互转化，因此在地表水资源量和地下水资源量计算中，有一部分水量既在地表水资源量中计算，又在地下水资源量计算。常见的这部分水量有河川基流量和泉水排泄量，它们分别被地表和地下水资源重复计算，属重复水量。重复水量在水资源总量计算中只能计算一次，多余部分应减去。水资源总量常采用的计算公式如下：

$$W=R+P_r-R_g \tag{3-1}$$

式中：W 为水资源总量；R 为地表水资源量（河川径流量）；P_r 为地下水资源量（降水入渗补给量，山丘区为地下水总排泄量）；R_g 为地表水与地下水重复计算量（河川基流量，平原区为降水入渗补给量形成的河道排泄量）。

1956—2000 年晋城市各水资源分区和行政分区水资源总量见表 3-10 和表 3-11。全市多年平均水资源总量 131 688 万 m³/a。偏丰水年（$P=20\%$）为 165 235 万 m³/a，比多年均值增加 25.5%；平水年（$P=50\%$）为 115 435 万 m³/a，比多年均值减少 12.3%；偏枯水年（$P=75\%$）为 92 735 万 m³/a，比多年均值减少 29.6%；枯水年（$P=95\%$）为 78 435 万 m³/a，比多年均值减少 40.4%。沁河流域多年平均水资源总量 69 850 m³/a。偏丰水年（$P=20\%$）为 89 397 万 m³/a，比多年均值增加 28%；平水年（$P=50\%$）为 60 297 万 m³/a，比多年均值减少 13.7%；偏枯水年（$P=75\%$）为 46 997 万 m³/a，比多年均值减少 32.7%；枯水年（$P=95\%$）为 38 697 万 m³/a，比多年均值减少 44.6%。丹河流域多年平均水资源总量 35 003 m³/a。偏丰水年（$P=20\%$）为 41 993 万 m³/a，比多年均值增加 20%；平水年（$P=50\%$）为 32 493 万 m³/a，比多年均值减少 7.2%；偏枯水年（$P=75\%$）为 27 593 万 m³/a，比多年均值减少 21.2%；枯水年（$P=95\%$）为 23 593 万 m³/a，比多年均值减少 32.6%。在行政分区中，城区水资源总量为 2 961 万 m³/a，沁水县水资源总量为 30 788 万 m³/a，阳城县水资源总量为 33 669 万 m³/a，陵川县水资源总量为 21 529 万 m³/a，泽州县水资源总量为 32 798 万 m³/a，高平市水资源总量为 9 943 万 m³/a。

表3-10　1956—2000年晋城市各水资源分区水资源总量特征值统计

单位：万 m³/a

水资源分区			面积	水资源总量	C_v	C_s/C_v	水资源总量极值				极值比	不同保证率水资源总量			
							极大值	出现年份	极小值	出现年份		20%	50%	75%	95%
黄河流域	入汾小河		90	1 050	0.29	3.5	1 967	1958	521	1997	3.8	1 265	982	827	694
	沁河	张峰分区	452	4 437	0.58	3	11 777	1963	1 582	1997	7.4	6 223	3 543	2 353	1 633
		润城分区	2 235	25 158	0.54	3	64 635	1963	8 716	1997	7.4	34 550	20 450	14 250	10 510
		阳城分区	2 171	40 255	0.42	3	84 845	1963	15 184	1997	5.6	51 344	35 144	27 444	22 344
		小计	4 858	69 850	0.46	3	161 257	1963	25 482	1997	6.3	89 397	60 297	46 997	38 697
	丹河	任庄分区	1 306	12 949	0.31	3	24 420	1956	5 159	1997	4.7	14 770	12 410	11 090	9 906
		泽州分区	1 639	22 054	0.33	3.5	47 248	1956	9 651	1997	4.9	27 393	20 593	16 693	13 193
		小计	2 945	35 003	0.31	3	71 668	1956	14 810	1997	4.8	41 993	32 493	27 593	23 593
	入黄小河		524	7 938	0.44	2.5	16 992	1963	2 876	1997	5.9	10 642	6 802	4 942	3 622
	合计		8 417	113 841	0.4	3	236 289	1963	43 688	1997	5.4	143 498	99 698	79 698	67 098
海河流域	卫河分区		1 073	17 847	0.47	3.5	52 859	1956	8 639	1997	6.1	24 437	14 637	10 207	7 497
	合计		1 073	17 847	0.47	3.5	52 859	1956	8 639	1997	6.1	24 437	14 637	10 207	7 497
总计			9 490	131 688	0.4	4	286 058	1956	52 327	1997	5.5	165 235	115 435	92 735	78 435

表 3-11　1956—2000 年晋城市各行政分区水资源总量特征值统计

单位：万 m³/a

行政分区	面积	水资源总量多年均值	C_v	C_s/C_v	水资源总量极值				极值比	不同保证率水资源总量			
					极大值	出现年份	极小值	出现年份		20%	50%	75%	95%
城区	147	2 961	0.33	3	4 415	1956	892	1997	4.9	3368	2 803	2 485	2 223
沁水县	2 655	30 788	0.51	3	78 068	1963	11 488	1997	6.8	41 087	24 910	17 824	13 722
阳城县	1 968	33 669	0.43	2.5	71 174	1963	12 424	1997	5.7	42 789	29 577	23 417	19 436
陵川县	1 751	21 529	0.4	4	66 218	1956	11 677	1997	5.7	29 585	17 778	12 637	9 589
泽州县	2 023	32 798	0.36	2.5	65 475	1956	12 036	1997	5.4	40 462	29 145	24 069	21 475
高平市	946	9 943	0.31	3.5	18 214	1956	3 811	1997	4.8	10 941	9 168	8 114	7 120
合计	9 490	131 688	0.4	4	286 058	1956	52 327	1956	5.5	165 235	115 435	92 735	78 435

3.3.3.4　水资源可利用量

水资源可利用量包括地表水资源可利用量和地下水资源可利用量两部分。地表水可利用量是指在预见时期内，同时考虑生态环境需水和必要河道内用水需求的前提下，通过经济合理、技术可行的措施可供河道外一次利用的最大水量（不含回归重复利用量）。地下水可利用量是指在可预见的时期内，通过技术合理、经济可行的措施，在不致引起生态环境恶化的条件下允许从含水层中获取的最大水量。在计算地表水资源可利用量时，对于水资源紧缺和生态环境脆弱区，水资源可控制量在满足生态环境最小需水量后的资源量；对于地表水资源相对丰富区域，可以经济条件作为供水约束，结合上下游、干支流的实际生态环境综合考虑。在计算地下水资源可利用量时，平原区可通过实际开采调查法、可开采系数法、多年调节计算法和类比法确定；山丘区可根据区域内泉水流量、地下水实际开采量或水文地质比拟法确定。水资源可利用量指扣除地表水与地下水可利用量的重复量后的可以利用量。比如地表水资源量中有一部分渗漏为地下水，渗漏量的其中一部分同时被计入地表水资源量和地下水资源量，被重复计算，这部分重复量应被扣除。

晋城市属于山丘区，其水资源可利用量中的重复量为因地下水开采增加而减少的已计入地表水可利用量中的河川径流量。经分析计算，地表水与地下水的重复可利用量为 29 559 万 ㎥/a，其中沁河流域重复可利用量为 19 148 ㎥/a，丹河流域重复可利用量为 9 186 万 ㎥/a，入黄小河重复可利用量为 90 万 ㎥/a，入汾小河重复可利用量为 35 万 ㎥/a，卫河流域重复可利用量为 1 100 万 ㎥/a。全市地表水可利用量为 61 459 万 ㎥/a，地下水可利用量为 39 420 万 ㎥/a，重复计算量为 29 559 万 ㎥/a，总的水资源可利用量为 71 320 万 ㎥/a。沁河流域水资源可利用系数为 0.656，水资源可用量为 45 802 万 ㎥/a；丹河流域水资源可利用系数为 0.597，水资源可利用量为 20 897 万 ㎥/a。各水资源分区水资源可利用量见表 3-12。

在全市各行政分区中水资源可利系数最高的为城区 0.691，水资源可利用量为 2 047 万 ㎥/a；其次为阳城县 0.613，水资源可利用量为 20 643 万 ㎥/a；泽州县 0.586，水资源可利用量为 19 228 万 ㎥/a；沁水县 0.578，水资源可利用量为 17 790 万 ㎥/a；高平市 0.553，水资源可利用量为 5 501 万 ㎥/a；最低为陵川县 0.284，水资源可利用量为 6 111 万 ㎥/a。各行政分区水资源可利用量见表 3-13。

表 3-12　晋城市各水资源分区水资源可利用量

水资源分区			面积/km²	水资源总量/(万 m³/a)	可利用用量/(万 m³/a)				可利用系数
					地下水	地表水	重复计算量	总可利用量	
入汾小河			90	1 050	50	163	35	178	0.170
黄河流域	沁河	张峰分区	452	4 437	10	2 660	6	2 664	0.600
		润城分区	2 235	25 158	6 319	15 132	5 276	16 175	0.643
		阳城分区	2 171	40 255	15 037	25 792	13 866	26 963	0.670
		小计	4 858	69 850	21 366	43 584	19 148	45 802	0.656
	丹河	任庄分区	1 306	12 949	4 340	2 417	486	6 271	0.484
		泽州分区	1 639	22 054	12 033	11 293	8 700	14 626	0.663
		小计	2 945	35 003	16 373	13 710	9 186	20 897	0.597
	入黄小河		524	7 938	96	1 781	90	1 787	0.225
	合计		8 417	113 841	37 885	59 238	28 459	68 664	0.603
海河流域	卫河分区		1 073	17 847	1 535	2 221	1 100	2 656	0.149
	合计		1 073	17 847	1 535	2 221	1 100	2 656	0.149
总计			9 490	131 688	39 420	61 459	29 559	71 320	0.542

表 3-13　晋城市各行政分区水资源可利用量

| 行政分区 | 面积 /km² | 水资源总量 /（万 m³/a） | 水资源可利用量 /（万 m³/a） | | | 总可利用量 | 可利用系数 |
			地表水	地下水	重复计算量		
城区	147	2 961	577	1 800	330	2 047	0.691
沁水县	2 655	30 788	17 410	2 530	2 150	17 790	0.578
阳城县	1 968	33 669	18 400	14 616	12 373	20 643	0.613
陵川县	1 751	21 529	5 692	2 539	2 120	6 111	0.284
泽州县	2 023	32 798	17 360	14 054	12 186	19 228	0.586
高平市	946	9 943	2 020	3 881	400	5 501	0.553
合计	9 490	131 688	61 459	39 420	29 559	71 320	0.542

3.4　水资源演变情势分析

水资源演变情势指由于自然气候条件变化和人类大规模活动改变了地表与地下产水的下垫面条件，使区域产汇流条件和地下水补给条件发生了明显变化，造成水资源量和可利用量增加或减少的趋势。随着经济社会发展，特别 21 世纪以来，我国经济社会和水资源环境都发生了巨大变化，水资源对国民经济和社会发展的基础地位和支撑作用越来越凸显出来，各地的水资源评价已过去了近 20 年，原有的水资源评价成果已不能满足新时期经济社会发展的需要，因此对原有的水资源评价成果和近 20 年水资源演变情势进行整合和更新，是解决新时期水资源开发、利用、节约、保护和优化配置，促进节水型社会建设和加强水资源科学管理所迫切需要的。从国民经济总产值看晋城市的经济社会发展，1985 年晋城市的国民生产总值为 13.762 1 亿元，2000 年发展到 146.217 4 亿元，后者是前者的 10.62 倍。2015 年的国民生产总值上升为 1 040.239 7 亿元，是 2000 年的 7.11 倍、1985 年的 75.59 倍。晋城市一次水资源评价的水资源总量为 15.91 亿 m³，二次水资源评价总量为 13.17 亿 m³，两次水资源评价相差 2.74 亿 m³，1980 年以前境内大部分地区降水量相对偏丰，其后进入了一个较长的枯水期，再加上晋城建市其经济经历了大规模发展，人类活动大范围影响了区域内的下垫面，这是导致河川径流量和水资源总量减少的主要原因。晋城市的经济发展主要依赖于煤炭产业及其下游产业链，而采煤活动改变了区域局部的产汇流条件，破坏了浅、中、深层地下水原来的补给、径流与排泄条件，对地表和地下水资源造成了严重影响。基于此，本节对 1956—2000 年、2001—2015 年、1956—2015 年的水资源量和不同保证率下各系列水资源变化趋势进行分析。

3.4.1　1956—2000 年水资源状况

1956—2000 年水资源量变化分析的数据来源于《晋城市水资源评价》（2008 年）的评价资料。晋城市 1956—2000 年系列多年平均水资源总量为 13.17 亿 m³/a，多年平均地表水资源量为 11.32 亿 m³/a，多年平均地下水资源量为 8.92 亿 m³/a，重复计算量为 7.07 亿 m³/a。晋城市的沁河和丹河流域面积占整个晋城市国土面积的 82.2%，境内 90% 以上的水利工程分布在这两个流域。这两个流域水资源变化对晋城市的经济社会发展影响重大。1956—2000 年沁河和丹河流域多年平均降水量分别为 623.5 mm、606.85 mm，水资源总量分别为 69 850 万 m³/a、35 003 万 m³/a，它们的水资源总量之和占晋城市水资源总量的 79.6%。沁河重复计算量 37 773 万 m³/a，占其地下水资源量的 91.3%，占其地表水资源量的 57.0%。丹河重复计算量 19 967 万 m³/a，占其地下水资源量的 70.7%，占其地表水资源量的 74.8%。系列水资源分区及行政分区水资源情况见表 3-14 及表 3-15。

表 3-14　晋城市水资源分区 1956—2000 年系列水资源情况

水资源分区			面积 / km²	降水量 / mm	河川径流量 / (万 m³/a)	地下水资源量 / (万 m³/a)	重复计算量 / (万 m³/a)	水资源总量 / (万 m³/a)
黄河流域	入汾小河		90	637.56	544	669	163	1 050
	沁河	小计	4 858	623.50	66 253	41 370	37 773	69 850
	丹河	小计	2 945	606.85	26 710	28 260	19 967	35 003
	入黄小河		524	686.55	5 936	4 949	2 947	7 938
	合计		8 417	621.74	99 443	75 248	60 850	113 841
海河流域	卫河分区		1 073	641.63	13 710	14 031	9 894	17 847
	合计		1 073	642.63	13 710	14 031	9 894	17 847
总计			9 490	624.00	113 153	89 279	70 744	131 688

表 3-15　晋城市行政分区 1956—2000 年系列水资源情况

行政分区	面积 / km²	降水量 / mm	河川径流量 / (万 m³/a)	地下水资源量 / (万 m³/a)	重复计算量 / (万 m³/a)	水资源总量 / (万 m³/a)
城区	147	614.1	1 003	2 458	500	2 961
沁水县	2 655	601.3	29 321	10 735	9 268	30 788
阳城县	1 968	658.7	29 746	26 270	22 347	33 669
陵川县	1 751	632.0	19 563	16 347	14 381	21 529
泽州县	2 023	624.7	30 149	26 191	23 542	32 798
高平市	946	605.9	3 371	7 278	706	9 943
合计	9 490	624.0	113 153	89 279	70 744	131 688

从行政区的水资源总量看，全市水资源重复计算量为 70 744 万 m³/a，占其地下水资源量的 79.2%，占其地表水资源量的 62.5%。全市平均产水模数为

13.88 万 m³/km²，产水模数最大的为城区 20.14 万 m³/km²，最小的为高平市 10.51 万 m³/km²。全市平均产水系数为 0.222，产水系数最大的为城区 0.328，最小的为高平市 0.173。

1956—2000 年系列不同频率的降水量和水资源总量见表 3-16，全市多年平均降水量 624.0 mm。偏丰水年（P=20%）为 745.2 mm，比多年均值增加 19.4%；平水年（P=50%）为 612.1 mm，比多年均值减少 1.9%；偏枯水年（P=75%）为 517.6 mm，比多年均值减少 17.1%；枯水年（P=95%）为 399.8 mm，比多年均值减少 35.9%。全市多年平均水资源总量 13.17 亿 m³/a。偏丰水年（P=20%）为 16.52 亿 m³/a，比多年均值增加 25.5%；平水年（P=50%）为 11.54 亿 m³/a，比多年均值减少 12.3%；偏枯水年（P=75%）为 9.27 亿 m³/a，比多年均值减少 29.6%；枯水年（P=95%）为 7.84 亿 m³/a，比多年均值减少 40.4%。

表 3-16　1956—2000 年晋城市不同频率降水量和水资源量统计

项目	20%	50%	75%	95%	多年平均
降水量 / mm	745.2	612.1	517.6	399.8	624.0
水资源总量 / 万 m³	165 235	115 435	92 735	78 435	131 688

3.4.2　2001—2015 年水资源状况

2001—2015 年水资源量变化分析的数据来源于《山西省水资源公报》《晋城市水资源公报》《晋城市水中长期供求报告》和本次收集的水文气象资料，历年的降水和水资源状况见图 3-1。晋城市 2001—2015 年系列多年平均水资源总量 9.75 亿 m³/a，多年平均地表水资源量为 7.77 亿 m³/a，多年平均地下水资源量为 7.49 亿 m³/a，重复计算量为 5.51 亿 m³/a，占其地下水资源量的 73.6%，占其地表水资源量的 70.9%。水资源总量最大值 14.64 亿 m³，出现年份 2003 年；最小值 7.36 亿 m³，出现年份 2002 年；极值比 1.99。全市平均产水模数为 10.28 万 m³/km²，产水系数 0.167。系列水资源分区及行政分区水资源情况见表 3-17 及表 3-18。

2001—2015 年沁河流域多年平均降水量为 622.5 mm，水资源总量为 50 726 万 m³/a，占晋城市水资源总量的 52%；沁河重复计算量 34 177 万 m³/a，占其地下水资源量的 92.6%，占其地表水资源量的 71.2%。丹河流域多年平均降水量为 605.7 mm，水资源总量为 29 350 万 m³/a，占晋城市水资源总量的 30.1%；丹河重复计算量 12 054 万 m³/a，占其地下水资源量的 48.6%，占其地表水资源量的 72.5%。

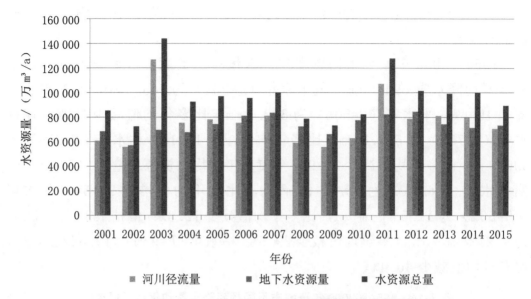

图 3-1　2001—2015 年水资源量变化情况图

表 3-17　晋城市水资源分区 2001—2015 年系列水资源情况

水资源分区		面积 / km²	降水量 / mm	河川 径流量 / （万 m³/a）	地下水 资源量 / （万 m³/a）	重复 计算量 / （万 m³/a）	水资源 总量 / （万 m³/a）
黄河 流域	入汾小河	90	619.2	179	290	123	346
	沁河区	4 858	622.5	47 985	36 917	34 177	50 726
	丹河区	2 945	605.7	16 619	24 785	12 054	29 350
	入黄小河区	524	667.4	4 083	2 481	1 922	4 642
	合计	8 417	619.4	68 867	64 473	48 276	85 064
海河 流域	卫河分区	1 073	645.6	8 820	10 460	6 805	12 475
	合计	1 073	645.6	8 820	10 460	6 805	12 475
总计		9 490	616.5	77 687	74 933	55 081	97 539

　　从行政区的水资源总量看，2001—2015 年系列多年平均水资源总量为
9.75 亿 m³/a，多年平均地表水资源量为 7.77 亿 m³/a，多年平均地下水资源
量为 7.49 亿 m³/a，重复计算量为 5.51 亿 m³/a。降水量年均最大的是陵川县
628.7 mm，最小的是沁水县 602.3 mm，极值比 1.04。

表 3-18　晋城市行政分区 2001—2015 年系列水资源情况

行政分区	面积 / km²	降水量 / mm	河川 径流量 / （万 m³/a）	地下水 资源量 / （万 m³/a）	重复 计算量 / （万 m³/a）	水资源 总量 / （万 m³/a）
城区	147	605.0	702	958	470	1 191
沁水县	2 655	602.3	21 932	14 406	13 040	23 298
阳城县	1 968	615.7	21 107	17 900	15 827	23 180
陵川县	1 751	628.7	12 816	18 750	9 291	22 274
泽州县	2 023	611.3	18 558	18 305	15 603	21 259
高平市	946	610.8	2 572	4 614	850	6 336
合计	9 490	616.5	77 687	74 933	55 081	97 539

2001—2015 年系列不同频率的降水量和水资源总量见表 3-19，全市多年平均降水量 616.5 mm。偏丰水年（P=20%）为 698.7 mm，比多年均值增加 13.3%；平水年（P=50%）为 610.7 mm，比多年均值减少 1.0%；偏枯水年（P=75%）为 546.7 mm，比多年均值减少 11.3%；枯水年（P=95%）为 458.3 mm，比多年均值减少 25.7%。全市多年平均水资源总量 9.75 亿 m³/a。偏丰水年（P=20%）为 11.31 亿 m³/a，比多年均值增加 16%；平水年（P=50%）为 9.65 亿 m³/a，比多年均值减少 1.0%；偏枯水年（P=75%）为 8.39 亿 m³/a，比多年均值减少 13.9%；枯水年（P=95%）为 6.83 亿 m³/a，比多年均值减少 29.9%。

表 3-19　2001—2015 年晋城市不同频率降水量和水资源量统计

项目	20%	50%	75%	95%	多年平均
降水量 / mm	698.7	610.7	546.7	458.3	616.5
水资源总量 / 万 m³	113 145	96 563	83 884	68 277	97 539

3.4.3　1956—2015 年水资源状况

1956—2015 年水资源量变化分析的数据来源于《晋城市水资源评价》和 3.4.2 节收集的水文气象和水资源资料。根据上述资料并经本次分析计算，晋城市 1956—2015 年系列多年平均水资源总量为 12.32 亿 m³/a，多年平均地表水资源量为 10.43 亿 m³/a，多年平均地下水资源量为 8.57 亿 m³/a，重复计算量为 6.68 亿 m³/a，占其地下水资源量的 78%，占其地表水资源量的 64%。同期沁河流域多年平均降水量为 623.2 mm，水资源总量为 65 069 万 m³/a，占晋城市水资源总量的 52.8%；沁河重复计算量 36 874 万 m³/a，占其地下水资源量的 91.6%，占其地表水资源量的 59.8%。丹河流域多年平均降水量为606.6 mm，水资源总量为 33 590 万 m³/a，占晋城市水资源总量的 27.3%；丹河重复计算量 17 989 万 m³/a，占其地下水资源量的 65.7%，占其地表水资源量的 74.4%。系列水资源分区及行政分区水资源情况见表 3-20 及表 3-21。

表 3-20　晋城市水资源分区 1956—2015 年系列水资源情况

水资源分区		面积 / km²	降水量 / mm	河川 径流量 / （万 m³/a）	地下水 资源量 / （万 m³/a）	重复 计算量 / （万 m³/a）	水资源 总量 / （万 m³/a）
黄河 流域	入汾小河区	90	633.0	453	574	153	874
	沁河区	4 858	623.2	61 686	40 256	36 874	65 069
	丹河区	2 945	606.6	24 187	27 391	17 989	33 590
	入黄小河区	524	681.8	5 473	4 332	2 691	7 114
	合计	8 417	624.1	91 799	72 554	57 706	106 647
海河 流域	卫河分区	1 073	643.4	12 488	13 138	9 122	16 504
	合计	1 073	643.4	12 488	13 138	9 122	16 504
总计		9 490	622.1	104 287	85 693	66 828	123 151

从行政区的水资源总量看，1956—2015 年系列降水量年均最大的为阳城县 647.9 mm，最小的为沁水县 601.6 mm，极值比 1.08。全市平均产水模数为 12.98 万 m³/km²，产水模数最大的为城区 17.13 万 m³/km²，最小的为高平市 9.56 万 m³/km²。全市平均产水系数为 0.209，产水系数最大的为城区 0.280，最小的为高平市 0.157。

表 3-21　晋城市行政分区 1956—2015 年系列水资源情况

行政分区	面积 / km²	降水量 / mm	河川 径流量 / （万 m³/a）	地下水 资源量 / （万 m³/a）	重复 计算量 / （万 m³/a）	水资源 总量 / （万 m³/a）
城区	147	611.8	928	2 083	493	2 518
沁水县	2 655	601.6	27 474	11 653	10 211	28 916
阳城县	1 968	647.9	27 586	24 178	20 717	31 047
陵川县	1 751	631.2	17 876	16 948	13 109	21 715

续表 3-21

行政分区	面积 / km²	降水量 / mm	河川径流量 / (万 m³/a)	地下水资源量 / (万 m³/a)	重复计算量 / (万 m³/a)	水资源总量 / (万 m³/a)
泽州县	2 023	621.3	27 251	24 219	21 557	29 913
高平市	946	607.1	3 171	6 612	742	9 041
合计	9 490	622.1	104 287	85 693	66 828	123 151

1956—2015 年系列不同频率的降水量和水资源总量见表 3-22，全市多年平均降水量为 622.1 mm。偏丰水年（P=20%）为 740.2 mm，比多年均值增加 19.0%；平水年（P=50%）为 609.6 mm，比多年均值减少 2.0%；偏枯水年（P=75%）为 516.4 mm，比多年均值减少 17.0%；枯水年（P=95%）为 398.2 mm，比多年均值减少 35.9%。全市多年平均水资源总量为 12.31 亿 m³/a。偏丰水年（P=20%）为 14.96 亿 m³/a，比多年均值增加 21.5%；平水年（P=50%）为 11.17 亿 m³/a，比多年均值减少 9.3%；偏枯水年（P=75%）为 10.32 亿 m³/a，比多年均值减少 16.2%；枯水年（P=95%）为 7.99 亿 m³/a，比多年均值减少 35.1%。

表 3-22 1956—2015 年晋城市不同频率降水量和水资源量统计

项目	20%	50%	75%	95%	多年平均
降水量 / mm	740.2	609.6	516.4	398.2	622.1
水资源总量 / 万 m³	149 551	111 689	103 216	79 917	123 151

3.4.4 不同系列比较分析

3.4.4.1 降水量变化分析

晋城市 1956—2000 年系列的多年平均降水量 624 mm，2001—2015 年系列的多年平均降水量为 616.5 mm，与前者相比减少了 7.5 mm，降幅为 1.2%。1956—2015 年系列的多年平均降水量为 622.1 mm，同 1956—2000 年系列（水资源二次评价）相比减少了 1.9 mm，从全市来看，降水量变化不大；从流域分区看，降水量变化相对较大的是入汾小河区和入黄小河区；从行政分区看，降水量变化相对较大的是阳城县，降幅为 6.53%。晋城市降水量变化见表 3-23 和表 3-24。

表 3-23　晋城市水资源分区降水量变化情况

水资源分区		面积 / km²	多年平均降水成果 / mm			与二次评价成果比较 /%	
			1956—2000	2001—2015	1956—2015	2001—2015	1956—2015
黄河流域	入汾小河区	90	637.56	619.2	633	-2.88	-0.72
	沁河区	4 858	623.5	622.5	623.2	-0.16	-0.05
	丹河区	2 945	606.85	605.7	606.6	-0.19	-0.04
	入黄小河区	524	686.55	667.4	681.8	-2.79	-0.69
	合计	8 417	621.74	619.4	624.1	-0.38	0.38
海河流域	卫河分区	1 073	641.63	645.6	643.4	0.62	0.28
	合计	1 073	642.63	645.6	643.4	0.46	0.12
总计		9 490	624	616.5	622.1	-1.20	-0.30

表 3-24　晋城市行政分区降水量变化情况

行政分区	面积 / km²	历次成果 / mm			与二次评价成果比较 /%	
		1956—2000	2001—2015	1956—2015	2001—2015	1956—2015
城区	147	614.1	605	611.8	-1.48	-0.37
沁水县	2 655	601.3	602.3	601.6	0.17	0.05
阳城县	1 968	658.7	615.7	647.9	-6.53	-1.64
陵川县	1 751	632	628.7	631.2	-0.52	-0.13
泽州县	2 023	624.7	611.3	621.3	-2.15	-0.54
高平市	946	605.9	610.8	607.1	0.81	0.20
合计	9 490	624	616.5	622.1	-1.20	-0.30

3.4.4.2　水资源量变化分析

晋城市 1956—2000 年系列的多年平均水资源总量为 131 688 万 m³，2001—2015 年系列的多年平均降水量为 97 539 万 m³，与前者相比减少了 34 149 万 m³，降幅为 25.93%。1956—2015 年系列的多年平均水资源总量为 123 151 万 m³，同水资源二次评价相比减少了 8 537 万 m³，降幅为 6.48%。从流域分区看，2001—2015 年系列变化较大的同降水量一样为入汾小河区和入黄小河区。从行政分区看，水资源总量变化相对较大的是城区，降幅为

59.78%；1956—2015 年系列水资源总量变化相对较大的同样为城区，降幅为 14.96%。晋城市水资源总量变化见表 3-25 和表 3-26。

表 3-25　晋城市水资源分区水资源量变化情况

水资源分区		面积 / km²	多年平均降水成果 / mm			与二次评价成果比较 /%	
			1956—2000	2001—2015	1956—2015	2001—2015	1956—2015
黄河流域	入汾小河区	90	1 050	346	874	-67.05	-16.76
	沁河区	4 858	69 850	50 726	65 069	-27.38	-6.84
	丹河区	2 945	35 003	29 350	33 590	-16.15	-4.04
	入黄小河区	524	7 938	4 642	7 114	-41.52	-10.38
	合计	8 417	113 841	85 064	106 647	-25.28	-6.32
海河流域	卫河分区	1 073	17 847	12 475	16 504	-30.10	-7.53
	合计	1 073	17 847	12 475	16 504	-30.10	-7.53
总计		9 490	131 688	97 539	123 151	-25.93	-6.48

表 3-26　晋城市行政分区水资源量变化情况

行政分区	面积 / km²	历次成果 / 万 m³			与二次评价成果比较 /%	
		1956—2000	2001—2015	1956—2015	2001—2015	1956—2015
城区	147	2961	1191	2 518	-59.78	-14.96
沁水县	2 655	30 788	23 298	28 916	-24.33	-6.08
阳城县	1 968	33 669	23 180	31 047	-31.15	-7.79
陵川县	1 751	21 529	22 274	21 715	3.46	0.86
泽州县	2 023	32 798	21 259	29 913	-35.18	-8.80
高平市	946	9 943	6 336	9 041	-36.28	-9.07
合计	9 490	131 688	97 539	123 151	-25.93	-6.48

3.4.4.3　总体评价

从表 3-25 和表 3-26 可以看出，3 个系列中 1956—2000 年和 1956—2015 年 2 个系列的水资源量和降水量均相差不大，1956—2000 年和 2001—2015 年水资源量情况相差较大。水资源量的变化受自然因素和人为因素综合作用的影响。首先，随着气候变化，降水量的减少会直接影响水资源的补给量，随着降雨过程等的变化，径流产生条件也发生了相应改变；其次，大规模的土地开发利用，影响了地表水的产汇流条件，同时，随着植树造林、涵养水源等工程的实施，增加了部分地表水对地下水的补给；另外，煤矿的持续开采破坏了地下水的补径排条件，矿坑排水也直接对水资源量产生了影响，因而，晋城市 2001—2015 年的水资源量与 1956—2000 年多年平均水资源量相差较大，且这种差别在地表水资源中表现的更为明显。另外，从流域分区看，黄河流域的变化小于海河流域的变化。在水资源分区中，入汾小河区水资源量和降水量变化最大，入黄小河区次之。在行政分区中，城区水资源量和降水量变化最大，泽州县和高平市次之，陵川县最小。

从降水与水资源总量关系看，与 1956—2000 年系列相比，晋城市 2001—2015 年系列多年平均降水量虽然相对减少幅度不大，但多年平均水资源总量减少量最大，说明水资源量的减少主要受人类活动影响。

3.5　岩溶泉域水资源概况

岩溶泉域是岩溶地下水系统的俗称，它指围绕岩溶泉所形成的岩溶地下水补给范围，具有相对独立的补、径、蓄、排的地下水系统。北方岩溶地下水受地质和气候条件影响，大部分以岩溶泉的形式集中排泄。岩溶地下水主要储存循环于碳酸盐岩岩石，按照碳酸盐岩出露和分布埋藏类型可将岩溶泉域的岩溶区分成碳酸盐岩裸露区、碳酸盐岩覆盖区和碳酸盐岩埋藏区，碳酸盐岩裸露区指碳酸盐岩直接暴露于地面的区域，碳酸盐岩覆盖区指碳酸盐岩上覆未固结新生代松散层的区域，碳酸盐岩埋藏区指碳酸盐岩分布在固结的晚古生代、中生代碎屑岩之下的区域。北方岩溶泉域内三种类型基本都存在，且以碳酸盐岩埋藏型和覆盖型岩溶区为主。北方的碳酸盐岩埋藏区的岩溶区常上覆石炭—二叠系煤系地层，形成了独特的"煤在楼上，水在楼下"煤水共存关系。由于煤水资源共生，煤层、含水层、隔水层均为交互相沉积，煤层夹于含水层中，开采煤炭资源，含水层要受影响，地下水天然补、径、排条件也要发生变化。随着煤炭资源的大规模开发，不可避免地对当地的自然生态环境产生极大的扰动，使区域的水文地质环境产生极为明显的不可逆变化，从而严重破坏了地下水资源的自然赋存条件，使本来就已经十分紧张的区域水资源供需矛盾更加尖锐，对区域可持续发展产生深刻而广泛的影响。

晋城市区域内分布着延河泉域和三姑泉域，有两个重要的岩溶泉延河泉和三姑泉。根据晋城市第二次水资源评价，延河泉天然资源量为 36 369.98 万 m^3/a（11.53 m^3/s），可开采量为 20 214 万 m^3/a（6.41 m^3/s）；三姑泉天

然资源量为 22 628.1 万 m³/a（7.18 m³/s），可开采量为 13970.45 万 m³/a
（4.43 m³/s）。目前，由于延河泉和三姑泉地下水位下降，泉排泄量减少，
延河泉多年平均排泄流量为 2.96 m³/s，三姑泉多年平均排泄量为 3.5 m³/s。

3.5.1 延河泉域

3.5.1.1 基本情况

延河泉域地处太行山南段西麓，晋城市西部，跨越阳城县、泽州县、高
平市和沁水县，总面积 2 840 km²。沁河自阳城县润城至河南省济源县五龙口
间长 40 km 两侧分布一系列泉点，自北向南分布有下河泉群（清水磨泉、珍珠
泉、水磨泉和提水站泉）、西神头泉、晋圪坨泉、赵良泉、磨滩泉等泉，其
中以延河泉最大，以上各泉一起构成了延河泉域岩溶水的排泄带。区内各类
构造形迹比较发育，主要有新华夏构造体系、东西向构造体系、南北向构造
体系和北东向构造体系，泉域岩溶水系统边界由大型构造控制，地下水的径
流和排泄由次级构造控制。

延河泉域东部边界由南段和北段两部分组成，南段以晋获褶断带与三姑泉
域为界，该段晋获褶断带为一组压扭性断裂及侧转的背斜组成，南北走向与地
形分水岭一致，自南向北由泽州县五门—南连氏—甘润；北段与丹河和沁河地
表分水岭一致，地表主要出露石炭、二叠纪地层，下伏与中奥陶统含水层相连通，
为一可移动的地下水分水岭，局部导水，自南向北为甘润—犁川西—街道村。
南部边界与地表分水岭一致，地面分布长城系及下寒武统隔水岩层，为一阻水
边界，自东向西由街道—范洼—双窝沟—西交—阳坡—小河湾。西部边界为沁
河与汾河的分水岭，海拔 2 100～2 300 m，由于断层作用，使断层西侧长城系
砂页岩与东侧寒武、奥陶系含水层接触，形成阻水边界，自南向北由小河湾—
上峪—中村—东沟。北部边界以北东向的寺头断层等为界，区域内岩溶地下水
处于滞流或缓流状态，寒武、奥陶系碳酸盐岩埋深在 380～450 m，地表分布二
叠、三叠系砂页岩地层，自西向东为东沟—朝阳地—贾寨村。

根据山西省人民政府《关于山西省泉域边界范围及重点保护区划定的批
复》（晋政函〔1998〕137 号）和山西省水资源管理委员会办公室《山西省泉
域边界范围及重点保护区》，延河泉域有重点保护区两个：一是延河泉水出
露处保护区，以延河泉口为中心，周围 1 km² 范围的河谷及山地。二是下河泉
保护区，沿沁河河谷，北起润城、刘善村北，向南沿沁河河谷经河头、下河、
东庄北至阳城水轮泵站西边河谷，沿芦苇河河谷向上游经八甲口、上孔至关
泉南的河谷中。两处保护区面积共 12.28 km²。

3.5.1.2   延河泉域岩溶水补径排条件

1. 补给

延河泉域岩溶水系统的主要储水和运移空间是中奥陶统碳酸盐岩层，中奥陶统岩溶含水层以上既有中奥陶统碳酸盐岩的大面积出露，也有大片石炭-二叠系的覆盖区，局部还有第四系松散覆盖层。因此，延河岩溶含水系统既有大气降水的直接入渗补给，也有石炭-二叠系的越流补给，同时还有中奥陶统碳酸盐岩裸露区的河道和水库渗漏补给。在泉域补给区的碳酸盐岩裸露或半裸露区西部和南部大部分地区水化学类型为 H·S-C 型水，在高平西部一带水化学类型为 H·S-C·M 型水，在南部桑林附近为 H-C·M 型水。矿化度低于 300 mg/L，总硬度低于 350 mg/L，pH 值为 7.3 ～ 7.5。

2. 径流

延河泉岩溶水系统受晋东南"山"字形构造西半部的控制，南部地层走向东西倾向北，西南部地层转向西北走向倾向东北，形成了向北敞开的簸箕形汇水构造。径流在此基本构造影响下，岩溶地下水从东、北、西三面向沁河排泄带汇流。但由于岩溶系统岩溶发育的不均匀，使得径流沿不同方向的强度不同，形成了长河河谷、沁河望川至润城和董封水库—凤城—延河泉等三个强径流带。长河河谷强径流带基本上沿晋获褶断带复背斜西翼中奥陶统灰岩与石炭-二叠系砂页岩接触带部位发育，岩层透水性强，两侧地下水均向该强径流带汇流，然后向东南流向下河泉群。沁河望川至润城强径流带主要沿沁河河谷分布，河谷地带构造裂隙发育，岩层透水性强，东西两侧地下水向河谷地带径流，向南汇流补给下河泉群。董封水库—凤城—延河泉强径流带基本上沿获泽河呈东西向分布，受东西向构造作用，构造裂隙发育，岩层透水性强，该强径流带穿过刘庄背斜后向东南径流补给延河泉。延河岩溶等水位线见图 3-2。在泉域补给-径流区和隐伏岩溶浅埋区，水化学类型为 H·S-C 或 H·S-C·M 型，矿化度为 300 ～ 500 mg/L，总硬度为 350 ～ 450 mg/L，pH 值为 7.3 ～ 7.7。在泉域隐伏岩溶深埋区、长河径流带和西部获泽河径流带的交汇区，水化学类型为 H·S-C·M 型水，矿化度为 300 ～ 500 mg/L，总硬度为 350 ～ 450 mg/L，pH 值为 7.3 ～ 7.8。在泉域北部的滞流区端氏附近，水化学类型为 H-C·N 型水，矿化度大于 500 mg/L，总硬度为 300 ～ 450 mg/L，pH 值为 7.4 ～ 7.9。在嘉峰、寺河一带，水化学类型为 H·S-C 型水，矿化度低于 500 mg/L，总硬度低于 350 mg/L，pH 值为 7.7 ～ 7.9。

3. 排泄

延河泉域岩溶水系统排泄受区域地质构造、岩溶发育程度和区域排泄

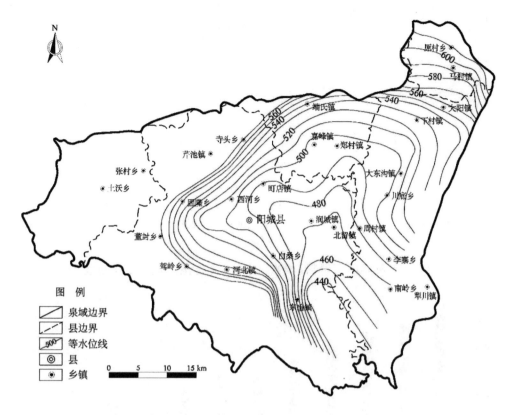

图 3-2　2015 年延河泉域岩溶地下水等水位线

基准面控制，以泉群溢出的形式向沁河河谷排泄，诸泉都为接触溢流泉，属全排型的泉水。泉群中以延河泉流量最大，其多年平均流量达 3.37 m³/s。泉域岩溶水系统的另一个排泄方式为人工开采，随着城镇建设和工农业的发展，泉域岩溶地下水开采量逐渐增加，2015 年泉域开采量为 5 127 万 m³/a（1.62 m³/s），泉域范围已有岩溶水开采井近 300 眼，主要分布在阳城县凤城、八甲口和长河流域的成庄矿一带。延河泉域排泄带多处于碳酸盐岩的裸露区，水化学类型与补给径流区相似，主要为 H·S-C·M 或 H·S-C 型水，但在阳城凤城镇、润城镇及北留镇一带，水化学类型为 S·H-C，矿化度为 300 ~ 912 mg/L，总硬度为 250 ~ 622 mg/L，pH 值为 7.3 ~ 7.7。

3.5.1.3　延河泉域岩溶水水位动态特征

延河泉又名马山泉，位于阳城县延河村西北 1 000 m 沁河西岸。泉水出露标高 463.78 m，是沁河八甲口至西磨滩近 20 km 范围内一系列出露泉群中最大的一个，泉水流量在 20 世纪 60—80 年代平均为 3 ~ 4 m³/s，90 年代后仅为 2.6 m³/s 左右，2011—2015 年测得平均流量为 1.95 m³/s。根据收集的补给区、径流区和排泄区地下水位代表站监测资料，进行延河泉域地下水位年际和年内变化分析，见图 3-3 ~ 图 3-8。

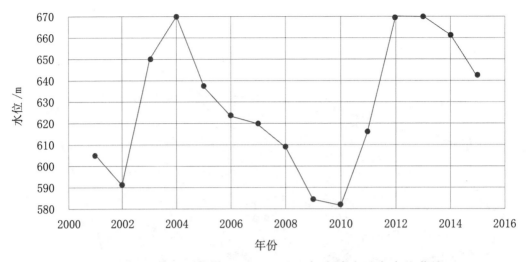

图 3-3　补给区（董封）2001—2015 年岩溶水动态变化曲线

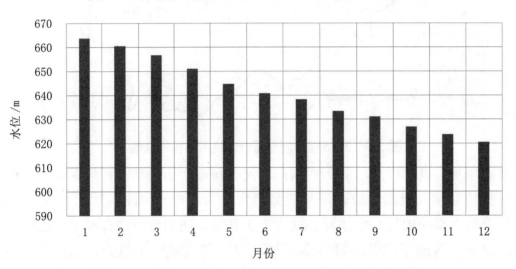

图 3-4　补给区（董封）2015 年岩溶水水位动态变化曲线

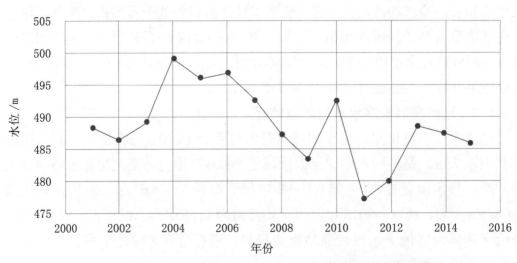

图 3-5　径流区（五龙沟）2001—2015 年岩溶水动态变化曲线

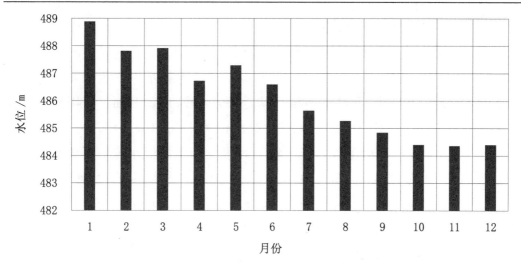

图 3-6　径流区（五龙沟）2015 年岩溶水动态变化曲线

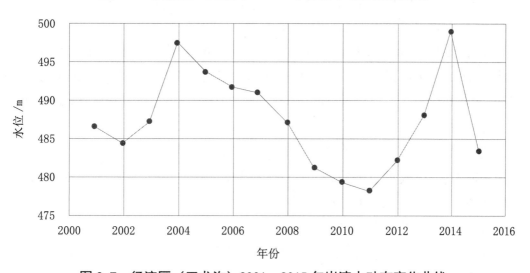

图 3-7　径流区（五龙沟）2001—2015 年岩溶水动态变化曲线

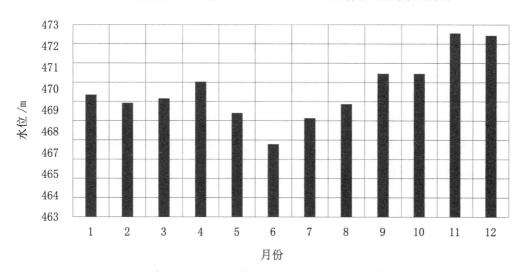

图 3-8　排泄区（下河井）2015 年岩溶水动态变化曲线

1. 补给区岩溶水位变化特征

补给区的岩溶水位观测站选择的是位于晋城市阳城县董封乡的董封观测站，孔深 480 m。该站位于奥陶系石灰岩裸露区，董封水库附近，属水库渗漏补给区。2001—2015 年董封站多年平均地下水位为 625.11 m，其年最高水位为 668.67 m，出现年份为 2004 年；最低水位为 580.70 m，出现年份为 2010 年，差值为 87.97 m，极值比 1.15。年最高水位和年最低水位与多年平均地下水位之间的差值分别为 43.56 m 和 44.42 m。2015 年平均水位为 644.61 m，水位整体呈直线下降，1 月水位为 655.88 m，12 月水位为 621.55 m，年降幅为 44.33 m，水位变化与降水量的关系不大。

2. 径流区岩溶水位变化特征

径流区的岩溶水水位观测站选择的是位于晋城市阳城县町店镇的五龙沟观测站，孔深 365.6 m。区域内奥陶系地层上覆石炭系的太原组地层，地下水位主要受开采量的影响。2001—2015 年五龙沟观测站多年平均地下水位为 490.14 m，其年最高水位为 499.28 m，出现年份为 2004 年；最低水位为 477.27 m，出现年份为 2011 年，差值为 22.01 m，极值比 1.05。年最高水位和年最低水位与多年平均地下水位之间的差值分别为 9.14 m 和 12.86 m。2015 年平均水位为 644.61 m，水位 1—9 月呈下降趋势，后趋于平稳，1 月水位最高为 488.6 m，最低水位出现在 10 月和 11 月，水位为 484.3 m，年降幅为 4.3 m。同位于补给区的董封站相比水位变化相对较小。

3. 排泄区岩溶水位变化特征

排泄区的岩溶水水位观测站选择的是位于晋城市阳城县润城镇下河村观测站，孔深 400.9 m。该站位于下河村沁河东岸的奥陶系石灰岩裸露区。下河村的岩溶水位 20 世纪 90 年代基本稳定在 478 m 左右，1990—1999 年多年平均水位 478.36 m。2000 年水位 477.51 m，2001 年水位 476.31 m，2002—2013 年无记录，2014 年下降到 465.7 m，2015 年回升至 469.6 m，比 2001 年下降了 6.71 m，水位下降主要受人工开采的影响。2015 年平均水位为 469.6 m，前半年水位呈下降趋势，6 月下降到最低水位 466.8 m，7 月起水位逐渐回升，到 11 月达到最大值 472.6 m，最低和最高水位相差 5.8 m，极值比 1.01，排泄区水位基本保持平稳，地下水开发利用较合理。

3.5.2　三姑泉域

3.5.2.1　基本情况

三姑泉域地处山西省东南部，北与长治市毗邻，西与阳城县相邻，东、南与河南省焦作市接壤。包括晋城市城区、泽州县、高平市和陵川县的大部分区域，总面积 2 630 km²，其中裸露可溶岩面积 1 022 km²。泉水沿丹河及其支流出露泉水约 20 处，以三姑泉为最大，其出露于山西省晋城河西乡孔庄村东北 5 km 丹河河谷两岸，呈股状集中排泄，现已被青天河水库淹没。在丹河干流岩溶排泄带出露的其他主要泉水还有白洋泉、郭壁泉、土坡泉、围滩泉等，支流东丹河和白水河出露的泉水主要有台北泉、水掌泉等泉。泉域岩溶水边界主要由晋获褶断带和丹河小"山"字形构造两大构造体系控制，受"山"字形构造控制，地层走向由北东转向东西，东部地层倾向北西，南部地层倾向北，形成倾向北西的簸箕状汇水构造，高平—晋城断褶带将簸箕封口。岩溶水的补给、径流、排泄受岩溶水系统的地质构造、现代水文网分布及岩溶发育特征控制。

　　三姑泉域的西部边界以甘润为界分为南北两段。南段由晋获褶断带构成与延河泉域为界，其北以地表分水岭为界，地面大都被新生界地层覆盖。北部边界在色头到西火镇一带，以丹河与浊漳河流域地表分水岭为界，地表出露石炭系、二叠系地层，碳酸盐岩深埋地下，岩溶裂隙不发育。东部边界以柳树口—夺火—柳树口一线的地形分水岭为界。南部边界位于大箕—南河底—城群—张路口一带，由一系列的压扭性断层褶皱组成，构造裂隙发育，沿此带 $O_1-\in_3$ 地层抬起，形成南部边缘相对阻水带，属弱透水边界，产生两次阻水。

　　根据山西省人民政府《关于山西省泉域边界范围及重点保护区划定的批复》（晋政函〔1998〕137 号）和山西省水资源管理委员会办公室《山西省泉域边界范围及重点保护区》，三姑泉域有郭壁泉重点保护区、三姑泉重点保护区、高平丹河渗漏段重点保护区和白水河灰岩渗漏段重点保护区等 4 个重点保护区，面积共 58.5 km²。其中，郭壁泉重点保护区沿丹河北起河东村，南至苇滩，包括两岸 500 m 及 5716 厂，面积 21.02 km²，区内有白洋泉、郭壁泉、土坡泉、苇滩泉及郭壁水源地。三姑泉重点保护区北起南背村南 500 m，西至双窑村东及怀峪村一带，南至省界，面积 15.51 km²，是规划的晋城市新水源地，区内重要泉水有三姑泉。高平丹河渗漏段重点保护区北起北王庄，南至韩庄，西至铁路以西 300 m，东至丹河现代河道东 500 m，总面积约 12 km²。白水河灰岩渗漏段重点保护区北起晋城市区以南二级公路，自北而南沿白水河至甘寺，包括东、西两岸各 500 m，面积约 10 km²。

3.5.2.2　三姑泉域岩溶水补径排条件

1. 补给

三姑泉岩溶水受太行山大背斜、晋获断裂带和丹河"山"字形构造带的控制，构成承压水盆地和单斜蓄水构造。岩溶水系统的补给方式有三种：一是灰岩裸露区及半裸露区大气降水的直接入渗补给；二是河流和水库的渗漏补给；三是上覆孔隙水、裂隙水的越流补给。丹河东部、东南部及北部、西北部为岩溶水补给区，水化学类型以 H·S-C 型为主，陵川县牛家川一带分布 H-C·M 型水，陵川县丈河一带分布 S·H-C·N 型水，陵川县台北泉一带分布 H·S-C·N·M 型水。pH 值为 7.5 ～ 8.0，矿化度为 250 ～ 500 mg/L，总硬度为 150 ～ 300 mg/L，属于总硬度低值区。

2. 径流

三姑泉岩溶水受太行山大背斜、晋获断裂带和丹河"山"字形构造带的

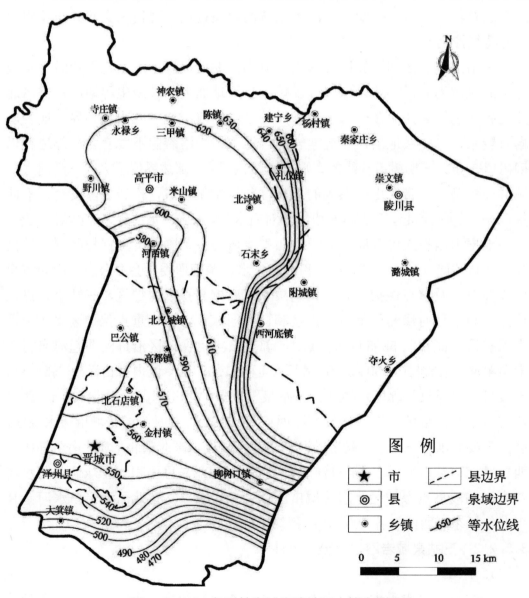

图 3-9　2015 年三姑泉域岩溶地下水等水位线

控制，构成承压水盆地和单斜蓄水构造。径流在此基本构造影响下，岩溶水在高平以北、东北及陵川西部一带灰岩裸露区、半裸露区补给区接受大气降水入渗补给以及河流和任庄水库渗漏补给后，顺层向西汇流至高平、巴公、北石店、晋城等盆地组成的埋藏区，形成承压岩溶水，在晋城市区及以南，受丹河"山"字形构造带控制，岩溶水向南东流向郭壁泉、水掌泉和三姑泉等丹河排泄带径流。根据水力坡度的变化规律、地质构造、岩溶水等水位线疏密程度、构造、钻孔岩溶发育特征、水力特征和富水特征等特征，三姑泉域可划分为高平—巴公—北石店—晋城城区、任庄水库—水东—郭壁泉和台北泉—白洋泉—郭壁泉等三个岩溶水强径流带。高平—巴公—北石店—晋城城区强径流带位于晋城—高平褶断带东侧凹陷盆地，该径流带岩溶发育，富水性好，在巴公、北石店、晋城城区，单位涌水量一般都大于 20 L/（s·m）。任庄水库—水东—郭壁泉强径流带沿沿丹河小"山"字形的脊柱展布，该脊柱由近南北向的背斜及挠曲组成，岩溶发育，富水性较好。台北泉—白洋泉—郭壁泉强径流带沿白洋泉展布，沿途出露有台北泉、白洋泉和郭壁泉。径流区水化学类型主要为 H·S-C·M 型水，部分 S·H-C·M 型水零星分布于泽州晋普山煤矿、大箕镇一带和高平望云煤矿附近，pH 值为 7.5～8.0，多数地区矿化度为 250～500 mg/L。

3. 排泄

丹河泉域岩溶水系统排泄受区域地质构造、岩溶发育程度和区域排泄基准面控制，部分岩溶水以潜流形式排向焦作地区，部分以泉群的形式向丹河干流及支流东丹河和白水河的河谷排泄，诸泉为接触溢—侵蚀溢流泉，属非全排型泉水。泉群中大的排泄区主要有两处，一处是郭壁泉，主要由五龙宫泉、土坡泉和牛草泉组成，泉口标高 525～546 m，泉水出露于奥陶系中统下马家沟组灰岩中；另一处是三姑泉，泉口标高 342 m，泉水出露于寒武系中统张夏组鲕状灰岩中。泉域岩溶水的另一主要排泄方式为人工开采，2015 年三姑泉域岩溶水总取水量 9 912 万 m³，其中岩溶泉水 908 万 m³，岩溶地下水 9 004 万 m³。泉域范围已有岩溶水开采井 448 眼，主要分布在城区、泽州和高平三个县（市、区）。在排泄区，由于近源补给及东丹河水的汇入，使矿化度、重硫酸盐、氯化物含量均低于盆地汇水区，水质类型为 H·S-C 型，pH 值为 7.5～8.0，矿化度为 250～500 mg/L，总硬度为 150～300 mg/L。

3.5.2.3　三姑泉域岩溶水水位动态分析

三姑泉出露于丹河西岸三姑泉村，泉水呈股状集中涌出，现已被青天河水库淹没。在晋城市第二次水资源评价中对三姑泉 1956—2000 年的流量进行了还原计算，图 3-10 为三姑泉流量变化趋势图，从图中可以看出，泉流量总体上呈下降趋势，并呈峰谷交替变化状态。三姑泉的多年平均流量为 3.91 m³/s，最大流量为 7.08 m³/s，出现于 1956 年，最小流量为 2.6 m³/s，出现于 1990 年，极值比约为 2.7∶1。三姑泉在 45 年间（1956—2000 年）的流量均方差为 1.117 m³/s，占多年平均流量的 28.55%。三姑泉 1980—2000 年的平均流量为 3.65 m³/s，比 1956—2000 年的平均流量 3.91 m³/s 衰减了 6.7%。本次收集补给区、径流区和排泄区地下水位代表站监测资料，进行三姑泉域地下水位年际和年内变化分析，见图 3-11 ～图 3-16。

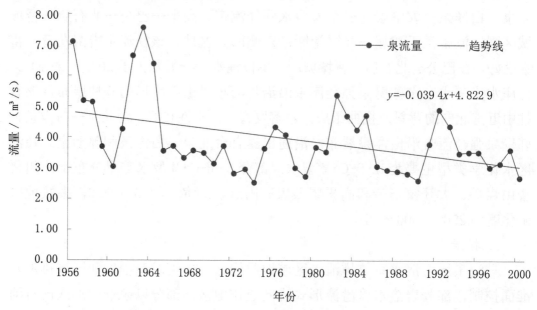

$y=-0.039\ 4x+4.822\ 9$

图 3-10　三姑泉流量变化

1. 补给区岩溶水位变化特征

补给区的岩溶水水位观测站选择的是位于晋城市陵川县礼义镇的椅掌村观测站，孔深 416.55 m。区域内奥陶系地层上覆第四系松散层。2006—2015 年椅掌村站多年平均地下水位为 667.84 m，其年最高水位为 680.06 m，出现年份为 2007 年；最低水位为 657 m，出现年份为 2010 年，差值为 23.06 m，极值比 1.04。年最高水位和年最低水位与多年平均地下水位之间的差值分别为 12.22 m 和 10.84 m。影响地下水位变化的主要是降水量，降水量对地下水位影响滞后期约 1 个月。2015 年 1—7 月，水位呈下降状态，受汛期集中降水量的影响，8 月起水位呈上升趋势，10 月后水位逐渐回落。最高水位与最小水位差值为 4.8 m，极值比 1.01。

2. 径流区岩溶水位变化特征

径流区的岩溶水水位观测站选择的是位于泽州县巴公化肥厂院内，孔深

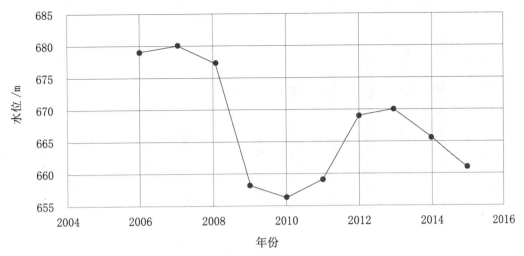

图 3-11　补给区（椅掌村）2006—2015 年岩溶水动态变化曲线

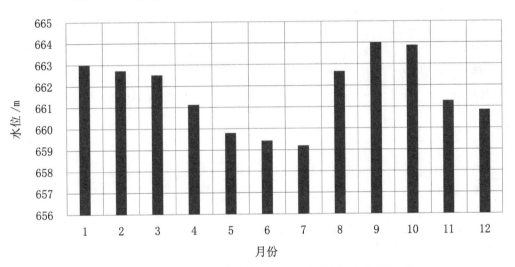

图 3-12　补给区（椅掌村）2015 年岩溶水动态变化曲线

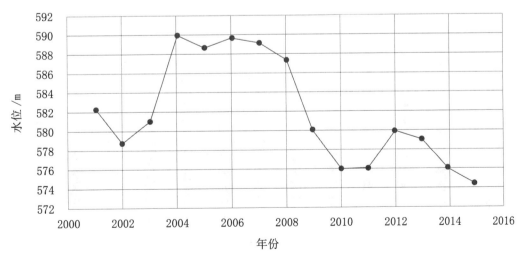

图 3-13　径流区（巴公化肥厂）2001—2015 年岩溶水动态变化曲线

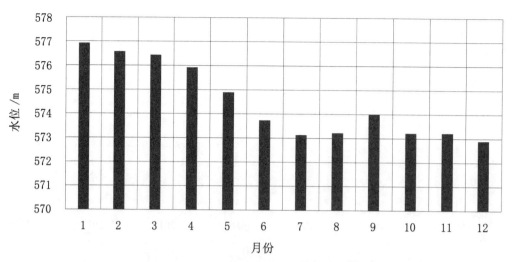

图 3-14　径流区（巴公化肥厂）2015 年岩溶水动态变化曲线

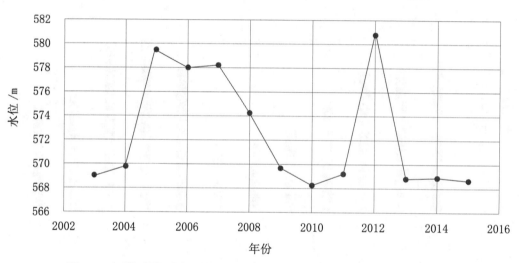

图 3-15　排泄区（东村部队）2001—2015 年岩溶水动态变化曲线

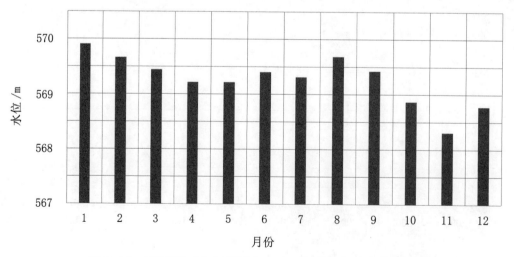

图 3-16　排泄区（东村部队）2015 年岩溶水动态变化曲线

450.84 m。区域内奥陶系地层上覆石炭系的太原组地层，地下水位主要受开采量的影响。2001—2015 年巴公化肥厂观测站多年平均地下水位为 581.94 m，其年最高水位为 590.01 m，出现年份为 2004 年；最低水位为 574.48 m，出现年份为 2015 年，差值为 15.53 m，极值比 1.03。年最高水位和年最低水位与多年平均地下水位之间的差值分别为 8.07 m 和 7.46 m。2015 年平均水位为 574.48 m，水位 1—8 月呈下降趋势，9 月有小幅上升，而后趋于平稳。1 月水位最高为 576.8 m，最低水位出现在 12 月，水位为 572.9 m，年降幅为 3.9 m。

3. 排泄区岩溶水位变化特征

径流区的岩溶水水位观测站选择的是位于泽州县金村镇东南村，井名东村部队。2006—2015 年东村部队观测站多年平均地下水位为 572.53 m，其年最高水位为 580.78 m，出现年份为 2012 年；最低水位为 568.34 m，出现年份为 2010 年，差值为 12.44 m，极值比 1.02。年最高水位和年最低水位与多年平均地下水位之间的差值分别为 8.25 m 和 4.19 m。2015 年平均水位为 568.75 m，水位 1—5 月呈下降趋势，6—12 月份呈波动状态。1 月水位最高为 569.4 m，最低水位出现在 11 月，水位为 567.8 m，年变幅为 1.6 m，水位属于基本稳定。

总体来说，泉域补给区、径流区的地下水位处于逐年下降状态，而排泄区年际水位相对较为稳定。一般来说，裸露区水位变幅大，覆盖区水位变幅小；补给区水位变幅大，径流排泄区水位变幅小。这主要与接受补给能力及岩层渗透性强弱有关。灰岩裸露区能直接接受大气降水入渗补给，降水后能较快补给地下水，对降水控制反映灵敏，滞后性差，雨季水位回升，枯水季水位下降，因此地下水位变幅大。而覆盖埋藏区大气降水不能直接补给岩溶地下水，而是先补给石炭 – 二叠系裂隙水，然后渗透补给岩溶水，这种补给量有限，而且经过了裂隙水的调节，因此地下水位年变幅小。

3.6　水环境状况

3.6.1　地表水环境质量评价

3.6.1.1　分析评价方法

地表水体的水质评价是合理开发利用和保护河流的一项基本工作，它可为水体的污染控制提供基础数据，是有效控制河流污染的重要措施，对河流健康、人类生存和经济社会发展都具有重要的意义。河流水质评价是一个复杂的过程，要想科学准确地对河流水质进行评价，需要选用合适的指标以及科学合理的评价方法。国内外有关水质评价的方法有很多，我国科技工作者应用较多的有单因子评价法、污染指数法、水质指数法、模糊数学评价法、灰关联分析法、人工神经网络评价法等，不同的方法都有自己的理论基础和使用条件，但基于各种条件的限制，除单因子评价法和水质指数法外，其他方法由于可操作性较差，在实际水质评价中应用的较少，从而缺乏现实意义。单因子评价法是指将实际监测的水质指标值同地表水环境质量标准中规定的相应指标的标准限值进行比较，当监测指标的标准值相同时，评价按从优不从劣的原则，比如若水样的化验结果类别同时满足标准中规定的 I 类和 II 类，则评价该水样的质量类别为 I 类水。在各个指标评出后进行综合评价时，按就高不就低的原则进行综合评价，即选取监测断面中最差指标的水质类别作为该断面的水质级别。单因子评价法因其简单明了、可操作性强、能直观比对实测值和标准值而在水质评价中被广泛应用，在《地表水环境质量标准》（GB 3838）中将单因子评价法规定为河流水质的评价方法。其将各监测指标的实测值与国家规定的相应指标的标准限值进行对比来确定每项指标的水质类别。

随着晋城市工业化、城镇化的快速发展，越来越多的生活、工业污废水和污染物进入到河流中，加剧了地表水体的污染和生态功能的退化，直接威胁到人类的健康和生态环境的良性发展。因此，开展河流水体水质评价，对控制地表水体污染以及满足人类社会日益增加的用水需求和生态环境保护都非常重要。为了更好地进行水质对比分析，本次地表水质评价采用单因子评价法，即一票否决法确定沁河和丹河的水质级别。以《地表水环境质量标准》（GB 3838）规定的Ⅲ类标准限值作为评价标准，当单项水质项目浓度超过Ⅲ类标准限值时，称评价断面所代表河流段的水质超标。

3.6.1.2　河流水质状况

1. 2015 年河流水质状况

本次对晋城市沁河、丹河及其支流约 311.6 km 河长进行了水质评价，其中沁河及其支流沁水河水质均好于《地表水环境质量标准》（GB 3838）规定的Ⅲ类标准限值，河流整体的水环境良好，Ⅱ类水主要分布上游的郑庄断面以上及沁水河支流的油房河段，Ⅱ类水质的河长为 70.2 km，占评价河长的22.5%；Ⅲ类水质的河长为 89.1 km，占评价河长的 28.6%，分布在沁河干流河段的润城、拴驴泉坝下。丹河水质除源头到掘山河段水质优良为 I 类水质外，评价的其余河段水质均为劣Ⅴ类水。I 类水质的河长约 11.9 km，占评价河长的 3.8%；劣Ⅴ类水质的河长为 140.4 km，占评价河长的 45.1%，分布高平以下丹河干流河段的任庄水库、韩庄、青莲寺以及晋城城区以下丹河的支流白水河。

在水质超标河段中，丹河干流任庄水库超标指标为氨氮和总磷，其中氨氮平均超标 4.21 倍、总磷平均超标 2.23 倍；韩庄断面超标指标为化学需氧量、氨氮和总磷，其中化学需氧量平均超标 0.98 倍、氨氮平均超标 9.51 倍、总磷平均超标 2.32 倍；任庄水库超标指标为化学需氧量、氨氮和总磷，其中氨氮平均超标 4.21 倍、总磷平均超标 2.23 倍；青莲寺断面超标指标为氨氮，平均超标 1.44 倍。丹河支流白水河代表断面钟家庄主要超标参数为高锰酸盐指数、化学需氧量、氨氮、总磷，平均超标倍数分别为 0.83 倍、4.62 倍、5.33 倍、3.92 倍。

2. 河流水质年际变化分析

对河流年际的水质变化进行分析评价，既可为晋城市域河流的现状水环境质量评价提供参考数据，也可为水环境保护和治理措施提供决策依据。由于晋城市区域内河流水质监测站点较少，为了比较晋城市所属河流的水质变化状况，本次选择沁河干流郑庄、润城监测断面，沁河支流沁水河油房断面，丹河干流的韩庄、任庄水库监测断面，丹河支流白水河的钟家庄监测断面 2006—2015 年水质资料进行评价分析。各监测断面水质不同年度情况见表 3-27。

表 3-27　晋城市 2006—2015 年地表水监测断面水质状况统计

河流	监测断面	2006年	2007年	2008年	2009年	2010年	2011年	2012年	2013年	2014年	2015年
沁河	郑庄	Ⅲ	Ⅲ	Ⅱ	Ⅱ	Ⅱ	Ⅱ	Ⅱ	Ⅲ	Ⅱ	Ⅱ
	润城	劣Ⅴ	劣Ⅴ	劣Ⅴ	Ⅳ	Ⅳ	Ⅱ	Ⅱ	Ⅳ	Ⅳ	Ⅲ
沁水河	油房	Ⅲ	Ⅲ	Ⅲ	Ⅱ	Ⅱ	Ⅱ	Ⅱ		Ⅳ	Ⅱ
丹河	韩庄	劣Ⅴ	劣Ⅴ	劣Ⅴ	劣Ⅴ	劣Ⅴ	劣Ⅴ	劣Ⅴ	劣Ⅴ	劣Ⅴ	劣Ⅴ
	任庄	劣Ⅴ	Ⅳ	劣Ⅴ	Ⅳ	Ⅲ	劣Ⅴ	劣Ⅴ	劣Ⅴ	劣Ⅴ	劣Ⅴ
白水河	钟家庄	劣Ⅴ	劣Ⅴ	劣Ⅴ	劣Ⅴ	劣Ⅴ	劣Ⅴ			劣Ⅴ	劣Ⅴ

从表 3-27 中可以看出，沁河干流郑庄断面和支流沁水河油房断面的水质较好，10 年间水质类别基本保持在Ⅲ类水以上。沁河干流的润城断面位于阳城县城以下，上游工业相对发达，水质在 2009 年以前较差，多年断面水质一直为劣Ⅴ类，随着 2008 年后河流治理力度的加大，工业企业准零排放逐步落

实，润城断面水质逐渐变好，到 2015 年水质满足了《地表水环境质量标准》（GB 3838）规定的Ⅲ类标准限值，彻底脱掉了污染的帽子。丹河及其支流白水河水质基本为劣Ⅴ类，其中韩庄断面的主要污染物为高锰酸盐指数、化学需氧量、氨氮、总磷，任庄水库断面主要污染物为氨氮、总磷，白水河钟家庄断面主要污染物是氨氮、总磷、化学需氧量、高锰酸钾指数、挥发酚。从污染源来看，河流污染源主要是生活污水、工业废水。其主要原因是高平、泽州和晋城城区是晋城市的工业集中地和生活中心地，工业的快速发展和城镇化进程的加快是地表水体污染的主要原因。近年来，尽管晋城市区和各县（市、区）相继建成了城镇污水处理厂，但污水收集范围不能覆盖所有的工业园区和生活区。此外，随着城镇化的快速发展，县城和市区周边的小城镇发展迅速，但污水收集系统不能满足生活污水处理的需求，特别是周边分散的农村生活污废水随意泼洒，有的直接进入河道，导致多年来地表水环境质量较差，水质基本均为劣Ⅴ类。

3.6.1.3 水库水质状况

水库作为重要的水利工程，其兴利除害功能直接影响着国民经济的有序发展和人民群众的健康生活。特别是在新时期水库的安全供水已成为生产和生活的焦点。水库污染源分布广，污染源进入水库后，水质受水文、气象和水动力条件的影响会随着水流的运动发生迁移、转化，因此开展水库水质专项评价，对晋城市水资源配置和供水安全意义重大。

晋城市共有水库 95 座，本次选择所有大、中型水库，以及有代表性的 10 座小型水库进行水库水质评价。从行政分区看，沁水县 3 座，分别为张峰水库（大型）、湾则水库（中型）和山泽水库；泽州 5 座，分别为杜河水库（中型）、任庄水库（中型）、东焦河水库（中型）、长河水库和圪套水库；阳城 2 座，分别为董封水库和西治水库，高平 2 座，分别为釜山水库和米山水库；陵川 5 座，分别为上郊水库（中型）、浙水水库、东双脑水库、古石水库和汇源水库。

各水库基本情况见表 3-28。

表 3-28　晋城市水库基本情况

序号	水库名称	总库容/万 m³	水库类型	流域/河流	所在县（市）	水质
1	张峰水库	39 400	大（2）型	沁河/沁河干流	沁水县	Ⅱ类
2	湾则水库	1432	中型	沁河/沁水县河	沁水县	Ⅳ类
3	山泽水库	371	小（1）型	沁河/山泽河	沁水县	Ⅳ类
4	董封水库	2 347	中型	沁河/获泽河	阳城县	Ⅳ类

续表 3-28

序号	水库名称	总库容/万 m³	水库类型	流域/河流	所在县（市）	水质
5	西冶水库	630	小（1）型	沁河/西冶河	阳城县	Ⅲ类
6	釜山水库	188	小（1）型	丹河/釜山河	高平市	Ⅴ类
7	米山水库	860	小（1）型	丹河/大东仓河	高平市	劣Ⅴ类
8	杜河水库	2 800	中型	沁河/沁河干流	泽州县	Ⅳ类
9	任庄水库	8 050	中型	丹河/丹河干流	泽州县	Ⅳ类
10	东焦河水库	2 288	中型	丹河/丹河干流	泽州县	Ⅳ类
11	长河水库	438	小（1）型	沁河/长河	泽州县	劣Ⅴ类
12	圪套水库	455	小（1）型	沁河/长河	泽州县	劣Ⅴ类
13	上郊水库	1 172	中型	丹河/廖东河	陵川县	劣Ⅴ类
14	浙水水库	13.4	小（2）型	丹河/浙水河	陵川县	Ⅳ类
15	东双脑水库	620	小（1）型	丹河/香磨河	陵川县	Ⅳ类
16	古石水库	960	小（1）型	丹河/碾槽河	陵川县	Ⅳ类
17	汇源水库	300	小（1）型	丹河/碾槽河	陵川县	Ⅳ类

依据《地表水环境质量标准》（GB 3838），采用单因子评价法对 17 个水库的水质进行评价，评价结果为，沁河流域只有大（2）型的张峰水库（沁水县）符合地表水规定的Ⅱ类标准限值，西冶水库（阳城县）符合地表水规定的Ⅲ类标准限值，长河水库（泽州县）和圪套水库（泽州县）的水质极差，属劣Ⅴ类水，剩余的杜河水库（泽州县）、湾则水库（沁水县）、山泽水库（沁水县）和董封水库（阳城县）均为Ⅳ类水质。丹河流域 9 座水库水质均未达到地表水规定的Ⅲ类标准限值，其中米山水库（高平市）和上郊水库（陵川县）的水质极差，属劣Ⅴ类水。釜山水库（高平市）符合地表水质量Ⅴ类水的水质标准。泽州县的任庄水库和东焦河水库，陵川县的浙水水库、东双脑水库、古石水库和汇源水库的水质符合地表水质量Ⅳ类水的水质标准。

晋城市水库水质评价结果见表 3-29。

3.6.2　地下水质量评价

地下水资源是干旱、半干旱地区工业、农业和生活用水的重要来源，是保障我国饮水安全、经济安全、生态安全的重要基础和战略资源。我国北方的河北、北京、河南、山西和内蒙古等省（区、市）的多年平均地下水供水量占总供水量的一半以上。北方省份曾经盲目无序的地下水开采，引发了地

表 3-29 晋城市水库水质评价结果

序号	水库名称	水质	pH	溶解氧	COD$_{Mn}$	COD	BOD$_5$	氨氮	铜
1	张峰水库	检测结果	8.04	11.3	1.9	6.8	0.8	0.246	＜0.004
		水质类别	I类	I类	I类	I类	I类	II类	I类
2	杜河水库	检测结果	8.45	4.6	2.1	9.5		＜0.02	＜0.20
		水质类别	I类	IV类	II类	I类		I类	II类
3	湾则水库	检测结果	8.3	11.1	3.1	8.7	1.2	1.02	＜0.004
		水质类别	I类	I类	II类	I类	I类	IV类	I类
4	山泽水库	检测结果	8.33	4.7	1.9	6.2		＜0.02	＜0.20
		水质类别	I类	IV类	I类	I类		I类	II类
5	董封水库	检测结果	8.57	4.5	2.6	16.2		＜0.02	＜0.20
		水质类别	I类	IV类	II类	III类		I类	II类
6	西冶水库	检测结果	8.25	11.5	3.5	11.2	1.8	0.095	＜0.004
		水质类别	I类	I类	II类	I类	I类	I类	I类
7	釜山水库	检测结果	7.95	2.8	1.6	10.2		0.02	＜0.20
		水质类别	I类	V类	I类	I类		I类	II类
8	米山水库	检测结果	7.41	1.7	1.9	36.8		0.42	＜0.20
		水质类别	I类	劣V类	I类	V类		II类	II类
9	任庄水库	检测结果	8.77	4.4	3.7	13.2		0.03	＜0.20
		水质类别	I类	IV类	II类	I类		I类	II类
10	东焦河水库	检测结果	8.22	4.7	1.2	7.2		0.29	＜0.20
		水质类别	I类	IV类	I类	I类		II类	II类
11	长河水库	检测结果	9.16	4.3	1.7	6.4		0.05	＜0.20
		水质类别	劣V类	IV类	I类	I类		I类	II类
12	圪套水库	检测结果	9.38	3.9	1.7	7.4		＜0.02	＜0.20
		水质类别	劣V类	IV类	I类	I类		I类	II类
13	上郊水库	检测结果	10.27	2.1	1.4	15.6		0.08	＜0.20
		水质类别	劣V类	V类	I类	III类		I类	II类
14	浙水水库	检测结果	8.32	4.7	1.2	6.2		0.05	＜0.20
		水质类别	I类	IV类	I类	I类		I类	II类
15	东双脑水库	检测结果	8.36	4.6	1.4	12.2		＜0.02	＜0.20
		水质类别	I类	IV类	I类	I类		I类	II类
16	古石水库	检测结果	8.28	4.5	1.0	7.2		＜0.02	＜0.20
		水质类别	I类	IV类	I类	I类		I类	II类
17	汇源水库	检测结果	8.26	4.7	0.9	6.4		＜0.02	＜0.20
		水质类别	I类	IV类	I类	I类		I类	II类

续表 3-29

序号	水库名称	水质	锌	氟化物	硒	砷	汞	镉
1	张峰水库	检测结果	0.027	0.35	<0.0003	0.0004	<0.00001	<0.002
		水质类别	I类	I类	I类	I类	I类	II类
2	杜河水库	检测结果	<0.20	0.59		0.001	0.00002	<0.001
		水质类别	II类	I类		I类	I类	I类
3	湾则水库	检测结果	0.025	0.32	<0.0003	<0.0002	<0.00001	<0.002
		水质类别	I类	I类	I类	I类	I类	II类
4	山泽水库	检测结果	<0.20	0.56		0.002	0.00003	<0.001
		水质类别	II类	I类		I类	I类	I类
5	董封水库	检测结果	<0.20	0.34		0.002	<0.00001	<0.001
		水质类别	II类	I类		I类	I类	I类
6	西冶水库	检测结果	0.025	0.21	<0.0003	<0.0002	<0.00001	<0.002
		水质类别	I类	I类	I类	I类	I类	II类
7	釜山水库	检测结果	<0.20	0.87		0.005	0.00004	<0.001
		水质类别	II类	I类		I类	I类	I类
8	米山水库	检测结果	<0.20	0.65		0.005	0.00004	0.001
		水质类别	II类	I类		I类	I类	I类
9	任庄水库	检测结果	<0.20	0.91		0.003	<0.00001	<0.001
		水质类别	II类	I类		I类	I类	I类
10	东焦河水库	检测结果	<0.20	1.45		0.002	0.00002	0.009
		水质类别	II类	IV类		I类	I类	V类
11	长河水库	检测结果	<0.20	0.87		0.005	0.00002	0.001
		水质类别	II类	I类		I类	I类	I类
12	圪套水库	检测结果	<0.20	0.79		0.001	0.00002	<0.001
		水质类别	II类	I类		I类	I类	I类
13	上郊水库	检测结果	<0.20	2.72		0.005	0.00007	0.002
		水质类别	II类	劣V类		I类	III类	II类
14	浙水水库	检测结果	<0.20	0.26		0.001	<0.00001	0.003
		水质类别	II类	I类		I类	I类	II类
15	东双脑水库	检测结果	<0.20	0.21		0.001	0.00004	0.002
		水质类别	II类	I类		I类	I类	II类
16	古石水库	检测结果	<0.20	0.22		0.001	<0.00001	0.001
		水质类别	II类	I类		I类	I类	I类
17	汇源水库	检测结果	<0.20	0.25		0.001	0.00004	0.004
		水质类别	II类	I类		I类	I类	II类

续表 3-29

序号	水库名称	水质	铬	氰化物	挥发酚	硫化物	粪大肠菌群	水质评价
1	张峰水库	检测结果	＜0.004	＜0.004	0.000 5	＜0.005		II 类
		水质类别	I 类	I 类	I 类	I 类		
2	杜河水库	检测结果	＜0.004				未检出	IV 类
		水质类别	I 类				I 类	
3	湾则水库	检测结果	＜0.004	＜0.004	0.003 2	＜0.005		IV 类
		水质类别	I 类	I 类	III 类	I 类		
4	山泽水库	检测结果	0.005				未检出	IV 类
		水质类别	I 类				I 类	
5	董封水库	检测结果	＜0.004				未检出	IV 类
		水质类别	I 类				I 类	
6	西冶水库	检测结果	＜0.004	＜0.004	0.0027	＜0.005		III 类
		水质类别	I 类	I 类	III 类	I 类		
7	釜山水库	检测结果	0.010				未检出	V 类
		水质类别	I 类				I 类	
8	米山水库	检测结果	0.107				未检出	劣 V 类
		水质类别	劣 V 类				I 类	
9	任庄水库	检测结果	0.014				未检出	IV 类
		水质类别	II 类				I 类	
10	东焦河水库	检测结果	0.006				未检出	IV 类
		水质类别	I 类				I 类	
11	长河水库	检测结果	0.023				未检出	劣 V 类
		水质类别	II 类				I 类	
12	圪套水库	检测结果	0.010				未检出	劣 V 类
		水质类别	I 类				I 类	
13	上郊水库	检测结果	0.020				未检出	劣 V 类
		水质类别	II 类				I 类	
14	浙水水库	检测结果	0.014				未检出	IV 类
		水质类别	II 类				I 类	
15	东双脑水库	检测结果	＜0.004				未检出	IV 类
		水质类别	I 类				I 类	
16	古石水库	检测结果	＜0.004				未检出	IV 类
		水质类别	I 类				I 类	
17	汇源水库	检测结果	＜0.004				未检出	IV 类
		水质类别	I 类				I 类	

注： 除 pH 外，检测结果数值单位均为 mg/L。

下水位下降、地面沉降和水质污染等一系列生态地质环境问题，给当地社会经济发展和人民群众生活造成了严重影响。晋城市的地下水水量稳定、水质良好，是晋城市经济社会发展和人民生活的重要水源，2006—2015 年的多年平均地下水供用水量占总供用水量的 52.4%，多年的地下水大量开采，造成中部地区（高平市、泽州县和城区）的地下水超采，使当地的地下水水质状况发生较大变化，因此开展晋城市全域的水质评价，对地下水的可持续开发利用和供水安全是非常迫切与重要的。

3.6.2.1 评价方法

本次地下水质量评价，按照《地下水质量标准》（GB/T 14848）中规定的 I 类：地下水化学组分含量低，适用于各种用途；II 类：地下水化学组分含量较低，适用于各种用途；III 类：地下水化学组分含量中等，主要适用于集中式生活引用水源及工农业用水；IV 类，地下水化学组分含量较高，适用于农业和部分工业用水，适当处理后可作生活饮用水；V 类：地下水化学组分含量高，不宜作为生活饮用水水源。其他用水可根据使用目的选用地下水质量分类标准，参照晋城市工农业和生活用水质量要求，采用单项指标法和综合评价法相结合的方法对晋城市地下水进行评价。

1. 单项指标法

单项指标法就是将水质检测结果与地下水质量标准值进行比较，确定其所属水质类别，当某一单项指标化验值同标准的不同类别标准值相同时，采用从优不从劣原则，按级别较高的标准确定该单项指标的水质级别，在各单项指标确定后对参加评价的各单项检测项目的级别进行评判，选取单项最高类别确定为该水样的质量类别。具体的计算方法如下：

$$N_i = \frac{C_i}{C_{i0}} \tag{3-1}$$

式中：N_i 为单项指标，$N_i \leqslant 1$ 表示该单项符合标准要求，$N_i > 1$ 表示该单项超标；C_i 为检测值；C_{i0} 为标准值。

2. 综合评价法

综合评价法是对水样整体质量的定量评价，它的物理概念明确、运算简单，评价结果基本反映了取样点地下水的污染程度。综合评价法是在前面单项指标法评价的基础上进行的，首先根据单项指标划分的质量类别，根据表 3-30 和各类别综合评价分值标准，分别确定单项组分评价分值 F_i，而后根据式（3-2）和式（3-3）计算 F 值，然后再根据表 3-31 进行水样的整体质量评价。

表 3-30　单项组分评价分值 F_i

类别	I	II	III	IV	V
F_i	0	1	3	6	10

$$F=\sqrt{\frac{\overline{F}^2+F_{\max}^2}{2}} \tag{3-2}$$

$$\overline{F}=\frac{1}{n}\sum_{i=1}^{n}F_i \tag{3-3}$$

式中：$F_{\max}$ 为各单项组分评价分值 F_i 中的最大值；n 为进行评价的单项数目；$\overline{F}$ 为各单项组分评价分值的平均值。

表 3-31　地下水质量级别划分

级别	优良	良好	较好	较差	极差
F	＜0.80	0.80～＜2.50	2.50～＜4.25	4.25～≤7.20	＞7.20

3.6.2.2　评价内容及评价结果

1. 评价内容

根据《地下水质量标准》（GB/T 14848）的定义，地下水质量指地下水的物理、化学和生物性质的总称，它包括感官性状及一般化学、微生物、常见毒理学和放射性等常规性指标，以及非常规性指标。非常规指标通常是根据地区和时间差异或特殊情况而确定的少数无机和有机毒理学指标，它主要用来反映地下水中存在的主要质量问题。根据晋城市水文地质条件、工农业生产和布局状况，选择 58 处不同含水层的地下水进行色、嗅和味、浑浊度、肉眼可见物等感官性状、pH、总硬度、溶解性总固体、硫酸盐、氯化物、高锰酸盐指数、硝酸盐、亚硝酸盐、氨氮、氟化物等一般化学指标，以及铁、锰、铜、锌、汞、砷、镉、铬、铅等重金属指标，共 23 项水质评价。数据采用晋城市 2016 年地下水水质监测成果。

2. 评价结果

单项指标法评价的 58 个水样中，有 44 个是III类水，占样本总数的 75.9%；11 个是IV类水，占样本总数的 19.0%；3 个是V类水，占样本总数的 5.2%。其中，城区评价的 9 个水样中有 1 个水质超标，超标项项目为硝酸盐；沁水县评价的 6 个水样中有 2 个水质超标，超标项项目为总硬度、溶解性总固体、氟化物和铁；阳城县评价的 9 个水样中有 1 个水质超标，超标项项目为总硬度、硫酸盐、亚硝酸盐；陵川评价的 13 个水样中有 3 个水质超标，超标项项目为总硬度和铁；泽州县评价的 10 个水样中有 1 个水质超标，超标项项目为总硬度、溶解性总固体、硫酸盐；高平县评价的 14 个水样中有 6 个水质超标，超标项项目为总硬度、硫酸盐、氨氮和铁。综合评价法评价的 58 个水样中，有 44 个质量级别为良好，占样本总数的 75.9%；14 个质量级别为较差，占样本总数的 24.1%。

　　从分析结果看，晋城市地下水超标项目类型尽管具有明显的地域特征，但共同的特点是，95% 的超标项目的水样位置在煤矿附近，即采煤对地下水水质的影响较大。晋城市自 1985 年建市以来，城市及以煤炭、冶炼为主的粗放型经济迅速发展。全市矿坑水排放量由 20 世纪 50 年代的 610 万 m³ 增加到 2002 年的 2 500 万 m³，增加了 3 倍，至 2015 年依然有 927 万 m³ 的排放量；工业废水及城市污水排放量由 1986 年的 3 050 万 m³，增加到 2002 年的 7 300 万 m³，17 年内增加了 1.4 倍，至 2015 年依然有 5 897 万 m³ 的排放量。加之农作物广泛施用农药和化肥，使境内地表水、地下水受到了不同程度的污染。

　　由于大量未经过处理的废水、废渣长期直接排放，不仅造成地表水体污染，而且污水下渗也使浅中层地下水普遍受到污染，同时这些废水又通过不同途径不同程度地污染了岩溶地下水。如在丹河、白水河沿线及延河泉域的局部地方灰岩裸露，使得污水直接入渗岩溶含水层，或污染了的浅中层地下水通过岩溶裂隙直接或越流入渗污染岩溶地下水。另外，大量开采地下水造成水位下降，水循环加大，岩层中硫酸盐更多地溶入水体，导致地下水质量变差。

第4章　水资源开发利用现状

4.1　水资源开发利用概述

水资源开发利用是指通过各种工程措施和非工程措施对自然界的水资源（主要指地表水和地下水）加以治理、控制、调节、保护和管理以及流域之间和地区之间调配，使在一定的时间和地点供应符合一定质量要求的一定水量，以满足国民经济和社会发展用水需要的行为。水资源合理开发利用是指根据流域或地区的水资源条件，因地制宜地开发利用水资源，使其在开发利用规模、强度、结构、布局、效率等方面与水资源禀赋条件相匹配，与经济社会发展对水资源的需求相适宜，与资源节约、环境友好的新时期用水和治水要求相一致，来谋求最佳的经济效益、生态效益和社会效益，使社会经济与人口、资源、环境之间得到协调发展。水资源合理开发利用是水资源可持续利用的基础，它既强调在水资源的开发利用过程中要统筹考虑水资源开发利用对经济社会发展的基础作用，也强调要将水资源、经济和环境融为一体统筹考虑，协调好水资源开发利用与其可持续利用、经济社会发展和生态环境保护之间的关系。水资源开发利用其实就是一个取水→用水→排水的过程，它一直与人类社会的发展相伴而行，人类从早期的傍河取水逐渐发展到依托各种水工程取水，并且整个取水用水排水过程随着经济社会和科学技术的发展而进步。目前，水资源源开发利用的水利工程主要有地表水源工程和地下水源工程，地表水源工程一般指蓄水工程、引水工程、提水工程和调水工程，地下水源工程主要指水井工程。水资源开发利用主要涉及区域或流域的水资源供、用、耗、排情况，水资源开发利用程度评价，以及水资源开发利用存在问题等内容。

2015 年全国总供水量 6 103.2 亿 ㎥，其中地表水源供水量 4 969.5 亿 ㎥，占总供水量的 81.4%；地下水源供水量 1 069.2 亿 ㎥，占总供水量的 17.5%；其他水源供水量 64.5 亿 ㎥，占总供水量的 1.1%。在地表水源供水量中，蓄水工程供水量占 33.9%，引水工程供水量占 32.1%，提水工程供水量占 30.5%，水资源一级区间调水量占 3.5%。在地下水供水量中，浅层地下水占

91.1%，深层承压水占 8.5%，微咸水占 0.4%。在其他水源供水量中，主要为污水处理再生利用量和集雨工程利用量，分别占 81.5% 和 17.4%。同年全国人均综合用水量 445 m³，万元国内生产总值（当年价）用水量 90 m³。耕地实际灌溉亩均用水量 394 m³，农田灌溉水有效利用系数 0.536，万元工业增加值（当年价）用水量 58.3 m³，城镇人均生活用水量（含公共用水）217 L/d，农村居民人均生活用水量 82 L/d。

2015 年山西省总供水量 73.588 2 亿 m³，其中地表水源供水量 37.055 9 亿 m³，占总供水量的 50.3%；地下水源供水量 33.247 0 亿 m³，占总供水量的 45.2%；其他水源供水量 3.258 3 亿 m³，占总供水量的 4.5%。2015 年全省人均综合用水量 201 m³，万元国内生产总值（当年价）用水量 57 m³，农田灌溉亩均用水量 186 m³，城镇人均生活用水量 92 L/d，农村居民人均生活用水量 54 L/d。

本节的水资源开发利用从水源上讲，主要包括地表水、地下水和其他水源（主要指中水和矿坑水）；从用途上讲，包括生活用水，主要有城镇生活用水和农村生活用水；生产用水，主要有农业用水、林牧业用水、工业用水、建筑业用水和第三产业用水、生态用水。水资源开发利用评价指标包括综合用水指标（人均用水量、GDP 用水量）、生活用水指标（城镇／农村人均生活用水量）、农业用水指标（亩均灌溉用水量和牲畜头均用水量）、工业用水指标（万元工业增加值用水量）等。开发利用程度分析采用水资源开发利用率和水资源开发利用程度两项指标。

4.2　供水量分析

供水量指各种水源工程为用水户提供的包括输水损失在内的毛供水量，也即通过各种工程措施获得可满足生产、生活和生态的用水量。地表水供水量一般按蓄水工程、引水工程、提水工程和调水工程等工程类别的供水量分别进行统计，如无实测水量，可根据用水行业进行估算，比如农业用水可根据灌溉面积、工业用水可根据工业产值进行估算。地下水供水量主要是指水井工程的供水量，对于有计量资料的水井，直接统计其开采量，比如城市生活和工矿企业水井可直接统计其开采量；而对于无计量资料的水井，可调查单井出水量或转化为用水情况估算其开采量，比如农业灌溉井可通过单井灌溉面积或耗电量等估算其开采量。其他水源供水量主要包括污水处理工程、雨洪资源利用工程、海水淡化工程等非传统水源工程供水量，同上对于有计量资料的直接统计，对于缺乏资料的可通过用水情况进行估算。

晋城市的供水水源工程涵盖地表水源工程、地下水源工程和其他水源工程等。地表水源工程包括蓄、引、提工程，地下水源工程主要是机井工程，其他水源工程主要为废污水和矿坑水的回收利用工程。

4.2.1　现状年供水量

2015 年晋城市供水工程共计 4 640 处，供水 43 076.11 万 m³。其中，地表水源工程 753 处，供水 18 469.43 万 m³，占晋城市总供水量的 42.9%；地下水源工程 3 887 处，供水 21 381.98 万 m³，占晋城市总供水量的 49.6%；其他水源工程供水量 3 224.70 万 m³，占晋城市总供水量的 7.5%。2015 年供水工程分布情况及供水量见表 4-1。

表 4-1　2015 年供水工程供水量统计

单位：工程数量 / 处，供水量 / 万 m³

行政分区	地表水源		地下水源		其他水源		合计	
	工程数量	供水量	工程数量	供水量	工程数量	供水量	工程数量	供水量
城区	12	1 840.68	224	5 165.00		430.00	236	7 435.68
沁水县	223	2 856.53	1 657	2 296.70		0.00	1 880	5 153.23
阳城县	168	3 969.21	560	3 546.19		1 250.00	728	8 765.40
陵川县	98	1 357.95	179	397.80		52.50	277	1 808.25
泽州县	137	4 230.20	637	4 893.00		677.00	774	9 800.20
高平市	115	4 214.86	630	5 083.29		815.20	745	10 113.35
合计	753	18 469.43	3 887	21 381.98		3 224.70	4 640	43 076.11

各行政分区中，高平市供水量最大，为 10 113.35 万 m³，占全市供水总量的 23.5%；其次为泽州县，供水量为 9 800.20 万 m³，占全市供水总量的 22.8%；供水量最小的为陵川县，仅为 1 808.25 万 m³，占全市供水总量的 4.2%。城区、泽州县、高平市供水以地下水源为主，尤其是高平市，供水量的 50% 以上为地下水；沁水县、阳城县和陵川县则以地表水源供水为主，尤其是陵川县，供水量的 70% 以上均来自于地表水。其他水源的供水量普遍较少，尤其是沁水县，未使用其他水源供水。

4.2.1.1　地表水供水量

地表水源工程的蓄水工程指水库和塘坝，引水工程指从河道等地表水体自流引水的工程（不包括从蓄水工程中引水的工程），提水工程指利用扬水泵站从河道等地表水体提水的工程（不包括从蓄水工程中提水的工程）。

2015 年晋城市共有地表水源工程 753 处，其中：蓄水工程包括水库和塘坝，总计 293 处；引水工程主要为引水闸，总计 12 处；提水工程主要为从河湖提水的提水泵站，总计 448 处。各行政分区地表水源工程分布情况见表 4-2。其中沁水县地表水源工程分布最多，为 223 处，城区地表水源工程分布最少，仅有 12 处。

表 4-2　地表水源工程供水量统计

行政分区	供水工程数量／处						供水量／万 m³	供水量占比／%
	蓄水工程			引水工程	提水工程	合计		
	水库	塘坝	小计					
城区	4	5	9		3	12	1 840.68	10.0
沁水县	4	16	20		203	223	2 856.53	15.5
阳城县	21	18	39	8	121	168	3 969.21	21.5
陵川县	22	35	57		41	98	1 357.95	7.4
泽州县	24	62	86		51	137	4 230.20	22.9
高平市	20	62	82	4	29	115	4 214.86	22.8
合计	95	198	293	12	448	753	18 469.43	100.0

地表水源工程供水量总计 18 469.43 万 m³，各行政分区中，泽州县和高平市地下水供水量最大，分别为 4 230.20 万 m³ 和 4 214.86 万 m³，分别占全市地下水供水量的 22.9% 和 22.8%；陵川县地下水供水量最小，仅为 1 357.95 万 m³，占全市地下水供水量的 7.4%。

1. 蓄水工程

晋城市仅有 1 座大型水库，为位于沁水县的张峰水库，2015 年建成，属沁河张峰水资源分区，总库容 39 400 万 m³，设计年供水能力 20 700 万 m³，年供水量 650 万 m³，用于农业灌溉和工业生产。

晋城市共有 7 座中型水库，分别为任庄水库、杜河水库、东焦河水库、湾则水库、董封水库、上郊水库和申庄水库，总库容 19 573 万 m³，设计年供水能力 1 496 万 m³，年供水量 858.89 万 m³，全部用于农业灌溉。共有 87 座小型水库，总库容 14 464.93 万 m³，设计年供水能力 6 720.6 万 m³，年供水量 735.22 万 m³，用于农业灌溉、工业生产和农村生活。

晋城市共有 198 处塘坝，总库容 775.40 万 m³。

2. 引水工程

晋城市共有 12 座引水闸，分别为位于阳城县的北流灌区－后滩节制闸、北流灌区－土楼庄泄水闸、北流灌区－后滩节制闸、北流灌区－马山泄水闸、北流灌区－进水闸、北流灌区－泄洪闸、北流灌区－后滩泄洪闸、北流灌区－土楼庄节制闸和位于高平市的丹河渠首节制闸、丹河渠首进水闸、东仓河节制闸、许河渠首进水闸。

3. 提水工程

晋城市共有 448 座河湖提水泵站。

4.2.1.2　地下水供水量

2015 年晋城市共有地下水源工程 3 887 处，全部为水井工程，其中规模以上水井共 1 950 处，规模以下水井共 1 937 处；用于灌溉的供水井共计 571 处。供水总量为 21 381.98 万 m³，其中城区地下水供水量最大，为 5 165.00 万 m³，占全市地下水供水量的 24.2%；其次为高平市和泽州县，供水量分别为 5 083.29 万 m³ 和 4 893.00 万 m³，分别占全市地下水供水量的 23.8% 和 22.9%；陵川县地下水供水量最小，为 397.80 万 m³，仅占全市地下水供水量的 1.9%。各行政分区的地下水供水情况见表 4-3。

表 4-3　各行政分区的地下水供水情况

行政分区	工程数量／处				供水量／万 m³	供水量占比／%
	规模以上	规模以下	合计	其中：灌溉井		
城区	224		224	20	5 165.00	24.2
沁水县	264	1 393	1 657	54	2 296.70	10.7
阳城县	448	112	560	372	3 546.19	16.6
陵川县	67	112	179	32	397.80	1.9
泽州县	317	320	637	74	4 893.00	22.9
高平市	630		630	19	5 083.29	23.8
合计	1 950	1 937	3 887	571	21 381.98	100.0

4.2.1.3 其他水源供水量

晋城市的其他水源工程主要为废污水和矿坑水的回收利用工程。2015年其他水源供水量为 3 224.70 万 m³，其中阳城县其他水源供水量最大，为 1 250.00 万 m³，占其他水源供水量的 38.8%；其次为高平市和泽州县，供水量为 815.20 万 m³ 和 677.00 万 m³，分别占晋城市其他水源供水量的 25.3% 和 21.0%；沁水县无其他水源工程供水。各行政分区其他水源工程供水情况见表 4-4。

表 4-4　其他水源工程供水量统计　　　　单位：万 m³

行政分区	废污水	矿坑水	合计	占比 /%
城区	430.00	0.00	430.00	13.3
沁水县	0.00	0.00	0.00	0.0
阳城县	907.51	342.49	1 250.00	38.8
陵川县	10.70	41.80	52.50	1.6
泽州县	0.00	677.00	677.00	21.0
高平市	815.20	0.00	815.20	25.3
合计	2 163.41	1 061.29	3 224.70	100.0

晋城市废污水回收利用工程包括污水处理厂的废污水回收利用工程和污水灌溉工程，污水处理厂废污水回收利用工程主要分布于城区，污水灌溉工程主要分布在沁水和泽州县，阳城县、陵川县和高平市也有部分分布。废污水回收利用工程的废污水回收利用总量为 2 163.41 万 m³，占其他水源供水量的 67.1%，其中废污水回收利用工程占废污水回用总量的 9.4%，污水灌溉工程占废污水回用总量的 90.6%。各行政分区废污水回用情况见表 4-5。

表 4-5　废污水回用工程供水量统计　　　　单位：万 m³

行政分区	城市污水处理厂	农业灌溉			合计
		规模以上	规模以下	小计	
城区	203.00	0.00	227.00	227.00	430.00
沁水县	0.00	0.00	0.00	0.00	0.00
阳城县	0.00	0.00	907.51	907.51	907.51
陵川县	0.00	0.00	10.70	10.70	10.70
泽州县	0.00	0.00	0.00	0.00	0.00
高平市	0.00	815.20	0.00	815.20	815.20
晋城市	203.00	815.20	1 145.21	1 960.41	2 163.41

晋城市矿坑水主要回用于工业生产，供水量总计 1 061.29 万 m³，占其他水源供水量的 32.9%，主要分布于阳城、陵川和泽州县，其中泽州县回用量最大，占矿坑水回用总量的 63.8%。各行政分区矿坑水回用情况见表 4-6。

表 4-6　矿坑水回用工程供水量统计　　　　　　　　单位：万 m³

行政分区	规模以上工业	规模以下工业	合计
城区	0.00	0.00	0.00
沁水县	0.00	0.00	0.00
阳城县	329.49	13.00	342.49
陵川县	21.20	20.60	41.80
泽州县	677.00	0.00	677.00
高平市	0.00	0.00	0.00
晋城市	1 027.69	33.60	1 061.29

4.2.2　供水量年际变化分析

2001—2015 年供水量变化分析的数据来源于《山西省水资源公报》和《晋城市水资源公报》。供水水源主要有地表水、地下水和其他水源，多年统计数据显示，地下水的供水量占到了总供水量的一半以上，地表水的供水量稳中有升，其他水源供水呈波动状态。不同水源的供水量见表 4-7。

晋城市 2001—2015 年供水总量呈整体上升趋势，供水量从 2001 年的 20 134.00 万 m³ 到 2015 年的 43 076.11 万 m³，见图 4-1。15 年内地表水供水量增加了 22 942.11 万 m³，平均每年增加 1 529.47 万 m³。说明伴随着经济建设的发展、人口数量和城镇化率不断提高，区域用水量不断升高，也从侧面反映出人民生活水平的提高和供水能力的提升。供水量变化趋势为：从 2001 年到 2004 年，供水量出现小幅度波动，但变化幅度不大；2005 年供水有一个明显的增加，同比增加 13 472 万 m³；从 2005 年到 2012 年供水总量出现逐年上升的情况，从 2005 年的 34 756.00 万 m³ 上升到 2012 年的 48 766.06 万 m³，达到 15 年的最大量，7 年共增长了 14 010.06 万 m³，平均每年增长约 2 001.44 万 m³；2013—2015 年供水出现了逐年下降的趋势，同晋城市经济发展趋势相一致，表现出供水量大小同区域的经济发展密切相关。

表 4-7　不同水源历年供水量统计

年份	地表水		地下水		其他水源		供水总量／万 m³
	万 m³	%	万 m³	%	万 m³	%	
2001	7 423.00	36.9	11 413.00	56.7	1 298.00	6.4	20 134.00
2002	9 376.00	41.5	11 785.00	52.2	1 408.00	6.2	22 569.00
2003	8 846.00	44.4	10 045.00	50.4	1 052.00	5.3	19 943.00
2004	8 831.00	41.5	11 519.00	54.1	934.00	4.4	21 284.00
2005	9 978.00	28.7	16 359.00	47.1	8 419.00	24.2	34 756.00
2006	10 905.00	30.1	16 834.00	46.4	8 549.00	23.6	36 288.00
2007	11 427.30	31.1	18 139.78	49.3	7 198.75	19.6	36 765.83
2008	11 571.30	31.0	18 736.53	50.1	7 061.10	18.9	37 368.93
2009	11 626.08	30.1	20 096.64	52.0	6 892.00	17.8	38 614.72
2010	12 066.54	29.2	22 417.29	54.3	6 836.80	16.5	41 320.63
2011	15 944.22	33.8	27 658.87	58.7	3 509.30	7.4	47 112.39
2012	17 225.14	35.3	28 175.68	57.8	3 365.24	6.9	48 766.06
2013	19 045.24	39.4	26 781.65	55.4	2 477.79	5.1	48 304.68
2014	19 148.49	41.5	23 748.12	51.4	3 289.07	7.1	46 185.68
2015	18 469.43	42.9	21 381.98	49.6	3 224.70	7.5	43 076.11
平均	12 792.18	35.8	19 006.10	52.4	4 367.65	11.8	36 165.94

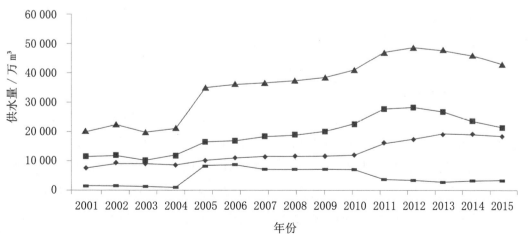

图 4-1　历年供水量变化情况

地表水供水量基本呈现同比增长的趋势，供水量从 2001 年的 7 423.00 万 ㎥ 到 2015 年的 18 469.43 万 ㎥，15 年内地表水供水量增加了 11 046.43 万 ㎥，平均每年增加 736.43 万 ㎥。说明在此期间，地表水供水工程有了较大的发展，晋城市的地表水开发和利用更为合理。地表水的多年平均供水量为 12 792.18 万 ㎥，2014 年地表水供水量最大，为 19 148.49 万 ㎥；2001 年地表水供水量最小，为 7 423.00 万 ㎥。地下水供水量变化趋势同供水总量的变化趋势基本一致，2012 年地下水供水量最大，为 28 175.68 万 ㎥；2003 年地下水供水量最小，为 10 045.00 万 ㎥。地下水供水量基本在总供水量的 50% 左右波动，始终大于其他供水量之和。15 年内地下水供水量增加了 9 968.98 万 ㎥，平均每年增加 664.6 万 ㎥，区域内出现了高平和晋城两个隐伏岩溶水超采区，随着 2013 年关井压采的方案实施，地下水供水量逐渐减少，2015 年比 2012 年少开采地下水 6 793.7 万 ㎥，地下水开采得到有效的控制。其他水源的供水量呈现 3 个大小不同的相对平稳阶段，分别为 2001—2004 年、2005—2010 年及 2011—2015 年。2001—2004 年的供水量在 1 000 万 ㎥ 左右波动，2005—2010 年在 6 800 万～8 500 万 ㎥ 波动，2011—2015 年在 2 400 万～3 500 万 ㎥ 波动，多年平均供水量 4 367.65 万 ㎥。

4.3　用水量分析

用水量指各种水源为用水户提供的包括输水损失在内的毛用水量，常根据用水特性分为生活用水、生产用水和生态用水。生活用水按城镇和农村生活用水统计，城镇生活用水指城镇居民生活及公用设施的用水，农村生活用水指农村居民生活及饲养牲畜的用水。生产用水按第一产业、第二产业和第三产业用水统计，第一产业用水又称农业用水，包括种植业和林牧渔业用水；第二产业用水又称工业用水，是指工业生产过程中取用的新水量，包括原料、动力、冲洗、冷却用水和建筑业用水；第三产业指商业餐饮业、其他服务业用水，以及城市消防用水即城市特殊用水的总称，包括商品贸易、餐饮住宿、金融、交通运输、仓储、邮电通信、文教卫生、机关团体等各种服务行业的用水。生态用水主要指为维护生态环境功能和生态环境建设的河道内和河道外用水，河道内用水主要是为了维护河流生态环境功能的用水，河道外用水可按城镇和农村生态与环境用水分类，城镇生态与环境用水指河湖补水、绿化和环境卫生等的用水，农村生态与环境用水指湖泊沼泽地补水、林草植被建设和地下水回灌等的用水。

4.3.1　现状年用水量

4.3.1.1　行业用水分析

2015 年晋城市总用水量 43 076.11 万 ㎥，其中生活用水量 6 581.67 万 ㎥，生产用水量 35 684.29 万 ㎥，生态用水量 810.15 万 ㎥。生活用水中，城镇生活用水量 4 524.90 万 ㎥，农村生活用水量 2 056.77 万 ㎥；生产用水中，农业灌溉用水量 13 647.40 万 ㎥，林牧渔业用水量 2 697.83 万 ㎥，工业用水量 17 065.06 万 ㎥，建筑业用水量 386.50 万 ㎥，三产用水量 1 887.50 万 ㎥。各部门用水量统计见表 4-8，其中农业灌溉与工业用水量所占比重最大，分别为 31.7% 和 39.6%。

从表 4-8 可以看出，2015 年各行政分区取用水量的特点是：

（1）阳城、泽州县和高平市属集中用水区，用水量分别占全市总用水量的 20.3%、22.8% 和 23.5%。

（2）城区的城镇生活用水量最大，占全市城镇生活总用水量的 42.4%。

（3）农业灌溉用水阳城、泽州和高平用水量较大，与确定的粮食生产基地用水量相对应，分别占农业灌溉用水量的 19.9%、24.5% 和 24.8%。

（4）工业用水量以阳城、泽州和高平较大，分别占工业用水量的 26.4%、25.3% 和 23.4%。

（5）陵川无论工业、农业和城镇用水量在全市都是最小的县。

4.3.1.2　用水水源分析

1. 地表水

2015 年晋城市地表水用水量为 18 469.43 万 ㎥，其中城镇生活取水量 1 154.00 万 ㎥，农村生活取水量 352.48 万 ㎥，农业灌溉取水量 7 611.80 万 ㎥，林牧渔取水量 1 378.35 万 ㎥，工业取水量 7 180.27 万 ㎥，建筑业取水量 99.97 万 ㎥，第三产业取水量 321.12 万 ㎥，生态取水量 372.44 万 ㎥。农业灌溉和工业取水量比重较大，分别占地表水总取水量的 41.2% 和 38.9%。全市地表水分部门用水量组成见表 4-9。

2. 地下水

2015 年晋城市地下水取水量为 21 381.98 万 ㎥，其中城镇生活取水量 3 370.90 万 ㎥，农村生活取水量 1 704.29 万 ㎥，农业灌溉取水量 4 075.19 万 ㎥，林牧渔业取水量 1 319.48 万 ㎥，工业取水量 8 823.50 万 ㎥，建筑业取水量 287.53 万 ㎥，第三产业取水量 1 566.38 万 ㎥，生态取水量 234.71 万 ㎥。城镇生活、农业灌溉、工业取水量比重较大，分别占地下水总取水量的 15.8%、19.1%、41.3%。全市地下水分部门用水量组成见表 4-10。

表 4-8　晋城市 2015 年各部门用水量统计

单位：万 m³/a

行政分区	生活用水			生产用水						生态用水	总计
	合计	城镇	农村	合计	农业	林牧渔业	工业	建筑业	三产		
城区	1 919.00	1 919.00	0.00	5 036.72	1 207.00	88.30	2 396.42	85.00	1 260.00	479.96	7 435.68
沁水县	586.00	338.00	248.00	4 494.00	2 368.00	438.00	1 538.00	45.00	105.00	73.23	5 153.23
阳城县	1 001.17	496.60	504.57	7 657.55	2 720.47	318.73	4 513.25	32.00	73.10	106.68	8 765.40
陵川县	553.00	267.00	286.00	1 233.80	618.20	167.50	316.10	45.00	87.00	21.45	1 808.25
泽州县	1 204.00	628.00	576.00	8 565.12	3 350.07	648.00	4 314.05	37.00	216.00	31.08	9 800.20
高平市	1 318.50	876.30	442.20	8 697.10	3 383.66	1 037.30	3 987.24	142.50	146.40	97.75	10 113.35
晋城市	6 581.67	4 524.90	2 056.77	35 684.29	13 647.40	2 697.83	17 065.06	386.50	1 887.50	810.15	43 076.11

表 4-9　2015 年晋城市地表水用水量各部门统计

单位：万 m³/a

行政分区	生活用水			生产用水						生态用水	总计
	合计	城镇	农村	合计	农业	林牧渔业	工业	建筑业	三产		
城区	720.00	720.00	0.00	920.68	187.00	28.00	525.68	0.00	180.00	200.00	1 840.68
沁水县	302.00	200.00	102.00	2 526.00	2 033.00	284.00	120.00	26.00	63.00	28.53	2 856.53
阳城县	88.78	0.00	88.78	3 789.05	869.21	81.74	2 837.31	0.17	0.62	91.38	3 969.21
陵川县	395.70	234.00	161.70	940.80	540.20	152.90	134.70	35.50	77.50	21.45	1 357.95
泽州县	0.00	0.00	0.00	4 199.12	1 950.00	534.00	1 685.12	30.00	0.00	31.08	4 230.20
高平市	0.00	0.00	0.00	4 214.86	2 032.39	297.71	1 877.46	7.30	0.00	0.00	4 214.86
合计	1 506.48	1 154.00	352.48	16 590.51	7 611.80	1 378.35	7 180.27	98.97	321.12	372.44	18 469.43

表 4-10　2015 年晋城市地下水用水量各部门统计

单位：万 m³/a

| 行政分区 | 生活用水 | | | 生产用水 | | | | | 生态用水 | 总计 |
	合计	城镇	农村	合计	农业	林牧渔业	工业	建筑业	三产		
城区	1 199.00	1 199.00	0.00	3 889.04	793.00	60.30	1 870.74	85.00	1 080.00	76.96	5 165.00
沁水县	284.00	138.00	146.00	1 968.00	335.00	154.00	1 418.00	19.00	42.00	44.70	2 296.70
阳城县	912.39	496.60	415.79	2 618.50	943.75	236.99	1 333.45	31.83	72.48	15.30	3 546.19
陵川县	157.30	33.00	124.30	240.50	67.30	14.60	139.60	9.50	9.50	0.00	397.80
泽州县	1 204.00	628.00	576.00	3 689.00	1 400.07	114.00	1 951.93	7.00	216.00	0.00	4 893.00
高平市	1 318.50	876.30	442.20	3 667.04	536.07	739.59	2 109.78	135.20	146.40	97.75	5 083.29
合计	5 075.19	3 370.90	1 704.29	16 072.08	4 075.19	1 319.48	8 823.50	287.03	1 566.38	234.71	21 381.98

表 4-11　2015 年晋城市其他水源用水量各部门统计

单位：万 m³/a

行政分区	农业	工业	生态	合计
城区	227.00	0.00	203.00	430.00
沁水县	0.00	0.00	0.00	0.00
阳城县	907.51	342.49	0.00	1 250.00
陵川县	10.70	41.80	0.00	52.50
泽州县	0.00	677.00	0.00	677.00
高平市	815.20	0.00	0.00	815.20
合计	1 960.41	1 061.29	203.00	3 224.70

3. 其他水源

2015 年晋城市其他水源取水量为 3 224.70 万 m³，仅农业灌溉、工业生产和生态使用其他水源，用水量分别为 1 960.41 万 m³、1 061.29 万 m³ 和 203.00 万 m³。其中，农业灌溉用水量最大，占其他水源总用水量的 60.8%；其次为工业生产，占其他水源总用水量的 32.9%；生态用水量最小，仅为其他水源总用水量的 6.3%。全市其他水源分部门用水量组成见表 4-11。

4.3.2　用水量年际变化分析

2001—2015 年用水量变化分析的数据来源于《山西省水资源公报》和《晋城市水资源公报》。主要用水对象有城镇生活、农村生活、工业、农业灌溉和生态环境用水，多年统计数据显示，工业用水占总用水量的 42.6%，农业灌溉占总用水量的 30.96%，生活用水占总用水量的 24.56%，生态环境用水占总用水量的 1.89%。2001—2015 年用水量统计见表 4-12。

为了更好地对晋城市的用水情况进行分析，本次结合晋城市第二次水资源评价（1990—2000 年）的结果进行对比分析（见图 4-2）。1990—2000 年全市年取用水总量变化在 13 236.2 万 ～ 19 467.1 万 m³，多年平均值为 16 682.5 万 m³；工业多年平均取用水量为 7 234.3 万 m³，占全市多年平均取用水总量的 43.4%；农业灌溉年平均取用水量为 4 486.6 万 m³，占全市多年平均取用水总量的 26.9%；城镇生活多年平均取用水量为 1 920.4 万 m³，占全市多年平均取用水总量的 11.5%。2001—2015 年系列多年平均取用水量为 36 128.80 万 m³，比 1990—2000 年系列增长了 216%。2001—2015 年用水量总体上呈增加趋势，2001—2005 年增长速度较快，2005—2011 年增长速度放缓，2012 年用水量为 48 766.06 万 m³ 达到峰值，2012—2015 年用水量逐渐下降。

4.3.2.1　生活用水趋势分析

1990—2000 年系列城镇生活的多年平均用水量为 1 920.4 万 m³，同 2001—2015 年 4 854.39 万 m³ 相差较大，分析原因，一是城镇化进程的加快，二是统计口径不一致。农村生活用水 1990—2000 年系列的多年平均值为 2 402.0 万 m³，2001—2015 年系列增加了 167%，达到 4 018.235 万 m³，主要是农村生活水平提高的结果。2001—2015 年生活用水总体上呈增加趋势。

4.3.2.2　农业灌溉用水趋势分析

1990—2000 年系列农业灌溉多年平均用水量为 4 486.6 万 m³，占全市多年平均取用水总量的 26.9%，比 2001—2015 年多年平均农业灌溉用水 11 185.73 万 m³ 占总用水量的 30.96% 少 4.06 个百分点。2001—2015 年农业

表 4-12　晋城市 2001—2015 年各部门用水统计　　　　单位：万 m³

年份	城镇生活	农村生活	工业	农业灌溉	生态环境	合计
2001	2 478.6	2 350	8 431.7	6 707	167.5	20 134.8
2002	2 583.4	2 459.9	10 844.7	6 464.4	216.3	22 568.7
2003	2 119.1	2 367.4	10 181	5 079.1	195.5	19 942.1
2004	2 473.4	2 438.2	10 987.1	5 098.2	288.2	21 285.1
2005	3 754	3 884	15 147	11 539	432	34 756
2006	3 888	4 074	15 737	12 149	440	36 288
2007	3 934.7	3 677.2	16 488.8	12 195.8	469.9	36 766.4
2008	4 193	3 776.5	16 403.8	12 190	806	37 369.3
2009	4 563.2	3 775.3	16 924.8	12 715.3	637	38 615.6
2010	5 167.9	5 020.7	18 083.03	11 936	553.5	40 761.13
2011	6 927.05	5 505.76	19 338.89	14 029.59	1 311.1	47 112.39
2012	7 617.57	5 297.58	20 171.42	14 215.76	1 463.73	48 766.06
2013	8 276.24	5 332.78	18 557.55	14 810.34	1 327.77	48 304.68
2014	8 040.72	5 559.6	16 378.26	14 906	1301.1	46 185.68
2015	6 798.9	4 754.6	17 165.06	13 750.4	607.15	43 076.11
均值	4 854.39	4 018.23	15 389.34	11 185.73	681.12	36 128.80

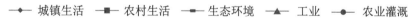

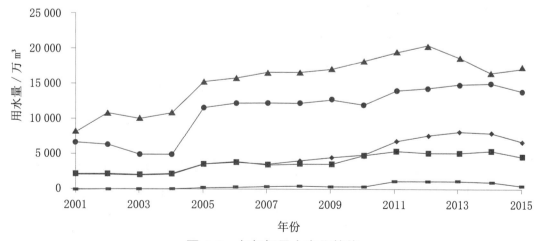

图 4-2　各部门用水变化趋势

灌溉用水量总体上呈增加趋势，多年平均用水比 1990—2000 年增长了 249%。

4.3.2.3　工业用水趋势分析

1990—2000 年系列工业多年平均用水量为 7 234.3 万 m³，占全市多年平均取用水总量的 43.4%，比 2001—2015 年多年平均工业用水 15 389.34 万 m³ 占总用水量的 42.6% 多 0.8 个百分点。2001—2015 年工业用水量总体上呈增加趋势，趋势变化同总用水量一致，2001—2005 年增长速度较快，2005—2011 年增长速度放缓，2012 年用水量为 20 171.42 万 m³ 达到峰值，2012—2015 年用水量逐渐下降，多年平均用水比 1990—2000 年增长了 113%。

4.4　耗水量分析

耗水量亦称用水消耗量，是指毛用水量在输水、用水过程中，通过蒸腾蒸发、土壤吸收、产品带走、居民和牲畜饮用等多种途径消耗掉而不能回归到地表水体或地下含水层的水量。同用水量一样，耗水量常按生活、生产和生态耗水分别统计。生活耗水量包括输水损失以及居民家庭和公共用水消耗的水量，城镇生活耗水量为用水量减去污水排放量之差；农村生活耗水分两种情况，若没有排水设施且用水量较小，可认为用水量即为耗水量；对于有排水设施的农村生活用水，可通过典型调查估算耗水量。农田灌溉耗水量一般通过灌区水量平衡法推算，如灌区资料较差，可用实灌亩次乘以次灌水净定额的计算值作为耗水量的近似值，但要注意，在估算灌溉耗水量时，应将水田与水浇地、渠灌与井灌区分开分别计算。工业耗水量一般可用其用水量减去废污水排放量获得，废污水排放有计量设施可直接测定，没有时可由水平衡分析求得，但要注意，在计算工业耗水量时，应将水冷式电厂的耗水率单独计算。其他耗水量可根据各地的实际情况和资料条件选用不同的估算方法，比如树、苗圃、草场的耗水量可根据实灌面积和净灌溉定额估算，城市水域和鱼塘的耗水量可根据水面面积和水面蒸发损失量估算。

2015 年晋城市总耗水量为 23 595.25 万 m³，耗水率为 54.78%，农村生活、林牧渔业、建筑业、第三产业和生态环境的耗水率为 100%，农业灌溉耗水率为 81.9%，工业耗水率为 62.67%，城镇生活耗水率为 34.77%。不同用水类型耗水量同总耗水量的关系为：生活耗水量占总耗水量的 15.38%，第一产业耗水量占总耗水量的 29.90%，第二产业耗水量占总耗水量的 44.14%，第三产业耗水量占总耗水量的 8.00%，生态环境耗水量占总耗水量的 2.57%。各行政分区部门用水消耗量见表 4-13。

表 4-13　晋城市 2015 年按行政分区部门用水消耗量

单位：耗水量／万 m³，耗水率／%

行政分区		城区	沁水县	阳城县	陵川县	泽州县	高平市	合计
城镇生活	耗水量	287.85	156	148.7	53.4	313	614.18	1 573.13
	耗水率	15	46.15	29.94	20	49.84	70.09	34.77
农村生活	耗水量	0	248	504.57	286	576	442.2	2 056.77
	耗水率	100	100	100	100	100	100	100
农业灌溉	耗水量	479.9	1 236.5	664.1	665	102.2	1 209.4	4 357.1
	耗水率	89.2	82.3	80.6	78.5	83.2	81.3	81.9
林牧渔业	耗水量	88.3	438	318.73	167.5	648	1 037.3	2 697.83
	耗水率	100	100	100	100	100	100	100
工业	耗水量	1 580.92	1 274	2 828.86	233.5	2 207.05	1 904.94	10 029.27
	耗水率	65.97	82.83	67.83	85.13	60.68	47.78	62.67
建筑业	耗水量	85	45	32	45	37	142.5	386.5
	耗水率	100	100	100	100	100	100	100
三产	耗水量	1 260	105	73.1	87	216	146.4	1 887.5
	耗水率	100	100	100	100	100	100	100
生态环境	耗水量	276.96	73.23	106.68	21.45	31.08	97.75	607.15
	耗水率	100	100	100	100	100	100	100
总计	耗水量	4 058.93	3 575.73	4 676.74	1 558.85	4 130.33	5 594.67	23 595.25
	耗水率	57.94	69.39	62.23	88.79	45.27	60.17	54.78

4.5　　排水量分析

排水量亦即废污水排放量是水资源开发利用过程中供、用、耗、排的最后一个环节，是生活和生产用水后排放的已被污染的水量。根据取用水类型可分为城镇污水、农业污水、工业废水和其他废污水。例如城镇污水是城镇生活和三产等排入城市排水系统污水的总称，农业污水是农田灌溉、牲畜饲养及农产品加工等过程排放的污水，工业废水是工业生产过程中工艺、机器设备冷却、烟气洗涤、设备和场地清洗等过程排放的污水。《水文基本术语和符号标准》（GB/T 50095）给出的解释为：废污水排放量指第二产业、第三产业和城镇居民生活等用水户排放的已被污染的水量，其中不包括火电直流冷却水排放量和矿坑水排放量。由于废水排放量受城市常住人口、居民日均生活用水量、工业用水量、万元产值污水量、排水干管长度、中水回用率等因素影响，因此估算时需要相关数据多，工作难度大。废污水排放量一般是通过对排水量的调查统计分析，并结合城镇生活、工业和三产用水量减去耗水量得到的数据综合对比分析而确定的。在污废水排放调查中，最主要的一项工作是入河（湖库）排污口分布、污水排放量的调查，入河污水排放量即是废污水排放量扣除废污水输送过程中的损失量，通过调查入河排污量可得到入河排污系数（入河废污水量占废污水排放量的比值），而后据此对入河排污量进行估算。晋城市的污水主要是城镇生活污水和工业废水。

4.5.1　现状年废污水排放量

根据晋城市入河排污口调查资料和污水处理厂运行资料综合分析估算得2015年晋城市废污水排放总量为 9 082.27 万 m^3，其中生产废水（含工业）排放量为 5 974.50 万 m^3，占全部废污水排放量的 65.8%；城镇生活废污水排放量为 3 107.77 万 m^3，占全部废污水排放量的 34.2%。晋城市 6 个行政分区中，除沁水县、陵川县外，其余县（市、区）都超过了 1 500 万 m^3，废污水排放量最大的是城区，排放量为 2 446.65 万 m^3，最小的是陵川县，排放量为 254.4 万 m^3。城市生活污水排放量最大是城区，其生活污水排放量占全市生活污水排放量 52.5%；工业废水排放量最大的行政分区为高平市，其工业废水排放占整个晋城市工业废水排放量的 34.9%。在废污水排放组成中，除城区、沁水县、陵川县以生活废污水排放为主外，其余各县（市、区）废污水排放量均以工业企业废污水排放量为主，见表 4-14。

表 4-14　2015 年晋城市行政分区废污水排放量　　　单位：万 m³

行政分区	工业企业	城市生活	废污水总量
城区	815.50	1 631.15	2 446.65
沁水县	264.00	338.00	602.00
阳城县	1 341.90	347.90	1 689.80
陵川县	40.80	213.60	254.40
泽州县	1 430.00	315.00	1 745.00
高平市	2 082.30	262.12	2 344.42
合计	5 974.50	3 107.77	9 082.27

4.5.2　污水处理厂建设运行及中水回用分析

4.5.2.1　污水处理厂建设运行情况

晋城市已建成城镇污水处理厂 15 座，污水处理能力约为 27.88 万 m³/d。晋城市各行政区均建有城市污水处理厂，其中城区有污水处理厂 4 座、沁水县 1 座、阳城县 6 座、陵川县 1 座、泽州县 2 座、高平县 1 座，特别是在一些人口集中的乡镇业建有污水处理厂。晋城市城镇污水处理厂概况见表 4-15。

4.5.2.2　中水利用分析

中水又称为再生水，是指生产和生活污废水经处理后达到一定的水质标准，水质一般介于给水和排水的水质之间的可被再次配置使用的水。中水的原水一般是城镇废污水，该部分水源回收再利用不仅可以有效减轻废污水排放对生态环境的压力，而且可以缓解区域水资源短缺，提升水资源的综合利用效率。中水主要利用在工业、景观环境、绿地灌溉、农田灌溉、城市杂用和地下水回灌等方面。本节分析的中水回用主要是城市污水或生活污水经处理后达到一定的水质标准，可在一定范围内使用的杂用水。晋城市现有 15 座城镇污水处理厂处理后可再利用的中水约 7 312.85 万 m³，主要回用为工业冷却和生态环境的用水。其中，工业用水约为 859.00 万 m³，约占中水总处理量的 11.7%；生态环境用水约为 690.78 万 m³，约占中水总处理量的 9.4%；其余 5 758.07 万 m³ 直接排入污水处理厂所在的河流当中，这部分水量约占中水可回用总量的 78.7%。由此可见，晋城市中水可利用的潜力依然很大，见表 4-16。

表 4-15　晋城市城镇污水处理厂概况　　　　单位：万 m³/d

序号	名称	行政区	建设地点	隶属单位	设计处理量	实际处理量
1	晋城蓝焰煤业股份有限公司凤凰山矿生活污水处理厂	城区	北石店镇凤凰山矿	晋城蓝焰煤业股份有限公司凤凰山矿	1	0.7
2	晋城蓝焰煤业股份有限公司古书院矿井水处理厂	城区	城区书院街中段	晋城蓝焰煤业股份有限公司古书院矿	2.2	0.6
3	晋煤集团机关物业污水处理厂	城区	北石店镇刘家川村	晋煤集团机关物业公司	1	0.86
4	晋城市镇源污水处理厂	城区	钟家庄办事处河东村	晋城市住建局	12	10.5
5	山西高平天阳污水净化有限公司	高平	南城办事处庞村	高平市住建局	1.5	1.2
6	陵川县洁美污水处理有限公司	陵川	崇文镇仕图苑社区张门前村	陵川县住建局	0.6	0.3
7	沁水中科久泰环保科技有限公司	沁水	龙港镇小岭村	沁水县住建局	1	0.89
8	阳城县安阳污水处理有限公司	阳城	凤城镇	阳城县住建局	2.2	2.2
9	阳城清源北留污水处理有限公司	阳城	北留镇北村	阳城县北留镇政府	0.5	0.35
10	阳城电厂中水处理工程	阳城	北留镇阳城电厂	阳城电厂	1.44	1.44
11	山西兰花科创田悦化肥有限公司污水处理工段	阳城	北留镇坨村村	山西兰花科创田悦化肥有限公司	0.24	0.12
12	山西金象煤化工有限责任公司污水处理厂	阳城	北留镇王庄村	金象公司	0.36	0.3
13	山西兰花科技创业股份有限公司阳化分公司污水处理站	阳城	阳城县八甲口上孔村	山西兰花科技创业股份有限公司阳化分公司	0.12	0.077
14	山西兰花工业污水处理有限公司	泽州	巴公镇	山西兰花科技创业股份有限公司	3	2.4
15	煤气化厂污水处理站	泽州	周村镇	山西天泽煤化工集团股份公司煤气化厂	0.72	0.56

表 4-16　晋城市中水利用情况统计　　　单位：万 m³/a

序号	名称	中水量	用途			
			生态	工业	农业	直接排放
1	晋城蓝焰煤业股份有限公司凤凰山矿生活污水处理厂	238.18	69.08			169.10
2	晋城蓝焰煤业股份有限公司古书院矿井水处理厂	217.60	102.60	115.00		
3	晋煤集团机关物业污水处理厂	314.00	21.90			292.10
4	晋城市镇源污水处理厂	3 679.00	487.20	29.20		3 162.60
5	山西高平天阳污水净化有限公司	438.00				438.00
6	陵川县洁美污水处理有限公司	109.50				109.50
7	沁水中科久泰环保科技有限公司	324.85				324.85
8	阳城县安阳污水处理有限公司	803.00		75.00		728.00
9	阳城清源北留污水处理有限公司	127.00	10.00	2.00	5.00	110.00
10	阳城电厂中水处理工程	300.00		300.00		
11	山西兰花科创田悦化肥有限公司污水处理工段	43.80		43.80		
12	山西金象煤化工有限责任公司污水处理厂	90.00		90.00		
13	山西兰花科技创业股份有限公司阳化分公司污水处理站	28.00		19.00		9.00
14	山西兰花工业污水处理有限公司	414.92				414.92
15	煤气化厂污水处理站	185.00		185.00		
	合计	7 312.85	690.78	859.00	5.00	5 758.07

4.6　用水水平分析

　　用水水平是经济社会水资源高效利用水平的主要评判依据之一，根据用水类型和用水特点，区域的用水水平常选取综合用水、农业用水、工业用水和生活用水指标等进行分析评价。随着我国节水型社会建设的大力推进和最严格水资源管理政策的实施，全国用水总量持续增长的势头得到有效遏制，各行业的用水效率明显提高，我国用水水平有了较大的提升，各行业节水效果显著。2015 年，全国人均综合用水量 445 m³，万元国内生产总值（当年价）

用水量 90 m³。耕地实际灌溉亩均用水量 394 m³，农田灌溉水有效利用系数 0.536，万元工业增加值（当年价）用水量 58.3 m³，城镇人均生活用水量（含公共用水）217 L/d，农村居民人均生活用水量 82 L/d。全国 2015 年较 2010 年总用水量、各行业用水量及占比变化不大，万元 GDP 用水量下降 30.82%，亩均灌溉用水量下降 6.41%，灌溉水有效利用系数由 0.51 提高到 0.54，万元工业增加值用水量下降 36.99%。但我国万美元 GDP 用水量和万美元工业增加值用水量均高于世界平均水平，与发达国家相比，万美元 GDP 用水量是德国的 12.3 倍、以色列的 12 倍、日本的 7.3 倍和美国的 3.0 倍，万美元工业增加值用水量是德国的 1.8 倍、日本的 6.9 倍。因此，进行水资源用水水平分析可发现和梳理出水资源开发利用存在的问题，为水资源的可持续开发利用提供技术支持，为经济社会的可持续发展和人类社会健康生活保驾护航。

本节用水水平分析按综合用水指标、生活用水指标、农业用水指标和工业用水指标等进行分类计算与分析。综合用水指标包括人均用水量和单位 GDP 用水量，生活用水指标包括城镇生活和农村生活人均用水量，农业用水指标为亩均用水量，工业用水指标为工业增加值的用水量。

4.6.1　综合用水指标

综合用水指标采用人均用水量和万元 GDP 用水量，它们能综合反映区域经济社会发展水平与水资源合理开发利用水平，主要与区域的水资源条件、社会经济发展水平、产业结构布局、节约用水水平、水资源管理水平和科学技术发展水平等密切相关。

4.6.1.1　人均用水量

人均用水量指一定时段一定区域内用水量与人口数的比值，即某地区每年人均用水量，数值为总用水量与总用水人口之比，单位为 m³/(人·a)。可以综合反映一个地区的水资源丰缺程度和经济发展状况，其数值越大，说明区域的用水总量越大，供水压力越大。

1. 现状用水指标

晋城市 2015 年人均用水量为 186.08 m³/人，与山西省人均用水量 201 m³/人相比偏小，远小于全国人均用水量 445 m³/人。各行政分区人均用水量见表 4-17，其中沁水县最大，为 239.33 m³/人，陵川县最小，为 77.03 m³/人。

表 4-17　2015 年晋城市人均用水量统计

行政分区	总人口 / 万人	用水总量 / 万 m³	人均用水量 / (m³/ 人)
城区	49.10	7 435.68	151.45
沁水县	21.53	5 153.23	239.33
阳城县	39.14	8 765.40	223.95
陵川县	23.48	1 808.25	77.03
泽州县	49.07	9 800.20	199.71
高平市	49.18	10 113.35	205.63
晋城市	231.50	43 076.11	186.08

2. 指标变化分析

晋城市 2006—2015 年平均人均用水量 187 m³/ 人。晋城市人均用水量变化情况见图 4-3，2006—2015 年晋城市人均用水量呈先增长后下降的趋势，2007 年最小，为 156 m³/ 人，至 2012 年达到最大值，为 214 m³/ 人。

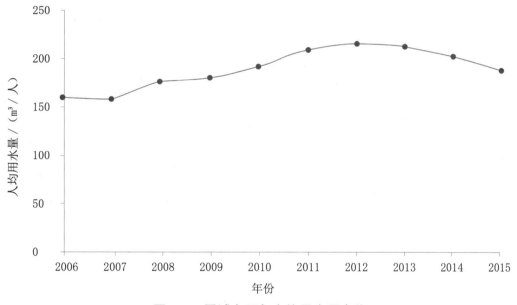

图 4-3　晋城市历年人均用水量变化

4.6.1.2　万元 GDP 用水量

万元 GDP 用水量指一定时期一定区域内平均取得 1 万元区内生产总值 (GDP) 的水资源取用量，通常以年为时段，数值等于区域的年用水总量除以区域的年生产总值。它反映了国家、地区或行业总体经济的用水情况，以及一个国家或地区的用水效率、节水潜力，是国际公认的用水水平分析的通用指标，可比性较强。

1. 现状用水指标

2015 年晋城市 GDP 用水量为 41.41 m³/万元，与山西省 GDP 用水量 57 m³/万元相比偏小，远小于全国 GDP 用水量 90 m³/万元。各行政分区 GDP 用水量见表 4-18。其中陵川县最大，为 53.30 m³/万元，沁水县最小，为 29.85 m³/万元。晋城市的万元 GDP 用水量在国内处于较为先进的水平，但与国际先进国家相比还存在差距，可通过产业结构调整和节水型社会建设，进一步提高用水水平和用水效率。

表 4-18　2015 年晋城市行政分区用水指标

行政分区	GDP/万元	用水总量/万 m³	GDP 用水量/（m³/万元）
城区	239.94	7 435.68	30.99
沁水县	172.65	5 153.23	29.85
阳城县	169.47	8 765.40	51.72
陵川县	33.92	1 808.25	53.30
泽州县	215.67	9 800.20	45.44
高平市	199.73	10 113.35	50.64
晋城市	1 040.24	43 076.11	41.41

2. 指标变化分析

晋城市 2006—2015 年平均 GDP 用水量 60 m³/万元。晋城市 GDP 用水量变化情况见图 4-4，2006—2015 年晋城市 GDP 用水量整体呈现逐渐下降的趋势，2006 年最大，为 97 m³/万元，至 2015 年达到最小值，为 41.41 m³/万元。

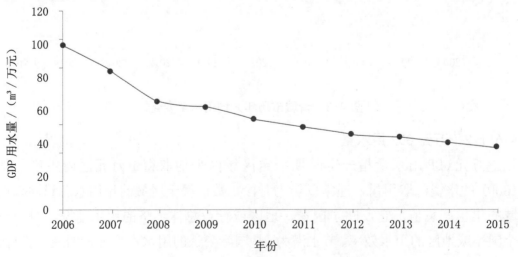

图 4-4　晋城市历年 GDP 用水量变化

从万元 GDP 取水量的变化来看，几乎所有国家的万元 GDP 取水量都随着经济社会的发展逐步下降，其原因是经济发展的同时，科学技术也得到了进步。我国经济现在和将来一段时间里，都将快速发展，随着经济水平提高和技术进步，万元 GDP 用水量将会有所降低，但因经济总体发展，需水也将呈上升趋势。

减少工农业生产用水和经济社会各个领域发展的耗水量，高耗水行业节水技术改造是提高工业用水效率、减少用水量、降低企业成本的重要措施，是工业节水的重点。

4.6.2 生活用水指标

生活用水指标包括城镇生活和农村生活用水指标，统一用人均生活用水量表示。人均生活用水量指每人每天需要的生活用水量，它反映了一个地区的生活水平，是用水水平的一项重要指标。城市居民生活用水主要包括冲洗卫生洁具、洗澡、洗衣、烧煮、清扫、浇洒及家庭洗车等日常用水。农村居民生活用水主要包括餐饮用水、洗涤用水和散养禽畜用水等日常用水。

4.6.2.1 城镇生活用水指标

1. 现状用水指标

2015 年晋城市城镇居民生活人均用水量为 93.26 L/（d·人），与山西省城镇居民生活人均用水量 92 L/（d·人）相比略大，远小于全国城镇居民生活人均用水量 217 L/（d·人）。各行政分区城镇居民生活人均用水量情况见表 4-19，其中城区城镇居民生活人均用水量最大，为 107.09 L/（d·人），其次为沁水县区，城镇居民生活人均用水量为 105.28 L/（d·人），城镇居民生活人均用水量最小的县为阳城县，为 76.28 L/（d·人）。

表 4-19　2015 年城镇生活取水统计

行政分区	总人口 / 万人	城镇居民生活用水量 / 万 m³	城镇居民生活人均用水量 / [L/（d·人）]
城区	49.10	1 919.00	107.09
沁水县	8.80	338.00	105.28
阳城县	17.84	496.60	76.28
陵川县	9.31	267.00	78.61
泽州县	22.33	628.00	77.05
高平市	25.56	876.30	93.92
晋城市	132.93	4 524.90	93.26

2. 指标变化分析

晋城市 2006—2015 年平均城镇居民生活人均用水量 105 L/（d·人）。晋城市历年城镇居民生活人均用水量变化情况见图 4-5，2006—2015 年晋城市城镇居民生活人均用水量变化趋势有升有降，其中 2015 年最小，为 93.26 L/（d·人），2006 年最大，为 146 L/（d·人）。该指标的变化除受城镇居民生活水平变化的影响外，还与节水措施的实施有关。

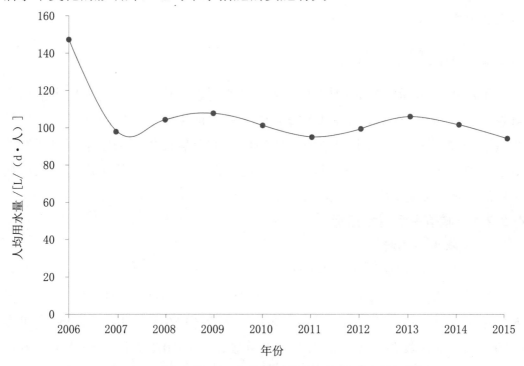

图 4-5　晋城市历年城镇居民生活人均用水量变化曲线

4.6.2.2　农村生活用水指标

1. 现状用水指标

2015 年晋城市农村居民生活人均用水量为 57.17 L/（d·人），略大于山西省农村居民生活人均用水量 54 L/（d·人），小于全国农村居民生活人均用水量 82 L/（d·人）。各行政分区农村居民生活人均用水量情况见表 4-20，其中阳城县农村居民生活人均用水量最大，为 64.89 L/（d·人），其次为泽州县，农村居民生活人均用水量为 59.02 L/（d·人），最小为高平市，农村居民人均用水量为 51.29 L/（d·人）。

2. 指标变化分析

晋城市 2006—2015 年平均农村居民生活人均用水量 48 L/（d·人）。晋城市农村居民生活人均用水量变化情况见图 4-6，2006—2015 年晋城市农村居民生活人均用水量除 2006 年和 2015 年外，整体呈现逐年增加的趋势，其中 2007 年最小，为 22.4 L/（d·人），2014 年最大，为 59.2 L/（d·人）。该指标的变化主要随着农村居民生活水平的提高而变化。

表 4-20   2015 年晋城市农村居民生活用水指标统计

行政分区	农业人口 / 万人	农村居民生活用水量 / 万 m³	农村居民生活人均用水量 / [L/（d·人）]
城区	0.00	0.00	0.00
沁水县	12.74	248.00	53.35
阳城县	21.30	504.57	64.89
陵川县	14.17	286.00	55.30
泽州县	26.74	576.00	59.02
高平市	23.62	442.20	51.29
晋城市	98.57	2 056.77	57.17

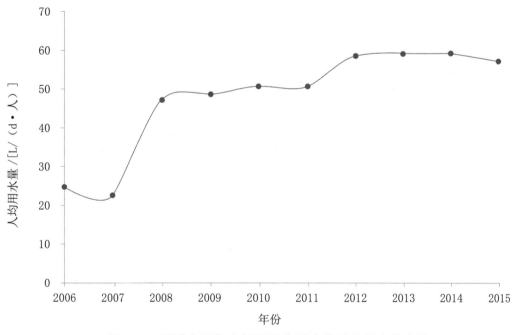

图 4-6   晋城市历年农村居民生活人均用水量变化曲线

4.6.3   农业用水指标

农业用水指标为亩均用水量，指农业生产过程中每亩耕地、林地、草场和鱼塘所需要的用水量，单位为 m³/亩。它综合反映了农业生产的用水水平和节水水平，数值越大表明亩均用水量越多，供水压力越大。计算时按农田灌溉、林果灌溉、草场灌溉和鱼塘补水计算，农田灌溉用水按水田、水浇地和菜田分别计算。本次晋城市农业用水水平分析按农田灌溉、林果地灌溉、草场灌溉和牲畜用水分别计算分析。

4.6.3.1　农田灌溉

1. 现状用水指标

2015 年晋城市农田灌溉亩均用水量为 190.72 m³/亩，小于山西省农田灌溉亩均用水量 186 m³/亩，远小于全国农田灌溉亩均用水量 394 m³/亩。各行政分区农田灌溉亩均用水量情况见表 4-21，其中城区农田灌溉亩均用水量最大，为 281.35 m³/亩，其次为泽州县，为 206.60 m³/亩，亩均灌溉用水量最小为陵川县，为 134.42 m³/亩。

表 4-21　2015 年晋城市农田灌溉用水量统计

行政分区	农田灌溉面积/万亩	农田灌溉用水量/万 m³	农田灌溉亩均用水量/（m³/亩）
城区	4.29	1 207.00	281.35
沁水县	14.81	2 368.00	159.95
阳城县	14.81	2 720.46	183.75
陵川县	4.60	618.20	134.42
泽州县	16.22	3 350.07	206.60
高平市	16.85	3 383.66	200.87
晋城市	71.56	13 647.39	190.72

2. 指标变化分析

晋城市 2006—2015 年平均农田灌溉用水量 231 m³/亩。晋城市农田灌溉用水量变化情况见图 4-7，2006—2015 年晋城市农田灌溉用水量总体变化趋于减少，表明农业用水和节水水平有了一定的提高。变化最大的是 2007 年和 2008 年，2007 年亩均用水量为 172 m³/亩，2008 年亩均用水量为 261 m³/人。该指数的变化受农业灌溉工程建设、农业灌溉节水措施实施以及水资源的丰枯情况、农作物种植种类等的综合作用影响。

4.6.3.2　林果地灌溉

2015 年晋城市林果地灌溉亩均用水量为 130.11 m³/亩，其中城区农田灌溉亩均用水量最大，为 155.00 m³/亩，其次为泽州县和阳城县，分别为 143.79 m³/亩和 130.00 m³/亩，各行政分区林果地灌溉亩均用水量情况见表 4-22。

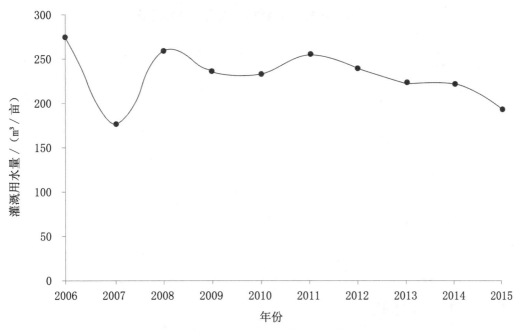

图 4-7　晋城市历年农业灌溉用水量变化曲线

表 4-22　2015 年晋城市林果地灌溉用水量统计

行政分区	林果地灌溉面积 / 万亩	林果地灌溉用水量 / 万 m³	林果地灌溉亩 均用水量 /（m³/亩）
城区	0.42	65.10	155.00
沁水县	2.60	181.00	69.62
阳城县	0.17	22.10	130.00
陵川县	0.18	17.50	100.00
泽州县	0.70	101.00	143.79
高平市	1.20	142.50	118.75
晋城市	4.07	529.20	130.11

4.6.3.3　牲畜养殖

　　牲畜养殖用水水平分析指标为牲畜头均用水量，指每头牲畜每天需要的饮用水量，单位为 L/（d·头）。2015 年晋城市牲畜头均用水量为 26.58 L/（d·头），其中高平市牲畜头均用水量最大，为 39.75 L/（d·头），陵川县最小，为 13 L/（d·头），各行政分区牲畜头均用水量情况见表 4-23。

表 4-23　2015 年晋城市牲畜用水指标统计

行政分区	牲畜数量 / 万头	牲畜用水 / 万 m³	牲畜头均用水 / [L/（d·头）]
城区	2.27	16.30	19.64
沁水县	27.05	142.00	14.38
阳城县	27.43	263.43	26.31
陵川县	19.75	90.50	12.55
泽州县	55.57	519.00	25.59
高平市	52.03	754.80	39.75
晋城市	184.10	1 786.03	26.58

4.6.4　工业用水指标

工业用水指标主要包括万元工业增加值用水量和工业用水重复利用率。万元工业增加值取水量指一定时期内，工业每增加 1 万元增加值需要的水量，通常以年为时段，是表征工业综合用水的水平。数值等于评价地区当年的工业用水总量除以当年的工业增加值，单位为 m³ / 万元。工业用水重复利用率指一定时期内工业用水中重复利用水量占总工业用水量的比例，它也是工业用水水平分析的一项重要指标，可以表征评价地区的工业用水水平。

4.6.4.1　现状用水指标

工业用水指标主要分析万元工业增加值用水量，并对晋城市规模以上 10 个主要工业行业的工业增加值用水量、产值用水量和工业复用水率进行分析。2015 年晋城市工业增加值用水量为 27.2 m³ / 万元，小于全国工业增加值用水量 58 m³ / 万元。各行政分区工业增加值用水量见表 4-24，其中阳城县最大，为 45.5 m³ / 万元，沁水县最小，为 12.3 m³ / 万元。2015 年晋城市工业用水重复利用率为 87.8%，其中泽州县重复利用率最大，为 94.06%，高平市最小，为 27.59%。

为了进一步研究晋城市工业用水水平，对晋城市 10 个主要用水行业的规模以上企业进行了万元工业产值用水量和重复用水率计算（见表 4-25）。根据计算可得，工业产值用水量最大的为电力行业，达 146.7 m³ / 万元。化工行业重复利用率最大，达到 97%。冶金、机械、食品和文教的万元工业产值用水量均小于 10 m³ / 万元，电力、煤炭、化工、建材和纺织行业的重复利用率均大于 80%，文教行业基本无重复用水量。

表 4-24　晋城市 2015 年工业用水指标统计

行政分区	工业增加值 / 万元	工业用水 / 万 m³	万元工业增加值 用水 /（m³ / 万元）	重复利用率 / %
城区	649 488	2 396.42	26.2	66.72
沁水县	1 193 496	1 538.00	12.3	73.31
阳城县	923 107	4 513.25	45.5	88.69
陵川县	68 406	316.10	40.1	81.08
泽州县	1 329 381	4 314.05	27.2	94.06
高平市	1 177 293	3 987.24	26.6	27.59
晋城市	5 330 793	17 065.06	27.2	87.80

表 4-25　晋城市 2015 年规模以上 10 个行业工业用水指标统计

用水行业	万元工业增加值用水 量 /（m³ / 万元）	万元工业产值用水量 /（m³ / 万元）	重复利用率 /%
冶金	37.7	8.7	43
电力	73.7	146.7	89
煤炭	15.5	12.2	84
化工	78.5	29.9	97
机械	32.5	5.7	0
建材	17.2	13.1	86
纺织	19.1	58.4	86
食品	16.9	4.4	69
文教	18.8	2.8	0
其他	17.6	10.2	73

4.6.4.2　指标变化分析

晋城市 2006—2015 年多年平均工业增加值用水量 43 m³ / 万元。晋城市工业增加值用水量变化情况见图 4-8，2006—2015 年晋城市工业增加值用水量一直保持逐渐下降的趋势，它反映了随着工业化进程加快和科技进步，工业用水重复利用逐渐提高，单位产品耗水减少的状况。从变化系列变化可以看到，2006 年工业增加值用水量最大，为 74 m³ / 万元，至 2015 年达到最小值，为 27 m³ / 万元。万元工业增加值用水量的变化与万元 GDP 用水量变化相类似，该指标的变化主要与工农业节水水平的提高、产业结构的调整，以及经济增长速度放缓有关系。

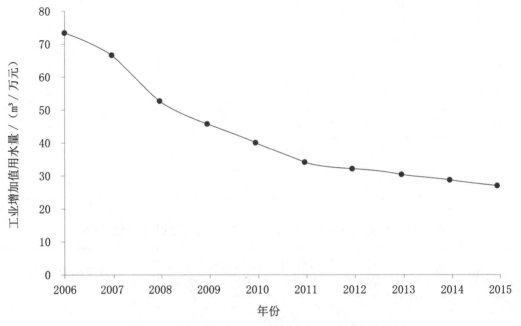

图 4-8　晋城市历年工业增加值用水量变化曲线

4.7　水资源开发利用程度分析

水资源开发利用程度分析是进行水资源科学有序开发利用、合理配置和水资源管理的基础，它是在水资源开发利用现状调查和水资源开发利用变化趋势分析的基础上，结合经济社会发展进行的，它可以为分析水资源开发利用状况、开发利用存在问题以及开发利用潜力提供依据，也可以为水资源可持续开发利用与社会经济可持续发展相协调奠定基础。水资源开发利用程度分析常用的指标有水资源开发利用率和水资源利用程度，水资源开发利用率是指取水量占水资源量的百分比，水资源利用程度是指取水量占水资源可利用量的百分比。通过这两个指标分析可知道区域水资源开发利用的可能性与难度。

4.7.1　地表水资源开发利用程度分析

4.7.1.1　地表水开发利用率

地表水资源开发利用率是指地表水供水量（取水量）占地表水资源量的

百分比，该指标表示区域地表水被利用的程度。地表水供水量指地表水供水工程提供的水量及其调出区域的地表水资源量，但不包括调入的水量。地表水资源量采用晋城市第二次水资源评价结果，1956—2000 年多年平均地表水资源量。

根据晋城市地表水的时空分布特点，除河道内要保持一定的生态环境用水外，河道外用水为主要的供水目标。按地表水开发利用率指标，将地表水资源开发利用状况分为 3 类：

（1）地表水资源开发利用率大于 40% 为高开发利用区。

（2）地表水开发利用率在 20% ～ 40%，为中度开发利用区。

（3）地表水资源开发利用率小于 20%，为低开发利用区。

2015 年晋城市地表水供水量为 18 469.43 万 m³，地表水资源开发利用率为 16.32%，表明晋城市总体属于地表水资源低开发利用区，但各县（市、区）的地表水资源开发利用率分布很不均衡，城区和高平市为地表水高开发利用区，而沁水县、阳城县、陵川县、泽州县为地表水低开发利用区。各行政分区地表水资源开发利用率情况见表 4-26。

表 4-26　晋城市地表水资源开发利用率统计

行政分区	地表水资源量 / 万 m³	地表水供水量 / 万 m³	水量调配 / 万 m³	开发利用率 / %	开发利用状况
城区	1 003	1 840.68	-900	93.8	高开发利用
沁水县	29 321	2 856.53	880	12.7	低开发利用
阳城县	29 746	3 969.21		13.3	低开发利用
陵川县	19 563	1 357.95		6.9	低开发利用
泽州县	30 149	4 230.20	900	17.0	低开发利用
高平市	3 371	4 214.86	-880	98.9	高开发利用
合计	113 153	18 469.43		16.3	低开发利用

4.7.1.2　地表水资源利用程度

地表水资源利用程度指地表水供水量（取水量）占地表水可利用量的百分比，通过对比地表水资源开发利用率的分析，反映各水资源利用分区地表水资源开发利用的可能性。本次评价采用 1956—2000 年多年平均地表水资源可利用量。

根据晋城市地表水资源条件和开发利用实际，参照山西省第二次水资源评价分析方法，利用晋城市地表水资源利用程度指标将山西省地表水资源利用程度划分为 3 类。

（1）地表水开发利用程度大于 60%，为地表水资源高度利用区。

（2）地表水开发利用程度在 20% ~ 60%，为地表水资源中度利用区。

（3）地表水开发利用程度小于 20%，为地表水资源低度利用区。

晋城市地表水资源利用程度为 30.1%，即晋城市总体属地表水资源中度利用区，从技术经济和工程条件等方面分析，沁水县、阳城县、陵川县和泽州县水资源开发利用程度为中度利用水平，尚有一定的开发利用潜力；城区和高平市属水资源开发利用程度达到高度利用水平。各行政分区地表水利用程度见表 4-27。

根据地表水资源开发利用率和利用程度综合评价结果，晋城市地表水资源有进一步开发利用的潜力。从综合评价结果看，沁水县的地表水资源开发利用潜力最大，其次是陵川县；高平市地表水资源开发利用潜力最小，其次是城区。

表 4-27 晋城市地表水利用程度统计

行政分区	地表水资源可利用量 / 万 m³	地表水供水量 / 万 m³	水量调配 / 万 m³	开发利用程度 /%	开发利用程度
城区	577	1 840.68	-900	163.0	高度利用区
沁水县	17 410	2 856.53	880	21.5	中度利用区
阳城县	18 400	3 969.21		21.6	中度利用区
陵川县	5 692	1 357.95		23.9	中度利用区
泽州县	17 360	4 230.20	900	29.6	中度利用区
高平市	2 020	4 214.86	-880	165.1	高度利用区
合计	61 459	18 469.43		30.1	中度利用区

4.7.2 地下水资源开发利用程度分析

地下水作为晋城市的主要供水水源之一，开发利用程度普遍较高，地下水开采主要集中在三姑泉、延河泉两个岩溶泉域的补给区及径流区。2001—2015 年年均地下水开发利用量 19 006.1 万 m³，占总用水量的 52.4%。

地下水开发利用程度用地下水开采系数（K）分析，地下水开采系数等于指地下水实际开采量与地下水可开采量的比值：

$$K=Q_{实际开采量}/Q_{可开采量}$$

式中：K 为年平均地下水开采系数；$Q_{实际开采量}$ 为评价区域地下水实际开采量，万 m³；$Q_{可开采量}$ 为评价区地下水可开采量，万 m³。

根据水利部发布的《地下水超采区评价导则》，按照地下水开采系数（K）将地下水进行分区。

当 $K > 1.20$ 时，为地下水严重超采区。地下水开采强度大，水井密度高，开采量大于可采量，地下水位的年内年际变化与区域地下水位相比，呈明显持续下降态势，地下水严重超采。

当 $1 < K \leqslant 1.2$ 时，为地下水一般超采区。地下水开采强度较大，水井密度较高，开采量大于可采量，地下水位的年内年际变化与区域地下水位相比，呈持续下降态势，地下水超采。

当 $0.8 < K \leqslant 1$ 时，为地下水采补平衡区。地下水开采量与可采量基本持平，地下水位呈波动型的平稳变化，地下水位的年内年际变化与区域地下水位相比，未出现明显变化。

当 $K \leqslant 0.8$ 时，为地下水开发尚有潜力区。地下水开采量小于可开采量，当适当增加开采量后，对相邻地下水水源地或其他水源不产生明显影响。或者水井密度相对较小，仅有零星开采，适当增加开采量不会产生不良后果。

2015 年晋城市地下水开采量为 21 381.98 万 m³，地下水开采系数为 0.54，整体上属于地下水开发尚有潜力的水平。其中城区和高平市 2 个县（区）的开采系数大于 1.2，地下水属严重超采。沁水县的开采系数为 0.91，即 $0.8 < K \leqslant 1$ 属于地下水采补平衡区，但地下水是一种动态资源，采补平衡也只能是现状条件的一种动态平衡，如不断增加沁水县的地下水开采量，则存在平衡区向超采区转化的可能。其余县市的开采系数为：阳城县 0.24、陵川县 0.16、泽州县 0.35，即 $K \leqslant 0.8$ 属于地下水开发尚有潜力区。各行政分区地下水开发利用程度见表 4-28。

表 4-28　晋城市地下水开发利用程度统计

行政分区	地下水资源可开采量 / 万 m³	地下水供水量 / 万 m³	开采系数 /K	开发利用程度
城区	1 800	5 165	2.87	严重超采区
沁水县	2 530	2 296.7	0.91	采补平衡区
阳城县	14 616	3 546.19	0.24	尚有潜力区

续表 4-28

行政分区	地下水资源可开采量 / 万 m³	地下水供水量 / 万 m³	开采系数 /K	开发利用程度
陵川县	2 539	397.8	0.16	尚有潜力区
泽州县	14 054	4 893	0.35	尚有潜力区
高平市	3 881	5 083.29	1.31	严重超采区
合计	39 420	21 381.98	0.54	尚有潜力区

4.8　水资源开发利用存在的问题

随着经济社会的发展，晋城市工业和生活用水逐渐增加，水资源供需矛盾日益加剧，已成为制约社会经济可持续发展及生态环境稳定的关键因素。同时由于水资源分布不均和水资源开发利用不平衡进一步加剧了晋城市水资源的供需矛盾。另外，地下水的不合理开发利用和采煤工农业生产的快速发展，人口增加，以及农业化肥、农药的普遍超量使用，废污水排放总量大幅度增加，水环境在一定程度上遭到严重破坏。目前，晋城市水资源开发利用和保护主要存在以下几个方面的问题：水资源利用模式不合理，存在地表水开发利用挤占河道内生态环境用水、浅层地下水超采、深层承压水开采等问题，引起生态恶化、大面积地下水漏斗和地面沉降等问题。

4.8.1　水资源开发利用不平衡

水资源开发利用不平衡主要是由水资源的自然条件、人口规模和生活水平、经济发展水平和规模以及生态环境等因素所决定的。富在沁河贫在丹河、富在山区贫在盆地、富在下游贫在上游的水资源条件和经济发展的不平衡是晋城市水资源开发利用不平衡的主要原因。晋城市多年的平均水资源量和人均水资源量分别为 131 688 万 m³ 和 626 m³，属山西省相对富水区。从水资源开发利用程度看，2015 年晋城市的地表水开发利用率为 16.3%，地下水开采系数为 0.54，水资源可开发利用的潜力较大。但从各行政分区看，水资源开发利用极不平衡，沁水县、泽州县和阳城县地表水资源相对丰富，地表水人均水资源占有量分别为 1 362 m³、833 m³ 和 760 m³，远大于晋城市人均占有水资源量 489 m³，且三个县的地表水开发利用率分别为 12.7%、17.0%、13.3%，均处于水资源低开发利用区。而处于地表水高开发利用区的城区和高平市，地表水人均占有量仅为 20.43 m³ 和 68.54 m³，地表水开发利用率达到 93.8%

和 98.9%。另外，对于经济相对发达的城区和高平市，地下水开发利用程度也较高，城区和高平市的地下水开采系数分别达到 2.87 和 1.31，均属于地下水严重超采区，但晋城市整体的地下水开采系数为 0.54，即从晋城市全境分析，地下水开发利用属尚有潜力区。综上，晋城市水资源开发利用不平衡主要是由晋城市的水资源分布不均和地区经济发展不平衡引起的，它会随着晋城市城镇化率的逐步提高和社会经济的快速发展而日趋严重，是水资源开发利用中存在的主要问题之一。

4.8.2　地下水超采形成局部超采区

根据晋城市第二次水资源评价成果，地下水资源总量为 89 279 万 m^3/a，可采资源量为 39 420 万 m^3/a。地下水主要有赋存于第三、四系松散岩类中的孔隙水，石炭、二叠、三叠系碎屑岩中的裂隙水，石炭系太原组碎屑岩夹碳酸盐岩层间的岩溶裂隙水，以及寒武、奥陶系碳酸盐岩中的岩溶裂隙水，晋城市地下水开发利用的主要层位为奥陶系岩溶裂隙水。2001—2015 年的多年年均地下水取用水量为 19 006.10 万 m^3，占取用水总量的 52.4%，地表水与地下水取水量所占比例极不合理。2015 年地下水取用水量 21 381.98 万 m^3，占总取用水量的 49.6%，局部地区的地下水严重超采，开采系数达到 2.87。岩溶地下水作为晋城市的主要供水水源，在支撑全市经济社会发展和维系生态环境等方面具有重要的作用。但长期大量的开采，晋城市多地的岩溶地下水位出现大幅下降的现象，如高平一带 30 年地下水位累计下降 60～80 m，巴公—北石店一带累计下降 60～70 m，城区下降 50～60 m，长河流域的下村一带累计下降 60～80 m，阳城县城所在地的地下水位累计下降 60～70 m，已形成晋城城郊超岩溶水采区和高平岩溶水超采区 2 个岩溶水超采区。根据水资源开发利用现状分析，晋城市水资源开发利用结构中地下水取水仍占主导地位，各部门用水也以地下水为主，过量的地下水开采，将会使地下水位继续下降，导致超采区逐步扩大。

4.8.3　采煤对水资源的影响依然存在

晋城市煤炭资源丰富，含煤面积 4 654.4 km^2，占全市国土总面积的 49.01%。无烟煤储量约占全国储量的 1/4、山西省储量的 1/2，主要含煤地层为二叠系山西组、石炭系太原组，主要可采煤层为 3#、9#、15# 煤层。晋城市煤矿经多次兼并重组整合后，保留矿井 129 座，产能 11 230 万 t/a。2015 年晋城市煤炭产量 8 791 万 t，吨煤排水系数在 0.5 左右，矿坑水排放总量约 4 396 万 m^3。

采煤破坏的地下含水层主要有松散层孔隙水与砂岩、页岩（泥岩）及夹层灰岩裂隙岩溶水，即目前煤层的开采层位及其以上的含水岩组均受到破坏，开采 3# 煤的矿坑水主要来源是其上的砂岩裂隙水和第四系孔隙水，开采 9# 和 15# 煤的矿坑水主要来源是煤系地层石灰岩层岩溶裂隙水。另外，采煤对下伏奥陶系岩溶水的影响，一是采煤引起的地面变形、地裂缝等袭夺了地表径流，从而减少了对岩溶水的补给；二是采煤时的降压排水增加了岩溶水的排泄量，且这部分水大部分转化为矿坑排水，利用率较低。采煤引起的地面塌陷、地裂缝以及井巷工程使降水、地表水和地下水的"三水"转化关系发生改变，使部分降水、地表水和地下水由采煤前的水平运动变为垂直运动汇集到井巷成为矿坑水，然后矿坑水又被排出，这一过程导致地下水位下降、含水层疏干、水环境污染等一系列环境问题。同时排出的矿坑水补充了地表水或地下水，经这样不断循环，使局部地表水和地下水受到一定程度的污染。

第 5 章　需水预测

5.1　需水预测概述

水作为基础性的自然资源和战略性的经济资源，是支撑整个经济社会可持续发展和维持生态环境平衡的重要基础因素。近年来，随着社会经济发展、人口增加，人类对水资源需求的提高及水资源的日益短缺等问题日益凸显，水资源供需矛盾更加突出。因此，水资源需求预测（需水预测）已成了各个国家和地区进行水资源规划和配置的主要任务。需水预测一般可分为生活需水预测、生产需水预测、生态需水预测。其中生活需水预测可分为城镇生活需水预测和农村生活需水预测，生产需水预测又分为第一产业（农业）需水预测、第二产业（工业、建筑业）需水预测以及第三产业需水预测，生态需水预测又包括了河道内生态需水预测以及河道外生态需水预测。在需水预测中，不仅要考虑水资源紧缺对社会经济发展的制约作用，而且要考虑技术对水资源开发利用的积极作用。需水预测要以社会经济发展指标为基础，坚持可持续发展原则，统筹考虑各部门、各行业发展对需水的要求；考虑社会经济发展中产业结构及其调整转型以及生产工艺升级改造对需水的影响；分析节水技术和节水措施实施和推广对需水的影响。根据需水预测的目的和预测对象特点的不同，需水预测可分为短期需水预测和长期需水预测。短期需水预测一般是指为用水系统实施优化控制而进行的日预测和时预测，这种预测要求精度高、速度快；长期需水预测一般是指以水资源规划为目的的年预测，它要求预测周期长，考虑因素较多。

需水量预测方法可以分为数学模型法和定额预测法两大类。数学模型方法根据对数据处理方式的不同分为三类：时间序列法、结构分析法和系统方法。定额预测法是需水预测中广泛应用的一种方法，它由用水指标乘以用水定额得出，常用来预测经济社会发展中的中长期需水量。定额法主要涉及两个方面的预测：一个是国民经济发展指标的预测，一个是针对这些指标的用水定额的预测。对于国民经济发展指标，一般主要是分第一、二、三产业的增加值以及人口、灌溉面积、建筑面积等指标，对于用水定额，主要采取万元工业增加值用水量、人均生活日用水量、亩均用水量等。定额预测方法的关键在于用水定额的确定，它随社会、科技进步和国民经济发展而逐渐变化，一般可分为现状用水定额和规划用水定额。现状用水定额是在对现状各行业用水调查分析的基础上，确定出的现状条件下的用水标准和用水定额。规划用水定额是对规划水平年用水的预测与估计，它是在现状水平年用水目标和用水定额的基础上，根据规划水平年的经济发展规划和用水目标做适当估算并结合现状用水定额调整给出的规划水平年用水定额。在进行用水定额确定时，一般是基于现状用水水平和行业用水定额，结合未来社会经济发展规划而定，要着重分析评价不同产业用水定额的变化特点、用水结构和用水量变化趋势及其合理性，它可参照国家或邻区用水标准，由熟悉情况的专家和相关技术人员讨论确定。

5.2　经济社会发展指标分析预测

经济社会发展指标分析预测是需水预测和水资源配置的基础。与需水预测有关的经济社会发展指标包括人口与城镇化进程、农业发展及土地利用指标、工业产值及发展速度等。其中的人口预测成果包括总人口、城镇人口、农村人口、城镇化率等，农业发展及土地利用指标包括农田灌溉面积、林果地灌溉面积、鱼塘面积、牲畜存栏数等。国民经济发展指标预测包括地区生产总值，工业、建筑业及第三产业产值或增加值，以及区域经济社会发展速度、产业结构等。生态环境需水预测指标包括城镇公共绿地和城镇河湖补水面积，以及环境卫生和地下水回灌补水等指标。

5.2.1　人口及城镇化发展指标预测

5.2.1.1　晋城市人口及城镇化历程分析

经济社会发展与人口数量、结构、素质、分布密切相关，人口发展问题是关系经济社会发展的全局性、长期性和根本性的重大问题。城镇化是人口由农村向城镇集聚的过程，其实质是人口经济活动的转移过程，表现形式是农村人口转变为城镇人口、农业人口转变为非农业人口。城镇化是传统农业经济向现代化城镇经济、传统农村文明向现代城镇文明转变的过程，是一个国家或地区从传统的农业社会向先进的现代社会不断转移的必经之路，它涉及产业的转型、新产业的成长、城乡社会结构的调整，其水平的高低是衡量一个国家或地区现代化程度的重要指标。在人类经济社会发展进程中，工业化和城镇化相生相成，互相促进。人口集聚为城镇化提供重要动力，而城镇化进程将进一步促进人口集聚，人口要素与城镇化进程通过经济、社会、文化和环境等方面深度融合，形成密不可分、相互促进的系统。党的十八大提出，坚持走中国特色新型工业化、信息化、城镇化、农业现代化道路，推动信息化和工业化深度融合、工业化和城镇化良性互动、城镇化和农业现代化相互协调，促进工业化、信息化、城镇化、农业现代化同步发展。党的十八大把新型城镇化建设提到一个新的高度，具有重要的战略意义。分析城镇化发展与经济发展的互动关系，探讨如何促进晋城市新型城镇化与经济增长相互协调发展，显得十分必要。

晋城市是典型的资源型经济地区，特殊的工业化道路导致了特殊的城镇化过程。自 1985 年建市以来，城镇化发展大体可以分为三个阶段：第一个阶段是 1985—2000 年，属于农村改革推动阶段。这一时期，农业生产突飞猛进，乡镇企业异军突起，小城镇建设迅速发展，城市人口快速增加，城市建设步伐加快。第二个阶段是 2000—2010 年，属于城市经济体制改革推动阶段。这一时期，乡镇企业和城市改革作为双重动力，成为城市化发展的强大动力。以城市建设、小城镇发展和建立经济开发区为基本途径，城镇化建设全面推进，推动城市化快速发展。第三个阶段是 2010 年至今，属于市场经济体制推动和科学发展阶段。这一时期，城镇化发展水平进入稳步发展阶段，提质与提速并重，加快构建市域经济圈，积极推动六大城市片区建设，推动城市化稳步发展。20 世纪 80 年代以来，人口总量持续增长，2000—2015 年全市总人口增加 15.4 万人，增加 7.1%，年均增长率为 4.6‰。城镇化率从 2000 年的 34.19%，提升到 2015 年的 57.42%，年均增长 1.55%。2000—2015 年晋城市人口及城镇化发展见图 5-1。

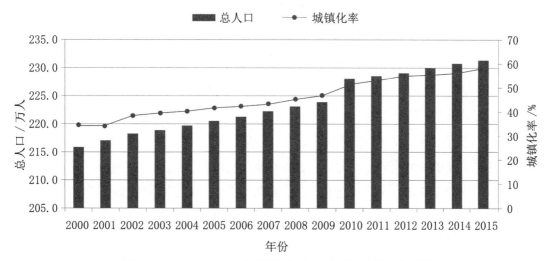

图 5-1 2000—2015 年晋城市人口变化及城镇化情况

5.2.1.2　晋城市人口及城镇化指标预测

1. 晋城市人口及城镇化水平发展现状

近年来，晋城市委、市政府把推进新型城镇化建设，作为促进城乡发展，加快全面建设小康社会步伐的一项重要发展战略来抓，更加注重新型城镇化质量，晋城市人口城镇化水平明显提升，从 2001 年的 34% 增长至 2015 年的57%（见图 5-1），城乡结构不断优化。2015 年末，全市总人口 231.50 万人，城镇人口由 2014 年的 130.43 万人增加到 2015 年的 132.93 万人，增加 2.5万人。其中，城区 49.10 万人，占城镇人口总数的 36.93%；其他 5 个县（市）83.83 万人，占 63.07%。见表 5-1。2015 年晋城市城镇化率高于全国 56.10%和全省 55.03% 的平均水平，达到 57.42%。晋城市城镇化发展的突出特点是近郊及县级市高于其他地区。四县一市中，高平市城镇化水平发展最快，达到51.98%，阳城县第二，为 45.57%，泽州县、沁水县和陵川县的城镇化率分别为 45.51%、40.85% 和 39.64%。

表 5-1　2015 年晋城市人口城乡分布情况

行政分区	总人口 / 万人	城镇人口 / 万人	乡村人口 / 万人	城镇化率 /%
城区	49.10	49.10	0.00	100.00
沁水县	21.53	8.80	12.74	40.85
阳城县	39.14	17.84	21.30	45.57
陵川县	23.48	9.31	14.17	39.64
泽州县	49.07	22.33	26.74	45.51
高平市	49.18	25.56	23.62	51.98
合计	231.50	132.93	98.57	57.42

2. 人口增长率和城镇化率预测

根据发达国家城镇化发展的历史经验，随着经济发展水平的提高，城镇化进程呈现出"S"形的变动轨迹，其全过程可粗略划分为低速增长阶段（城镇化水平低于 30%）、高速增长阶段（城镇化水平在 30% ～ 60%）和成熟的城镇化社会（城镇化水平高于 60%）等 3 个阶段。"十三五"时期是晋城市调整经济结构，全面建成小康社会的关键时期。晋城市对未来的城市发展进行了科学规划与布局，在综合考虑水资源、土地资源、能源和环境等各项资源环境承载力的基础上，提出了"大县城"战略，并以"十大城镇建设工程"和"六大产业园区"为建设平台，来推动晋城市的城镇化建设进程。另外，随着"完善人口发展战略,全面实施一对夫妇可生育两个孩子政策"的全面实施,2015年后晋城市人口增长速率应略为增加,2015—2020年人口年均增长率确定为4.7‰,略高于2000—2015年的4.6‰,相关研究表明,上述政策对人口增长速率的影响会逐渐减小,因此2020—2030年人口年均增长率恢复至4.6‰。城镇化率2020年达到65%、2030年达到69%。

3. 人口发展指标预测

人口发展指标一般包括总人口、城镇人口、农村人口等。人口指标预测可直接采用人口发展规划的成果,或采用人口增长率法、趋势法等预测。或根据计划生育行政管理部门、社会经济信息统计主管部门和宏观调控部门提供的资料进行预测。

(1)已有预测成果。

根据《晋城市水中长期供求规划》,在经济发展和实行计划生育的共同作用下,晋城市人口发展进入了一个新的时期,人口问题由人口数量增长过快转向多元化、复杂化,呈现出新的人口发展特征。以2010年为现状水平年,2020年全市总人口257.76万人,城镇化率为60%;2030年全市总人口265.06万人,城镇化率为67%,见表5-2。

表5-2　《晋城市水中长期供求规划》人口预测

行政分区	水平年	总人口/万人	城镇人口/万人	乡村人口/万人	城镇化率/%
城区	2010	47.73	47.73	0.00	100
	2020	55.39	55.39	0.00	100
	2030	56.96	56.96	0.00	100
泽州	2010	48.44	18.10	30.34	37
	2020	54.58	26.54	28.04	49
	2030	56.12	31.72	24.40	57
阳城	2010	38.89	14.80	24.09	38
	2020	43.82	21.70	22.12	50
	2030	45.06	25.94	19.12	58
高平	2010	48.51	21.35	27.16	44
	2020	54.66	31.30	23.36	57
	2030	56.21	37.41	18.80	67

续表 5-2

行政分区	水平年	总人口 /万人	城镇人口 /万人	乡村人口 /万人	城镇化率 /%
陵川	2010	23.15	7.38	15.77	32
	2020	24.82	10.11	14.71	41
	2030	25.53	12.08	13.45	47
沁水	2010	21.31	7.04	14.27	33
	2020	24.49	10.42	14.07	43
	2030	25.18	12.46	12.72	49
合计	2010	228.03	116.40	111.63	51
	2020	257.76	155.46	102.30	60
	2030	265.06	176.57	88.49	67

（2）采用综合增长率法。

以 2015 年为现状水平年，2015—2020 年人口年均增长率为 4.7‰，2020—2030 年人口年均增长率为 4.6‰，根据人口综合年均增长率预测人口规模，按下式计算：

$$P_t = P_0 (1+r)^n$$

式中：P_t 为预测目标年末人口规模；P_0 为预测基准年人口规模；r 为人口年均增长率；n 为预测年限（$n=t-t_0$，t_0 为现状基准年，t 为预测基准年）。

2020 年全市总人口 236.99 万人，城镇化率为 65%；2030 年全市总人口 248.12 万人，城镇化率为 69%。

（3）采用指数增长法。

以 2015 年为现状水平年，2015—2020 年人口年均增长率为 4.7‰，2020—2030 年人口年均增长率为 4.6‰，运用指数增长模型预测未来人口规模，按下式计算：

$$P_t = P_0 e^{rn}$$

2020 年全市总人口 237 万人，城镇化率为 65%；2030 年全市总人口 248 万人，城镇化率为 69%。

根据规划成果、综合增长率和指数增长 3 种方法预测的人口数量基本相同，故本次预测 2020 年全市总人口为 237 万人，城镇化率为 65%；2030 年全市总人口为 248 万人，城镇化率为 69%，见表 5-3。

表 5-3　人口预测结果

行政分区	水平年	总人口 / 万人	城镇人口 / 万人	乡村人口 / 万人	城镇化率 /%
城区	2015	49.10	49.10	0.00	100
	2020	50.26	50.26	0.00	100
	2030	52.62	52.62	0.00	100
沁水县	2015	21.53	8.80	12.74	41
	2020	22.04	11.02	11.02	50
	2030	23.08	12.70	10.38	55
阳城县	2015	39.14	17.84	21.30	46
	2020	40.07	20.03	20.03	50
	2030	41.95	23.08	18.87	55
陵川县	2015	23.48	9.31	14.17	40
	2020	24.03	11.54	12.50	48
	2030	25.16	13.29	11.87	53
泽州县	2015	49.07	22.33	26.74	46
	2020	50.24	30.14	20.09	60
	2030	52.59	34.72	17.87	66
高平市	2015	49.18	25.56	23.62	52
	2020	50.35	30.21	20.14	60
	2030	52.71	34.80	17.91	66
合计	2015	231.50	132.93	98.57	57
	2020	236.99	153.20	83.79	65
	2030	248.11	171.20	76.92	69

5.2.2　国民经济发展指标预测

国民经济发展指标包括地区生产总值、第一产业、第二产业（工业、建筑业）及第三产业产值或增加值，以及区域经济社会发展速度、产业结构等。国民经济发展预测一般根据国民经济和社会发展规划及有关行业规划、专项规划的成果，或宏观调控部门、经济综合管理部门和社会经济信息统计主管部门提供的资料等进行预测。

5.2.2.1　产值预测

改革开放以来，晋城市充分发挥了毗邻中原的地缘优势，大胆创新，保持经济社会的可持续发展，1985—2015 年 30 年间，晋城市 GDP 年均增长 11.0%，人均 GDP 年均增长 10.30%。晋城市过去 30 年的快速发展主要是依靠资源要素的较多投入实现的。近年来，这种粗放式的发展模式日益受到严峻的挑战，过去支撑晋城快速发展的经济技术和社会条件已经发生了重大改变，晋城市经济发展已经从高速增长期转入平稳增长期。

根据晋城市国民经济和社会发展"十三五"规划，按照全面建成小康社会新的目标要求，综合考虑未来发展趋势和条件，"十三五"期间晋城市经济社会发展的主要目标任务是：力推经济发展转型升级。通过推进转型升级，实现经济稳步增长，确保到 2020 年实现地区生产总值和城乡居民人均收入比 2010 年翻一番。工业化、信息化水平进一步提高，投资效率和企业效益明显上升，煤炭安全、绿色、清洁、高效开发利用水平不断提高，传统产业竞争力不断增强，新兴产业形成规模，服务业比重不断提高，农业现代化迈上新台阶。

根据晋城市"十三五"期间的预期目标，地区生产总值年均增长 6.5% 左右，晋城市现阶段经济发展处于平稳增长期，地区生产总值的年均增长率有放缓趋势，2020—2030 年地区生产总值年均增长 5.0% 左右，根据晋城市节水型社会建设的相关规划成果，2020 年三次产业结构调整为 5.08∶50.41∶44.51，2030 年三次产业结构调整为 5.47∶41.61∶52.92，以 2015 年为现状年，各行政分区生产总值情况见表 5-4，规划 2020 年晋城市生产总值为 1 425 亿元，其中第一产业 72 亿元，第二产业 718 亿元，第三产业 634 亿元；2030 年晋城市生产总值为 2 163 亿元，其中第一产业 118 亿元，第二产业 900 亿元，第三产业 1 144 亿元（见表 5-4）。

5.2.2.2　第一产业发展预测

第一产业主要包括种植业、林业、畜牧业、水产养殖业等直接以自然物为

表 5-4 生产总值预测结果 单位：万元

| 行政分区 | 水平年 | 生产总值 | 第一产业 | 第二产业 | | 第三产业 |
				合计	工业	
城区	2015 年	2 399 397	8 874	836 573	649 488	1 553 950
	2020 年	3 315 617	13 050	1 042 287	808 992	2 431 024
	2030 年	5 031 017	21 322	1 305 448	1 013 250	4 385 740
沁水县	2015 年	1 726 507	56 856	1 241 469	1 193 496	428 182
	2020 年	2 385 781	83 614	1 546 747	1 486 599	669 855
	2030 年	3 620 112	136 613	1 937 277	1 861 943	1 208 466
阳城县	2015 年	1 694 690	99 295	976 075	923 107	619 320
	2020 年	2 341 815	146 025	1 216 092	1 149 807	968 874
	2030 年	3 553 399	238 585	1 523 137	1 440 116	1 747 918
陵川县	2015 年	339 231	48 216	97 635	68 406	193 380
	2020 年	468 768	70 908	121 644	85 205	302 527
	2030 年	711 294	115 853	152 357	106 718	545 780
泽州县	2015 年	2 156 705	129 547	1 373 950	1 329 381	653 208
	2020 年	2 980 252	190 515	1 711 805	1 655 855	1 021 889
	2030 年	4 522 145	311 275	2 144 010	2 073 933	1 843 560
高平市	2015 年	1 997 282	149 528	1 240 831	1 177 293	606 923
	2020 年	2 759 953	219 899	1 545 952	1 466 417	949 480
	2030 年	4 187 869	359 285	1 936 281	1 836 665	1 712 929
合计	2015 年	10 402 397	492 315	5 756 793	5 330 793	4 153 288
	2020 年	14 252 185	724 011	7 184 527	6 652 875	6 343 648
	2030 年	21 625 836	1 182 933	8 998 510	8 332 625	11 444 393

对象的生产部门，它的发展指标包括农田灌溉面积、林果地灌溉面积、牧草灌溉面积、鱼塘面积、牲畜存栏数等，以及耕地面积、主要作物的播种面积、农业产值（增加值、粮食产量）等。第一产业指标一般采用总体规划的成果，或根据土地行政主管部门、农业发展主管部门和水行政主管部门收集的资料进行预测。进行耕地面积预测时，应遵循国家有关土地管理法规与政策以及退耕还林还草还湖等有关政策，考虑基础设施建设和工业化、城市化发展等占地的影响。预测灌溉面积时，宜以水行政主管部门的现状统计数据为基础。

晋城市现阶段农业增长速度平缓，第一产业中的农业和牧业所占比重较大，2015 年农业产值占第一产业总产值的比重为 46.1%，牧业为 47.4%，林业为 3.9%，渔业为 0.5%，服务业为 2.1%。根据《晋城市国民经济与社会发展第十三个五年规划纲要》，"十三五"期间要加快发展现代农业，延伸农业产业链条，形成农业与工业、服务业融合互动发展的新格局。

1. 农业（种植业）

根据《晋城市统计年鉴》，2015 年晋城市共有耕地面积 307.05 万亩，有效灌溉面积 71.56 万亩。根据《晋城市水利发展"十三五"规划》，"十三五"期间规划建设高平市丹河灌区改扩建工程，新增灌溉面积 3 万亩；阳城县西北灌区工程，新增灌溉面积 5 万亩；杜河提水沿线农田灌溉工程，新增灌溉面积 4.5 万亩，第一片区 3.61 万亩，位于阳城县，第二片区 0.89 万亩，位于泽州县。结合《晋城市国民经济与社会发展第十三个五年规划纲要》特色农业发展目标，规划 2020 年耕地有效灌溉面积增长为 84.06 万亩，2030 年保持在 84.06 万亩。各分区灌溉面积规划结果见表 5-5。

2. 林牧畜渔业

（1）林业。

根据《晋城市国民经济和社会发展第十三个五年规划纲要》中"十三五"期间要求加强重点林业生态工程建设，大力发展现代林业，巩固提升"国家森林城市"创建成果。加强森林经验，推进国有林场改革，引导全省参与林业生态建设。规划林果地灌溉面积从 2015 年的 52 700 亩增加至 2020 年的 54 149 亩，保持增长速率不变，规划至 2030 年增加至 57 168 亩，见表 5-6。

（2）畜牧业。

2015 年牲畜总头数 184.10 万头，大牲畜头数为 1.78 万头，小牲畜头数为 182.32 万头，根据《2016 晋城统计年鉴》2000—2015 年牲畜总头数总体呈递增的趋势，大牲畜头数有所减少，近年来趋于稳定，小牲畜头数持续增加，受市场需求的变化影响，变化的幅度差别较大。受《关于对畜牧业发展扶持政策进行调整的暂行办法》《关于印发促进畜牧业进一步持续健康安全发展的资金补贴办法的通知》等一系列政策的扶持，拉动了大量社会资金投入畜牧业，晋城市畜牧业发展势头良好，"十三五"期间规划集中打造现代都市农业，建立特色农业产业基地。综合分析，规划至 2020 年牲畜总头数增长为 245.86 万头，其中大牲畜 1.87 万头，小牲畜 243.99 万头；至 2030 年牲畜总头数增长为 439.02 万头，其中大牲畜 2.07 万头，小牲畜 436.95 万头，预测结果见表 5-6。

表 5-5　耕地灌溉面积预测结果　　　　　　　单位：万亩

行政分区	水平年	耕地面积	有效灌溉面积
城区	2015 年	5.40	4.29
	2020 年	5.40	4.29
	2030 年	5.40	4.29
沁水县	2015 年	48.90	14.81
	2020 年	48.90	14.81
	2030 年	48.90	14.81
阳城县	2015 年	58.50	14.81
	2020 年	58.50	23.42
	2030 年	58.50	23.42
陵川县	2015 年	48.30	4.60
	2020 年	48.30	4.60
	2030 年	48.30	4.60
泽州县	2015 年	76.50	16.22
	2020 年	76.50	17.11
	2030 年	76.50	17.11
高平市	2015 年	69.45	16.85
	2020 年	69.45	19.85
	2030 年	69.45	19.85
晋城市	2015 年	307.05	71.56
	2020 年	307.05	84.06
	2030 年	307.05	84.06

表 5-6 林牧渔业发展预测结果

行政分区	水平年	林果地灌溉面积/亩	鱼塘面积/亩	大牲畜/万头	小牲畜/万头	牲畜总数/万头
城区	2015 年	4 200	37.84	0.06	2.22	2.27
	2020 年	4 316	38.46	0.06	2.97	3.03
	2030 年	4 556	39.71	0.07	5.31	5.38
沁水县	2015 年	26 000	630.65	0.23	26.82	27.05
	2020 年	26 715	641.90	0.24	35.90	36.14
	2030 年	28 205	664.40	0.27	64.28	64.55
阳城县	2015 年	1 700	182.06	0.35	27.08	27.43
	2020 年	1 747	183.31	0.37	36.24	36.60
	2030 年	1 844	185.81	0.40	64.90	65.30
陵川县	2015 年	1 800	326.29	0.08	19.67	19.75
	2020 年	1 850	330.04	0.09	26.32	26.41
	2030 年	1 953	337.54	0.10	47.14	47.24
泽州县	2015 年	7 000	153.55	0.98	54.59	55.57
	2020 年	7 193	157.30	1.03	73.05	74.08
	2030 年	7 594	164.80	1.14	130.82	131.96
高平市	2015 年	12 000	767.74	0.08	51.95	52.03
	2020 年	12 330	768.99	0.09	69.52	69.60
	2030 年	13 017	771.49	0.09	124.49	124.59
晋城市	2015 年	52 700	2 098.13	1.78	182.32	184.10
	2020 年	54 149	2 120.00	1.87	243.99	245.86
	2030 年	57 168	2 163.75	2.07	436.95	439.02

（3）渔业。

为了提升渔业质量、打造渔业品牌、调整渔业发展结构，引领渔业向健康、持续、优质、安全方向发展，促进农民持续增收，"十三五"期间，规划实施隆泰鑫养殖有限公司流水池塘改造项目、沁水县水产养殖重点项目、阳城县水产养殖重点项目等 7 个渔业养殖中心调整产业结构、增加名优产品的渔业改造项目，总投资 1 750 万元。规划鱼塘面积将从 2015 年的 2 098.13 亩增加至 2020 年的 2 120.00 亩，保持增长速率不变，至 2030 年增加至 2 163.75 亩。

5.2.2.3　第二产业发展预测

第二产业即广义的工业和建筑业，工业主要是指采矿业、制造业、电力、燃气及水的生产和供应业，建筑业指房屋建筑业、土木工程建筑业、建筑安装业以及建筑装饰、装修和其他建筑业。晋城市是典型的资源型城市，多年来依靠煤炭资源进行经济发展，尽管自 2010 年开始，受煤炭需求下行的影响，晋城市第二产业比重呈现出逐年下滑的态势，从 63.6% 下降到 2015 年的 55.3%，但仍大于第一产业和第三产业的总和，可见第二产业仍然是晋城市经济发展的主导性产业。

1. 工业

根据晋城市经济现状和国民经济发展规划，晋城市的工业发展依然是以能源和原材料为主导的重型结构，虽然受到宏观经济增速放缓、能源结构调整和大气污染治理等多重因素影响，但随着晋城市工业结构的优化调整，以及煤炭矿井改造和整合重组，煤电一体化发展和煤炭产业链伸延进程的加快，以煤为基础多元发展的煤炭产业新体系正在形成，煤层气、装备制造、煤化工、新材料、电子信息、新能源汽车等新兴产业发展态势良好。非煤工业总产值占规模工业以上比重逐渐增加。2015 年工业增加值为 533.08 亿元，规模以上工业增加值为 372.96 亿元，占工业增加值的 70%，主要产业有冶金、化工、纺织和电力等高耗水行业，煤炭、机械、建材、食品、文教等一般工业。"十三五"期间，通过加快实施低碳创新发展工程、新兴产业培育壮大工程、传统产业改造提升工程、开发区和产业园区提质升级工程等重大科技创新工程，在煤基产业、现代农业、生物医药、新材料、环境保护等领域组织实施一批重点科技项目，开展重大共性关键技术的研发及集成应用，充分发挥重大工程和重大项目对科技创新的引领和促进作用，经济增长按年均 6.5% 计，规划至 2020 年工业增加值 531.65 亿元，2030 年工业增加值 665.89 亿元。

2. 建筑业

建筑业是国民经济的重要组成部分，它在经济社会建设中发挥着创造物质财富、吸纳农业转移人口、促进城镇化发展等重要作用。它与国家和地区经济的发展、人民生活的改善密切相关，已经成为拉动国民经济快速增长的重要力量，在我国经济体系中的地位越来越重要，1978 年建筑业增加值占GDP 的比重为 3.8%，2015 年尽管较前几年有所回落，但其增加值也达到 6.86%。随着晋城市城镇化推进和人民生活的不断提高，建筑业发展平稳快速增长，

2015 年建筑业增加值达到 42.6 亿元，占 GDP 的比重为 4.1%，房屋施工面积 353.86 万 ㎡。

根据晋城市人口和城镇化发展规划以及国民经济发展规划，2020 年规划建筑施工面积 451.62 万 ㎡，2030 年 735.64 万 ㎡，各行政分区预测结果见表 5-7。

表 5-7　第二产业指标预测结果

行政分区	水平年	工业增加值 / 万元	建筑施工面积 / 万 ㎡
城区	2015 年	187 085.00	196.68
	2020 年	233 295.16	251.01
	2030 年	292 198.64	408.88
沁水县	2015 年	47 973.00	9.04
	2020 年	60 147.86	11.54
	2030 年	75 334.29	18.80
阳城县	2015 年	52 968.00	19.55
	2020 年	66 285.44	24.95
	2030 年	83 021.50	40.65
陵川县	2015 年	29 229.00	2.97
	2020 年	36 438.11	3.79
	2030 年	45 638.18	6.17
泽州县	2015 年	44 569.00	50.35
	2020 年	55 949.89	64.27
	2030 年	70 076.38	104.68
高平市	2015 年	63 538.00	75.26
	2020 年	79 535.17	96.06
	2030 年	99 616.59	156.47
合计	2015 年	426 000.00	353.86
	2020 年	531 651.63	451.62
	2030 年	665 885.58	735.64

5.2.2.4　第三产业发展预测

在我国,第三产业指除第一、二产业外的其他行业,主要有交通运输、仓储、邮政业,信息传输、批发和零售业,计算机服务和软件业,金融业,租赁商务服务业,住宿和餐饮业,房地产业,科学研究、技术服务和地质侦查业,环境和公共设施管理业,水利、教育、居民服务和其他服务业,社会保障和社会福利业,公共管理和社会组织、文化、体育和娱乐业,国际组织等。

生活性服务业转型升级、生产性服务业加快发展是发展的现实态势和客观需求。以文化旅游为龙头带动,大力发展现代物流、信息技术、节能环保、电子商务、文化创意、健康养老等现代服务业,推动向精细化、规模化和高品质方向转变,构建“高增值、强辐射、广就业”的现代服务业体系。“十三五”期间,服务业增加值占 GDP 的比重达到 45% 以上。通过加快五大新兴产业发展,到“十三五”末,培育出超百亿增长的新的增长极,为全市发展增加新的动力。2015 年第三产业增加值为 415.33 亿元,到 2020 年规划增长至 634.36 亿元,2030 年规划增长至 1 144.44 亿元。

5.2.3　城镇生态环境发展预测

城镇生态环境需水量指为保持城镇良好的生态环境所需要的水量,主要包括城镇河湖需水量、城镇绿地建设需水量和城镇环境卫生需水量。随着人民生活水平的逐步提高,城市生态环境日益完善和谐,城市绿地覆盖率进一步提高,人均公共绿地面积逐步增大。自“十二五”期间晋城市启动建设中心城市 396 km² 环城生态圈、城东景观水系、吴王山森林公园,城市建成区绿化覆盖率达到 45.8%。完成造林 49.78 万亩,全市森林覆盖率预计达到 41.75%。在“十三五”期间,着力建设“一心、一环、两廊、两带、多斑块”中心城市环城生态圈,将北至苔山、南至晋普山、东至丹河、西至玉屏山的 396 km² 打造成山水环抱、林在城中、城在林中的生态格局。提升陵川、沁水县生态水平,重点实施两山造林、两网绿化工程,突出抓好环城绿化、村庄绿化、道路绿化和矿区绿化。规划到 2020 年人均绿地面积达到 25.76 m²,2030 年人均绿地面积达到 28.10 m²。

5.3　生活需水预测

生活需水就是满足人类生活所需的水量,它分为城镇居民生活需水和农村居民生活需水两类,一般采用定额法进行预测。

需水基本方案是在现状节水水平和相应的节水措施基础上，基本保持现有节水投入力度确定的方案。强化节水需水方案是在进一步加大节水投入力度，强化需水管理，抑制需水过快增长，进一步提高用水效率和节水水平等各种措施后确定的。随着城镇化进程的推进、居民生活水平的提高和居住条件的改善，生活用水定额将逐步提高。

5.3.1　城镇生活需水

城镇生活用水定额是指在一定时间内城镇生活按照相应的核算单元确定的用水量的限额，包括城镇居民生活用水定额和城镇公共生活用水定额。晋城市 2015 年全市平均城镇居民生活毛用水（指小生活）指标为 93.26 L/（d·人），管网损失率为 13%，净用水（指小生活）指标为 80.99 L/（d·人）。结合晋城市人口及城镇化指标的预测结果，根据《山西省用水定额》的不同规模的城镇居民生活用水定额，规划晋城市 2020 年净用水定额将提高到 88.99 L/（d·人），2030 年净用水定额将提高到 97.63 L/（d·人）。保持现有节水投入力度，确定城镇生活需水基本方案，晋城全市城镇居民生活（指小生活）2015 年毛需水量为 4 524.9 万 m³，2020 将增加到 5 747.7 万 m³，2030 将增加到 7 053.2 万 m³。各行政分区城镇生活需水预测结果见表 5-8。

根据《晋城市水利发展"十三五"规划》的城市节水规划，加大节水投入力度，强化需水管理，在城镇生活需水基本方案的基础上，确定强化节水方案，城镇生活供水系统水利用系数由 2015 年的 87% 分别提高到 2020 年、2030 年的 89%、92%。晋城全市城镇居民生活（指小生活）2015 年毛需水量为 4 524.9 万 m³，2020 年将增加到 5 587.8 万 m³，2030 年将增加到 6 640.3 万 m³。各行政分区城镇生活需水预测结果见表 5-9。

5.3.2　农村生活需水

为了深入推进新农村建设，全面改善农村生产生活条件，加快实现全面小康社会，解决农村水利综合保障能力不强的问题，"十三五"期间，晋城市农村饮水安全，严格遵循"节水优先、空间均衡、系统治理、两手发力"的新时期治水思路，全市规划农村饮水安全巩固提升工程 1 084 处，估算总投资 57 087.90 万元，工程总受益人口 97.14 万人。

农村居民生活用水定额指在一定时间内农村居民人均生活用水量（指新水量）的限额。晋城市 2015 年全市平均农村居民生活用水定额为

57.17 L/（d·人），2020 年、2030 年将分别提高到 62.99 L/（d·人）、
69.36 L/（d·人）。晋城全市农村居民生活 2015 年需水量为 2 056.8 万 m³，
规划 2020 年、2030 年分别为 1 926.4 万 m³、1 947.2 万 m³。各行政分区农村
生活需水预测结果见表 5-10。

表 5-8　城镇生活需水基本方案预测结果

行政分区	水平年	城镇人口 /万人	净用水定额/[L/（d·人）]	净需水量/ 万 m³	水利用系数 /%	毛需水量/ 万 m³
城区	2015 年	49.10	95.31	1 707.9	89	1 919.0
	2020 年	50.26	100.00	1 834.5	89	2 061.2
	2030 年	52.62	110.00	2 112.7	89	2 373.8
沁水县	2015 年	8.80	87.17	279.9	83	338.0
	2020 年	11.02	100.00	402.3	83	485.9
	2030 年	12.70	110.00	509.7	83	615.6
阳城县	2015 年	17.84	66.97	436.0	88	496.6
	2020 年	20.03	80.00	585.0	88	666.3
	2030 年	23.08	90.00	758.1	88	863.5
陵川县	2015 年	9.31	66.81	227.0	85	267.0
	2020 年	11.54	80.00	336.8	85	396.3
	2030 年	13.29	90.00	436.5	85	513.6
泽州县	2015 年	22.33	65.49	533.8	85	628.0
	2020 年	30.14	80.00	880.1	85	1 035.4
	2030 年	34.72	90.00	1 140.6	85	1 341.8
高平市	2015 年	25.56	79.83	744.9	85	876.3
	2020 年	30.21	85.00	937.3	85	1 102.6
	2030 年	34.80	90.00	1 143.2	85	1 344.9
合计	2015 年	132.93	80.99	3 929.4	87	4 524.9
	2020 年	153.20	88.99	4 976.0	87	5 747.7
	2030 年	171.20	97.63	6 100.8	87	7 053.2

表 5-9　城镇生活需水强化节水方案预测结果

行政分区	水平年	城镇人口/万人	净用水定额/[L/(d·人)]	净需水量/万 m³	水利用系数/%	毛需水量/万 m³
城区	2015 年	49.10	95.31	1 707.9	89	1 919.0
	2020 年	50.26	100.00	1 834.5	91	2 015.9
	2030 年	52.62	110.00	2 112.7	93	2 271.7
沁水县	2015 年	8.80	87.17	279.9	83	338.0
	2020 年	11.02	100.00	402.3	87	462.4
	2030 年	12.70	110.00	509.7	91	560.2
阳城县	2015 年	17.84	66.97	436.0	88	496.6
	2020 年	20.03	80.00	585.0	90	650.0
	2030 年	23.08	90.00	758.1	92	824.0
陵川县	2015 年	9.31	66.81	227.0	85	267.0
	2020 年	11.54	80.00	336.8	88	382.8
	2030 年	13.29	90.00	436.5	92	474.5
泽州县	2015 年	22.33	65.49	533.8	85	628.0
	2020 年	30.14	80.00	880.1	87	1 011.6
	2030 年	34.72	90.00	1 140.6	90	1 267.3
高平市	2015 年	25.56	79.83	744.9	85	876.3
	2020 年	30.21	85.00	937.3	88	1 065.1
	2030 年	34.80	90.00	1 143.2	92	1 242.6
合计	2015 年	132.93	80.99	3 929.4	87	4 524.9
	2020 年	153.20	88.99	4 976.0	89	5 587.8
	2030 年	171.20	97.63	6 100.8	92	6 640.3

表 5-10　农村生活需水预测结果

行政分区	水平年	乡村人口 / 万人	用水定额 / [L/（d·人）]	需水量 / 万 m³
城区	2015 年	0.00	0.00	0.0
	2020 年	0.00	0.00	0.0
	2030 年	0.00	0.00	0.0
沁水县	2015 年	12.74	53.35	248.0
	2020 年	11.02	58.68	236.1
	2030 年	10.38	64.55	244.6
阳城县	2015 年	21.30	64.89	504.6
	2020 年	20.03	71.38	522.0
	2030 年	18.87	78.52	540.9
陵川县	2015 年	14.17	55.30	286.0
	2020 年	12.50	60.83	277.5
	2030 年	11.87	66.91	290.0
泽州县	2015 年	26.74	59.02	576.0
	2020 年	20.09	64.92	476.1
	2030 年	17.87	71.41	465.9
高平市	2015 年	23.62	51.29	442.2
	2020 年	20.14	56.42	414.8
	2030 年	17.91	62.06	405.8
合计	2015 年	98.57	57.17	2 056.8
	2020 年	83.79	62.99	1 926.4
	2030 年	76.92	69.36	1 947.2

5.3.3　城乡居民生活总需水

　　根据以上城镇生活和农村生活需水量预测的结果，汇总得到基本方案和强化节水方案各水平年城乡居民生活总需水量。基本方案 2015 年城乡居民生活总需水量为 6 581.7 万 m³，2020 年为 7 674.1 万 m³，2030 年为 9 000.4 万 m³；

强化节水方案 2015 年城乡居民生活总需水量为 6 581.7 万 ㎥，2020 年为 7 514.2 万 ㎥，2030 年为 8 587.4 万 ㎥，预测结果见表 5-11。

表 5-11　城乡生活需水预测结果　　　　　　单位：万 ㎥

行政分区	水平年	基本方案			强化节水方案		
		城镇生活需水量	农村生活需水量	总需水量	城镇生活需水量	农村生活需水量	总需水量
城区	2015 年	1 919.0	0.0	1 919.0	1 919.0	0.0	1 919.0
	2020 年	2 061.2	0.0	2 061.2	2 015.9	0.0	2 015.9
	2030 年	2 373.8	0.0	2 373.8	2 271.7	0.0	2 271.7
沁水县	2015 年	338.0	248.0	586.0	338.0	248.0	586.0
	2020 年	485.9	236.1	721.9	462.4	236.1	698.5
	2030 年	615.6	244.6	860.2	560.2	244.6	804.8
阳城县	2015 年	496.6	504.6	1 001.2	496.6	504.6	1 001.2
	2020 年	666.3	522.0	1 188.3	650.0	522.0	1 172.0
	2030 年	863.5	540.9	1 404.3	824.0	540.9	1 364.9
陵川县	2015 年	267.0	286.0	553.0	267.0	286.0	553.0
	2020 年	396.3	277.5	673.7	382.8	277.5	660.2
	2030 年	513.6	290.0	803.5	474.5	290.0	764.5
泽州县	2015 年	628.0	576.0	1 204.0	628.0	576.0	1 204.0
	2020 年	1 035.4	476.1	1 511.6	1 011.6	476.1	1 487.8
	2030 年	1 341.8	465.9	1 807.7	1 267.3	465.9	1 733.2
高平市	2015 年	876.3	442.2	1 318.5	876.3	442.2	1 318.5
	2020 年	1 102.6	414.8	1 517.4	1 065.1	414.8	1 479.8
	2030 年	1 344.9	405.8	1 750.7	1 242.6	405.8	1 648.4
合计	2015 年	4 524.9	2 056.8	6 581.7	4 524.9	2 056.8	6 581.7
	2020 年	5 747.7	1 926.4	7 674.1	5 587.8	1 926.4	7 514.2
	2030 年	7 053.2	1 947.2	9 000.4	6 640.3	1 947.2	8 587.4

5.4　生产需水预测

对于生产需水，进行了需水变化趋势和三次产业需水结构分析；对于总需水，进行了总需水变化趋势和社会经济需水结构分析。

5.4.1　第一产业需水预测

5.4.1.1　农业（种植业）需水

1. 需水量计算方法

农田灌溉需水主要受到灌溉面积、灌溉制度、灌溉作物组成、灌溉定额以及灌溉水利用系数的影响。农田灌溉需水量计算公式如下：

$$W_毛 = \frac{\sum_{j=1}^{m} A_j W_j}{\eta} \tag{5-1}$$

式中：$W_毛$为研究区毛灌溉需水量；A_j为第j种作物的种植面积；W_j为第j种作物的灌溉定额；m为作物类数；η为研究区综合灌溉水利用系数。

2. 需水量预测

农田灌溉需水基本方案为保持现有的灌溉节水水平，即综合灌溉水利用系数保持不变得出的需水量。强化节水方案为"十三五"期间节水技术和节水管理完善后灌溉水有效利用系数增大情况下的需水预测。

（1）农田灌溉需水基本方案。

晋城市的农作物主要有以小麦和玉米为主的谷物，另外还有豆类、薯类、棉花和蔬菜等，2015 年各行政分区作物种植结构见表 5-12，其中粮食播种面积约占主要农作物播种面积的 96%。根据《山西省用水定额》，晋城市城区、沁水县、阳城县、陵川县、泽州县、高平市均属晋东南Ⅲ类灌溉分区，在 50% 保证率和 75% 保证率下，各类农作物灌溉用水定额见表 5-13。

2015 年晋城市农田灌溉水亩均毛用水量为 190.72 m³／亩，灌溉水利用系数为 0.59，结合《山西省用水定额》和作物种植结构综合分析，2015 年晋城市农田灌溉亩均净用水量为 111.84 m³／亩。因为 2015 年降水量为 548.6 mm，属于晋城市第二次水资源评价中频率为 75% 的降雨范围，因而将其实际灌溉净定额作为保证率为 75% 的灌溉净定额。

表 5-12　主要农作物播种面积　　　　　　　　单位：万亩

行政分区	粮食作物					蔬菜	合计
	小计	小麦	玉米	豆类	薯类		
城区	3.495	2.25	0.6	0.6	0.045	0.45	3.945
沁水县	37.29	5.1	29.1	2.4	0.69	1.8	39.09
阳城县	44.49	13.2	29.4	1.65	0.24	1.5	45.99
陵川县	29.145	0.15	26.55	0.3	2.145	0.9	30.045
泽州县	92.31	45.15	9.6	36.9	0.66	2.55	94.86
高平市	46.41	4.2	37.2	4.35	0.66	3	49.41
合计	253.14	70.05	132.45	46.2	4.44	10.2	263.34

表 5-13　《山西省用水定额》各类农作物灌溉用水定额　　　单位：m³/亩

水文年（保证率）	小麦	玉米	豆类	薯类	蔬菜
50%	145	60	40	60	125
75%	170	120	80	100	156.25

注：蔬菜以各种蔬菜的平均值计。

保持现有的灌溉节水水平，即综合灌溉水利用系数保持不变，作为农田灌溉需水的基本方案。随着有效灌溉面积的增加，保证率为 50% 时，规划至 2020 年晋城市农业灌溉毛需水量为 11 271.7 万 m³，2030 年农业灌溉毛需水量为 10 316.0 万 m³，P=50% 的农业灌溉需水基本方案预测结果见表 5-14。

P=75% 的农业灌溉需水基本方案预测结果为：2020 年、2030 年灌溉净定额为 111.84 m³/亩，净需水量 9 393.1 万 m³，农田灌溉水有效利用系数达到 0.59，毛需水量 16 016.0 万 m³。P=75% 的农业灌溉需水基本方案预测结果见表 5-15。

（2）农田灌溉需水强化节水方案。

根据《2016 晋城市统计年鉴》，晋城市 2000—2015 年农作物种植结构变化不大，尤其是 2011—2015 年，基本保持不变，预测 2020 年、2030 年农作物的种植结构与 2015 年基本相同，即亩均灌溉净用水定额基本保持不变。"十三五"期间，晋城市节水型社会规划的重点任务包括大力开展农业节水工作，且作为最严格水资源管理制度的考核要求，随着节水技术的提高、节水工作的推进，农田灌溉水有效利用系数也随之增大，规划至 2020 年农田灌溉水有效利用系数达 0.63，2030 年达 0.69，作为农业灌溉需水的强化节水方

表 5-14　P=50% 农业灌溉需水基本方案预测结果

行政分区	水平年	净需水定额 / (m³/亩)	净需水量 / 万 m³	农田灌溉水有效利用系数	毛需水定额 / (m³/亩)	毛需水量 / 万 m³
城区	2015 年	125.55	538.6	0.65	193.15	828.6
	2020 年	125.55	538.6	0.70	179.35	769.4
	2030 年	125.55	538.6	0.75	167.39	718.1
沁水县	2015 年	76.09	1 126.6	0.57	133.50	1 976.4
	2020 年	76.09	1 126.6	0.60	126.82	1 877.6
	2030 年	76.09	1 126.6	0.65	117.07	1 733.2
阳城县	2015 年	88.55	1 311.0	0.59	150.09	2 222.1
	2020 年	88.55	2 073.5	0.65	136.24	3 190.0
	2030 年	88.55	2 073.5	0.70	126.51	2 962.1
陵川县	2015 年	63.98	294.2	0.58	110.30	507.3
	2020 年	63.98	294.2	0.60	106.63	490.4
	2030 年	63.98	294.2	0.65	98.42	452.7
泽州县	2015 年	96.94	1 571.9	0.58	167.14	2 710.1
	2020 年	96.94	1 658.2	0.63	153.87	2 632.0
	2030 年	96.94	1 658.2	0.70	138.49	2 368.8
高平市	2015 年	73.41	1 236.5	0.58	126.56	2 132.0
	2020 年	73.41	1 456.8	0.63	116.52	2 312.3
	2030 年	73.41	1 456.8	0.70	104.87	2 081.1
晋城市	2015 年	84.95	6 078.9	0.59	145.01	10 376.6
	2020 年	84.95	7 147.8	0.63	134.09	11 271.7
	2030 年	84.95	7 147.8	0.69	122.72	10 316.0

表 5-15　P=75% 农业灌溉需水基本方案预测结果

行政分区	水平年	净需水定额 /（m³/亩）	净需水量 /万 m³	农田灌溉水有效利用系数	毛需水定额 /（m³/亩）	毛需水量 /万 m³
城区	2015 年	182.88	784.6	0.65	281.35	1 207.0
	2020 年	182.88	784.6	0.65	281.35	1 207.0
	2030 年	182.88	784.6	0.65	281.35	1 207.0
沁水县	2015 年	91.17	1 349.8	0.57	159.95	2 368.0
	2020 年	91.17	1 349.8	0.57	159.95	2 368.0
	2030 年	91.17	1 349.8	0.57	159.95	2 368.0
阳城县	2015 年	108.41	1 605.1	0.59	183.75	2 720.5
	2020 年	108.41	2 538.5	0.59	183.75	4 302.6
	2030 年	108.41	2 538.5	0.59	183.75	4 302.6
陵川县	2015 年	77.96	358.6	0.58	134.42	618.2
	2020 年	77.96	358.6	0.58	134.42	618.2
	2030 年	77.96	358.6	0.58	134.42	618.2
泽州县	2015 年	119.83	1 943.0	0.58	206.60	3 350.1
	2020 年	119.83	2 049.7	0.58	206.60	3 533.9
	2030 年	119.83	2 049.7	0.58	206.60	3 533.9
高平市	2015 年	116.50	1 962.5	0.58	200.87	3 383.7
	2020 年	116.50	2 312.0	0.58	200.87	3 986.3
	2030 年	116.50	2 312.0	0.58	200.87	3 986.3
晋城市	2015 年	111.84	8 003.5	0.59	190.72	13 647.4
	2020 年	111.84	9 393.1	0.59	190.53	16 016.0
	2030 年	111.84	9 393.1	0.59	190.53	16 016.0

案。随着有效灌溉面积的增加，保证率为 50% 时，规划 2020 年灌溉净定额为
85.03 ㎥/亩，净需水量 7 147.8 万 ㎥，毛需水量 11 271.7 万 ㎥；2030 年灌
溉净定额为 85.03 ㎥/亩，净需水量 7 147.8 万 ㎥，毛需水量 10 316.0 万 ㎥。
P=50% 的农业灌溉需水强化节水方案预测结果见表 5-16。

表 5-16　P=50% 农业灌溉需水强化节水方案预测结果

行政分区	水平年	净需水定额 /（㎥/亩）	净需水量 /万 ㎥	农田灌溉水有效利用系数	毛需水定额 /（㎥/亩）	毛需水量 /万 ㎥
城区	2015 年	125.55	538.6	0.65	193.15	828.6
	2020 年	125.55	538.6	0.70	179.35	769.4
	2030 年	125.55	538.6	0.75	167.39	718.1
沁水县	2015 年	76.09	1 126.6	0.57	133.50	1 976.4
	2020 年	76.09	1 126.6	0.60	126.82	1 877.6
	2030 年	76.09	1 126.6	0.65	117.07	1 733.2
阳城县	2015 年	88.55	1 311.0	0.59	150.09	2 222.1
	2020 年	88.55	2 073.5	0.65	136.24	3 190.0
	2030 年	88.55	2 073.5	0.70	126.51	2 962.1
陵川县	2015 年	63.98	294.2	0.58	110.30	507.3
	2020 年	63.98	294.2	0.60	106.63	490.4
	2030 年	63.98	294.2	0.65	98.42	452.7
泽州县	2015 年	96.94	1 571.9	0.58	167.14	2 710.1
	2020 年	96.94	1 658.2	0.63	153.87	2 632.0
	2030 年	96.94	1 658.2	0.70	138.49	2 368.8
高平市	2015 年	73.41	1 236.5	0.58	126.56	2 132.0
	2020 年	73.41	1 456.8	0.63	116.52	2 312.3
	2030 年	73.41	1 456.8	0.70	104.87	2 081.1
晋城市	2015 年	84.95	6 078.9	0.59	145.01	10 376.6
	2020 年	85.03	7 147.8	0.63	134.09	11 271.7
	2030 年	85.03	7 147.8	0.69	122.72	10 316.0

保证率为 75% 时，规划 2020 年灌溉净定额为 111.74 ㎥/亩，净需水量
9 393.11 万 ㎥，毛需水量 14 796.76 万 ㎥；2030 年灌溉净定额为 111.74 ㎥/

亩，净需水量 9 393.11 万 m³，毛需水量 13 531.74 万 m³。$P=75\%$ 的农业灌溉需水强化节水方案预测结果见表 5-17。

表 5-17　$P=75\%$ 农业灌溉需水强化节水方案预测结果

行政分区	水平年	净需水定额/（m³/亩）	净需水量/万 m³	农田灌溉水有效利用系数	毛需水定额/（m³/亩）	毛需水量/万 m³
城区	2015 年	182.88	784.55	0.65	281.35	1 207.00
	2020 年	182.88	784.55	0.70	261.26	1 120.79
	2030 年	182.88	784.55	0.75	243.84	1 046.07
沁水县	2015 年	91.17	1 349.76	0.57	159.95	2 368.00
	2020 年	91.17	1 349.76	0.60	151.95	2 249.60
	2030 年	91.17	1 349.76	0.65	140.26	2 076.55
阳城县	2015 年	108.41	1 605.07	0.59	183.75	2 720.46
	2020 年	108.41	2 538.52	0.65	166.79	3 905.42
	2030 年	108.41	2 538.52	0.70	154.88	3 626.46
陵川县	2015 年	77.96	358.56	0.58	134.42	618.20
	2020 年	77.96	358.56	0.60	129.94	597.60
	2030 年	77.96	358.56	0.65	119.94	551.63
泽州县	2015 年	119.83	1 943.04	0.58	206.60	3 350.07
	2020 年	119.83	2 049.69	0.63	190.21	3 253.47
	2030 年	119.83	2 049.69	0.70	171.19	2 928.13
高平市	2015 年	116.50	1 962.52	0.58	200.87	3 383.66
	2020 年	116.50	2 312.03	0.63	184.93	3 669.89
	2030 年	116.50	2 312.03	0.70	166.44	3 302.91
晋城市	2015 年	111.84	8 003.50	0.59	190.72	13647.39
	2020 年	111.74	9 393.11	0.63	176.03	14 796.76
	2030 年	111.74	9 393.11	0.69	160.98	13 531.74

5.4.1.2　林牧渔业需水

灌溉林地和牧场需水预测采用定额预测方法，其计算步骤类似于农田灌溉需水量。根据灌溉水源和供水系统，分别确定田间水利用系数和各级渠系水利用系数；结合林果地与牧场发展面积预测指标，进行林地和牧场灌溉需水量预测。鱼塘补水量为维持鱼塘一定水面面积和相应水深所需要补充的水量，采用亩均补水定额方法计算，亩均补水定额则根据鱼塘渗漏量及水面蒸发量与降水量的差值加以确定。牲畜用水同前述的生活需水预测方法进行预测。

晋城市林果地灌溉净需水定额以 2015 年实际用水指标为准，为 85.35 ㎥/亩。晋城市的畜牧业大牲畜以牛为主，小牲畜包括猪和羊，各行政分区牲畜养殖结构见表 5-18。牲畜养殖用水指标以 2015 年实际用水指标为准，为 26.58 L/（头·d）。根据《山西省用水定额》选择鱼塘补水净需水定额为 1 550 ㎥/亩。参照山西其他地区的水利用系数调查分析结果，结合晋城市的实际情况，林果地灌溉、牲畜养殖和鱼塘补水的水利用系数均取 0.85。

表 5-18　2015 年畜牧业牲畜养殖结构　　　　　　单位：头

行政分区	大牲畜					小牲畜			合计
	小计	牛	马	驴	骡	小计	猪	羊	
城区	569	569				22 173	10 428	11 745	22 742
沁水县	2 296	2 112	71	14	99	268 237	47 992	220 245	270 533
阳城县	3 481	3 458	5	11	7	270 785	162 562	108 223	274 266
陵川县	834	735	6	82	11	196 707	127 898	68 809	197 541
泽州县	9 836	9 836				545 856	352 349	193 507	555 692
高平市	809	787	22			519 464	455 358	64 106	520 273
晋城市	17 825	17 497	104	107	117	1 823 222	1 156 587	666 635	1 841 047

随着林牧渔业的发展，各行政分区规划结果见表 5-19。2015 年灌溉林果地毛需水 529.2 万 ㎥，牲畜养殖毛需水 1 786.0 万 ㎥，鱼塘补水毛需水 382.6 万 ㎥；规划 2020 年灌溉林果地毛需水 543.8 万 ㎥，牲畜养殖毛需水 2 385.6 万 ㎥，鱼塘补水毛需水 386.6 万 ㎥；规划 2030 年灌溉林果地毛需水 574.1 万 ㎥，牲畜养殖毛需水 4 260.9 万 ㎥，鱼塘补水毛需水 394.6 万 ㎥。

表 5-19　林牧渔业需水预测结果　　　　　　单位：万 m³

行政分区	水平年	净需水量			毛需水量		
		林果地	牲畜	鱼塘	林果地	牲畜	鱼塘
城区	2015 年	55.3	13.9	5.9	65.1	16.3	6.9
	2020 年	56.9	18.4	6.0	66.9	21.7	7.0
	2030 年	60.0	32.8	6.2	70.6	38.6	7.2
沁水县	2015 年	153.9	120.7	97.8	181.0	142.0	115.0
	2020 年	158.1	161.2	99.5	186.0	189.7	117.1
	2030 年	166.9	288.0	103.0	196.3	338.8	121.2
阳城县	2015 年	18.8	223.9	28.2	22.1	263.4	33.2
	2020 年	19.3	298.8	28.4	22.7	351.6	33.4
	2030 年	20.4	533.1	28.8	24.0	627.2	33.9
陵川县	2015 年	14.9	76.9	50.6	17.5	90.5	59.5
	2020 年	15.3	102.8	51.2	18.0	121.0	60.2
	2030 年	16.1	184.0	52.3	19.0	216.4	61.6
泽州县	2015 年	85.9	441.2	23.8	101.0	519.0	28.0
	2020 年	88.2	588.1	24.4	103.8	691.9	28.7
	2030 年	93.1	1 047.6	25.5	109.6	1 232.5	30.1
高平市	2015 年	121.1	641.6	119.0	142.5	754.8	140.0
	2020 年	124.5	858.3	119.2	146.4	1 009.8	140.2
	2030 年	131.4	1 536.4	119.6	154.6	1 807.5	140.7
晋城市	2015 年	449.8	1 518.1	325.2	529.2	1 786.0	382.6
	2020 年	462.2	2 027.8	328.6	543.8	2 385.6	386.6
	2030 年	488.0	3 621.8	335.4	574.1	4 260.9	394.6

5.4.1.3　第一产业总需水

根据以上需水量预测的结果，汇总得到各水平年第一产业总需水量。基本方案下，保证率为 50% 时，2015 年第一产业毛需水为 13 074.4 万 ㎥，规划 2020 年为 15 513.2 万 ㎥，2030 年为 17 426.9 万 ㎥；保证率为 75% 时，2015 年第一产业毛需水为 16 345.2 万 ㎥，规划 2020 年第一产业毛需水为 19 331.9 万 ㎥，2030 年第一产业毛需水为 21 245.6 万 ㎥。各行政分区第一产业需水基本方案预测结果见表 5-20。

表 5-20　第一产业需水基本方案预测结果　　　　　单位：万 ㎥

行政分区	水平年	P=50% 毛需水量			P=75% 毛需水量		
		农业灌溉	林牧渔业	合计	农业灌溉	林牧渔业	合计
城区	2015 年	828.6	88.3	916.9	1 207.0	88.3	1 295.3
	2020 年	828.6	95.6	924.2	1 207.0	95.6	1 302.6
	2030 年	828.6	116.4	945.0	1 207.0	116.4	1 323.4
沁水县	2015 年	1 976.4	438.0	2 414.4	2 368.0	438.0	2 806.0
	2020 年	1 976.4	492.7	2 469.1	2 368.0	492.7	2 860.7
	2030 年	1 976.4	656.3	2 632.8	2 368.0	656.3	3 024.3
阳城县	2015 年	2 222.1	318.7	2 540.8	2 720.5	318.7	3 039.2
	2020 年	3 514.4	407.7	3 922.1	4 302.6	407.7	4 710.3
	2030 年	3 514.4	685.1	4 199.5	4 302.6	685.1	4 987.6
陵川县	2015 年	507.3	167.5	674.8	618.2	167.5	785.7
	2020 年	507.3	199.2	706.5	618.2	199.2	817.4
	2030 年	507.3	297.0	804.2	618.2	297.0	915.2
泽州县	2015 年	2 710.1	648.0	3 358.1	3 350.1	648.0	3 998.1
	2020 年	2 858.9	824.4	3 683.3	3 533.9	824.4	4 358.3
	2030 年	2 858.9	1 372.1	4 231.0	3 533.9	1 372.1	4 906.0
高平市	2015 年	2 132.0	1 037.3	3 169.3	3 383.7	1 037.3	4 421.0
	2020 年	2 511.7	1 296.4	3 808.1	3 986.3	1 296.4	5 282.7
	2030 年	2 511.7	2 102.7	4 614.4	3 986.3	2 102.7	6 089.0
晋城市	2015 年	10 376.6	2 697.8	13 074.4	13 647.4	2 697.8	16 345.2
	2020 年	12 197.3	3 315.9	15 513.2	16 016.0	3 315.9	19 331.9
	2030 年	12 197.3	5 229.6	17 426.9	16 016.0	5 229.6	21 245.6

　　强化节水方案下，保证率为 50% 时，2015 年第一产业毛需水为 13 074.4 万 m³，规划 2020 年为 14 587.7 万 m³，2030 年为 15 545.6 万 m³；保证率为 75% 时，2015 年第一产业毛需水为 16 345.2 万 m³，规划 2020 年为 18 112.7 万 m³，2030 年为 18 761.3 万 m³。各行政分区第一产业需水强化节水方案预测结果见表 5-21。

表 5-21　第一产业需水强化节水方案预测结果　　　　单位：万 m³

行政分区	水平年	P=50% 毛需水量			P=75% 毛需水量		
		农业灌溉	林牧渔业	合计	农业灌溉	林牧渔业	合计
城区	2015 年	828.6	88.3	916.9	1 207.0	88.3	1 295.3
	2020 年	769.4	95.6	865.0	1 120.8	95.6	1 216.4
	2030 年	718.1	116.4	834.5	1 046.1	116.4	1 162.5
沁水县	2015 年	1 976.4	438.0	2 414.4	2 368.0	438.0	2 806.0
	2020 年	1 877.6	492.7	2 370.3	2 249.6	492.7	2 742.3
	2030 年	1 733.2	656.3	2 389.5	2 076.6	656.3	2 732.9
阳城县	2015 年	2 222.1	318.7	2 540.8	2 720.5	318.7	3 039.2
	2020 年	3 190.0	407.7	3 597.7	3 905.4	407.7	4 313.1
	2030 年	2 962.1	685.1	3 647.2	3 626.5	685.1	4 311.5
陵川县	2015 年	507.3	167.5	674.8	618.2	167.5	785.7
	2020 年	490.4	199.2	689.5	597.6	199.2	796.8
	2030 年	452.7	297.0	749.6	551.6	297.0	848.6
泽州县	2015 年	2 710.1	648.0	3 358.1	3 350.1	648.0	3 998.1
	2020 年	2 632.0	824.4	3 456.4	3 253.5	824.4	4 077.8
	2030 年	2 368.8	1 372.1	3 740.9	2 928.1	1 372.1	4 300.2
高平市	2015 年	2 132.0	1 037.3	3 169.3	3 383.7	1 037.3	4 421.0
	2020 年	2 312.3	1 296.4	3 608.7	3 669.9	1 296.4	4 966.3
	2030 年	2 081.1	2 102.7	4 183.8	3 302.9	2 102.7	5 405.6
晋城市	2015 年	10 376.6	2 697.8	13 074.4	13 647.4	2 697.8	16 345.2
	2020 年	11 271.7	3 315.9	14 587.7	14 796.8	3 315.9	18 112.7
	2030 年	10 316.0	5 229.6	15 545.6	13 531.7	5 229.6	18 761.3

5.4.2 第二产业需水预测

5.4.2.1 工业需水

工业需水预测是一项比较复杂的工作。因行业繁多，需水情况差异很大，给分析计算带来诸多不便。因此，工业需水通常采用定额预测法，定额预测法是水资源规划配置中广泛采用的一种方法，它以综合用水定额计算规划水平年用水量预测的一种微观预测方法。工业需水计算公式如下：

$$W_{\text{工}} = \frac{\sum_{i=1}^{m} X_t W_i}{\eta} \tag{5-2}$$

式中：$W_{\text{工}}$ 为水平年工业需水量；X_t 为第 t 水平年工业部门的工业发展指标，W_i 为规划水平年第 i 工业部门的用水定额，该值可选取万元增加值需水量或单位产品需水量。

根据 2015 年晋城市用水统计，晋城市规模以上工业用水主要涉及冶金、电力、煤炭、化工、机械、建材、纺织、食品、文教和其他 10 个行业，其中冶金、化工和纺织为高用水工业，高用水工业占规模以上工业增加值的 29.8%。晋城市的电力行业分为水电和火电，以火电为主，占总发电量的 95.6%。根据《山西省用水定额》和规模以上各行业所占工业产值的比重，采用分行业需水指标预测法，结合现状年行业工业产值取水量情况，预测各行业工业产值取水量。各行业预测结果见表 5-22 和表 5-23。

根据"十三五"时期，要按照推进新型工业化和绿色低碳发展要求，实施"传统优势产业提升、新兴潜力产业培育、农副产品加工业壮大"工程。加快传统产业结构调整、技术进步和企业重组，做大做强煤炭、铸造、煤化工、电力和建材建瓷五大产业。积极扶持市场潜力大、产业基础好、带动作用强的煤层气综合利用、装备制造、电子信息业、新能源汽车等行业。壮大丝麻、特色食品加工、中药材等农副产品加工业。未来工业的发展仍旧以电力和高用水的冶金、纺织，及用水量较高的机械、建材、煤炭等为主，预测 2020 年万元工业增加值净用水量减少 5%，2030 年在 2020 年的基础上减少 5%。同时考虑到输水损失，一般工业、高用水工业和火电工业水利用系数均取 90%。根据《2015 晋城市水资源公报》，现状年晋城市工业取水重复利用率为 87.8%。

综合考虑各县（市、区）不同工业行业的增长情况，规划至 2020 年工业取水重复利用率增加至 88.4%，2030 年增加至 88.8%，作为工业需水基本方

表 5-22　工业各行业需水基本方案预测结果

行业		水平年	万元工业增加值取水量/（m³/万元）	工业总取水量/万 m³	总复用水率/%
高用水工业	冶金	2015 年	37.70	417.02	42.8
		2020 年	21.34	415.43	43.0
		2030 年	20.97	408.14	44.0
	化工	2015 年	78.50	2 536.39	96.5
		2020 年	59.32	2 175.65	97.0
		2030 年	39.55	1 450.43	98.0
	纺织	2015 年	19.10	14.90	86.5
		2020 年	15.51	14.33	87.0
		2030 年	14.32	13.22	88.0
一般工业	煤炭	2015 年	15.50	3 487.59	83.8
		2020 年	14.83	3 436.13	84.0
		2030 年	13.90	3 221.37	85.0
	机械	2015 年	32.50	235.49	0.0
		2020 年	32.14	233.14	1.0
		2030 年	31.81	230.78	2.0
	建材	2015 年	17.20	57.81	86.3
		2020 年	16.36	54.85	87.0
		2030 年	15.10	50.63	88.0
	食品	2015 年	16.90	85.08	68.9
		2020 年	16.89	84.84	69.0
		2030 年	16.34	82.10	70.0
	文教	2015 年	18.80	0.80	0.0
		2020 年	18.69	0.80	0.5
		2030 年	18.59	0.79	1.0
	其他	2015 年	17.60	475.05	72.8
		2020 年	17.43	471.16	73.0
		2030 年	17.43	471.16	73.0
电力工业		2015 年	73.70	2 790.23	89.0
		2020 年	61.03	2 530.20	90.0
		2030 年	54.92	2 277.18	91.0

表 5-23　工业各行业需水强化节水方案预测结果

行业		水平年	万元工业增加值取水量 / (m³/万元)	工业总取水量 / 万 m³	总复用水率 / %
高用水工业	冶金	2015 年	37.70	417.02	42.8
		2020 年	20.97	408.14	44.0
		2030 年	20.60	400.85	45.0
	化工	2015 年	78.50	2 536.39	96.5
		2020 年	39.55	1 450.43	98.0
		2030 年	19.77	725.22	99.0
	纺织	2015 年	19.10	14.90	86.5
		2020 年	14.32	13.22	88.0
		2030 年	13.12	12.12	89.0
一般工业	煤炭	2015 年	15.50	3 487.59	83.8
		2020 年	13.90	3 221.37	85.0
		2030 年	12.97	3 006.61	86.0
	机械	2015 年	32.50	235.49	0.0
		2020 年	31.81	230.78	2.0
		2030 年	31.49	228.43	3.0
	建材	2015 年	17.20	57.81	86.3
		2020 年	15.10	50.63	88.0
		2030 年	13.84	46.42	89.0
	食品	2015 年	16.90	85.08	68.9
		2020 年	16.34	82.10	70.0
		2030 年	15.80	79.37	71.0
	文教	2015 年	18.80	0.80	0.0
		2020 年	18.50	0.79	1.5
		2030 年	18.40	0.78	2.0
	其他	2015 年	17.60	475.05	72.8
		2020 年	16.78	453.71	74.0
		2030 年	16.78	453.71	74.0
电力工业		2015 年	73.70	2 790.23	89.0
		2020 年	54.92	2 277.18	91.0
		2030 年	48.82	2 024.16	92.0

案，规划至 2020 年工业毛需水 16 299.0 万 m³，2030 年工业毛需水 15 894.1 万 m³；规划至 2020 年工业取水重复利用率增加至 89.1%，2030 年增加至 90.2%，作为工业需水强化节水方案，则规划至 2020 年工业毛需水 15 307.6 万 m³，2030 年工业毛需水 13 935.2 万 m³。需水预测结果见表 5-24。

表 5-24　工业需水预测结果

行政分区	水平年	基本方案		强化节水方案	
		工业需水量 / 万 m³	重复利用率 /%	工业需水量 / 万 m³	重复利用率 /%
城区	2015 年	2 396.4	66.7	2 396.4	66.7
	2020 年	1 941.6	67.1	1 921.8	67.4
	2030 年	1 925.2	67.7	1 864.2	68.7
沁水县	2015 年	1 538.0	73.3	1 538.0	73.3
	2020 年	1 783.9	73.7	1 758.9	74.0
	2030 年	2 010.9	74.4	1 922.6	75.5
阳城县	2015 年	4 513.3	88.7	4 513.3	88.7
	2020 年	4 599.2	89.1	4 410.4	89.6
	2030 年	4 032.3	90.0	3 482.9	91.4
陵川县	2015 年	316.1	81.1	316.1	81.1
	2020 年	315.3	83.1	276.2	85.2
	2030 年	288.1	87.4	134.0	94.1
泽州县	2015 年	4 314.1	94.6	4 314.1	94.6
	2020 年	4 139.6	94.6	4 121.3	94.7
	2030 年	4 147.9	94.7	4 091.8	94.8
高平市	2015 年	3 987.2	27.6	3 987.2	27.6
	2020 年	3 519.4	44.4	2 818.9	55.5
	2030 年	3 489.7	49.1	2 439.7	64.4
合计	2015 年	17 065.1	87.8	17 065.1	87.8
	2020 年	16 299.0	88.4	15 307.6	89.1
	2030 年	15 894.1	88.8	13 935.2	90.2

5.4.2.2 建筑业需水

建筑业需水预测方法为定额预测法，首先用单位建筑面积用水量进行预测，而后用建筑业万元增加值需水量进行复核。根据 2015 年晋城市用水统计，晋城市单位建筑面积用水量约 0.98 m³/万 m²，万元增加值用水量约 8.17 m³/万元。考虑输水损失，建筑业水利用系数取 90%。以单位建筑面积用水量法计算，规划至 2020 年建筑业毛需水 493.3 万 m³，2030 年建筑业毛需水 803.5 万 m³。以万元增加值用水量法进行核算，2020 年建筑业毛需水 483.4 万 m³，2030 年建筑业毛需水 605.4 万 m³。由于万元增加值用水量法受市场情况的影响比较大，因而以单位建筑面积用水量法的计算结果为准。晋城市各行政分区建筑业需水预测结果见表 5-25。

表 5-25　建筑业需水预测结果

行政分区	水平年	单位建筑面积用水量法		万元增加值用水量法	
		建筑面积/万 m²	需水量/万 m³	建筑业增加值/万元	需水量/万 m³
城区	2015 年	196.68	85.0	187 085	85.0
	2020 年	251.01	108.5	233 295	106.0
	2030 年	408.88	176.7	292 199	132.8
沁水县	2015 年	9.04	45.0	47 973	45.0
	2020 年	11.54	57.4	60 148	56.4
	2030 年	18.80	93.6	75 334	70.7
阳城县	2015 年	19.55	32.0	52 968	32.0
	2020 年	24.95	40.8	66 285	40.0
	2030 年	40.65	66.5	83 022	50.2
陵川县	2015 年	2.97	45.0	29 229	45.0
	2020 年	3.79	57.4	36 438	56.1
	2030 年	6.17	93.6	45 638	70.3
泽州县	2015 年	50.35	37.0	44 569	37.0
	2020 年	64.27	47.2	55 950	46.4
	2030 年	104.68	76.9	70 076	58.2
高平市	2015 年	75.26	142.5	63 538	142.5
	2020 年	96.06	181.9	79 535	178.4
	2030 年	156.47	296.2	99 617	223.4
合计	2015 年	353.86	386.5	426 000	386.5
	2020 年	451.62	493.3	531 652	483.4
	2030 年	735.64	803.5	665 886	605.4

5.4.2.3 第二产业总需水

根据工业和建筑业需水预测的结果，汇总第二产业各水平年的需水情况，基本方案下，规划 2020 年为 16 792.3 万 ㎥，2030 年为 16 697.6 万 ㎥；强化节水方案下，规划 2020 年为 15 800.9 万 ㎥，2030 年为 14 738.7 万 ㎥。预测结果见表 5-26。

表 5-26　第二产业需水预测结果　　　　单位：万 ㎥

行政分区	水平年	基本方案			强化节水方案		
		工业	建筑业	合计	工业	建筑业	合计
城区	2015 年	2 396.4	85.0	2 481.4	2 396.4	85.0	2 481.4
	2020 年	1 941.6	108.5	2 050.1	1 921.8	108.5	2 030.3
	2030 年	1 925.2	176.7	2 101.9	1 864.2	176.7	2 040.9
沁水县	2015 年	1 538.0	45.0	1 583.0	1 538.0	45.0	1 583.0
	2020 年	1 783.9	57.4	1 841.4	1 758.9	57.4	1 816.4
	2030 年	2 010.9	93.6	2 104.4	1 922.6	93.6	2 016.2
阳城县	2015 年	4 513.3	32.0	4 545.3	4 513.3	32.0	4 545.3
	2020 年	4 599.2	40.8	4 640.1	4 410.4	40.8	4 451.2
	2030 年	4 032.3	66.5	4 098.8	3 482.9	66.5	3 549.4
陵川县	2015 年	316.1	45.0	361.1	316.1	45.0	361.1
	2020 年	315.3	57.4	372.7	276.2	57.4	333.7
	2030 年	288.1	93.6	381.7	134.0	93.6	227.5
泽州县	2015 年	4 314.1	37.0	4 351.1	4 314.1	37.0	4 351.1
	2020 年	4 139.6	47.2	4 186.9	4 121.3	47.2	4 168.6
	2030 年	4 147.9	76.9	4 224.8	4 091.8	76.9	4 168.7
高平市	2015 年	3 987.2	142.5	4 129.7	3 987.2	142.5	4 129.7
	2020 年	3 519.4	181.9	3 701.3	2 818.9	181.9	3 000.8
	2030 年	3 489.7	296.2	3 785.9	2 439.7	296.2	2 736.0
合计	2015 年	17 065.1	386.5	17 451.6	17 065.1	386.5	17 451.6
	2020 年	16 299.0	493.3	16 792.3	15 307.6	493.3	15 800.9
	2030 年	15 894.1	803.5	16 697.6	13 935.2	803.5	14 738.7

5.4.3　第三产业需水预测

第三产业需水量预测采用定额法，通过预测不同水平年第三产业的万元产值用水定额，计算出不同水平年的第三产业需水量。根据"十三五"规划，晋城市要大力发展生产性服务业和生活性服务业，规划服务业增加值占 GDP 比重要达到 45% 以上。根据《2016 晋城市统计年鉴》，2011—2015 年住宿餐饮业、批发零售贸易业和邮电通信业等比例均有所增长，随着生活、消费水平的提高，用水量也有所提高，2015 年第三产业需水量为 1 887.5 万 ㎥，采用万元增加值用水量法，在基本需水方案下，规划 2020 年第三产业需水量为 3 027.4 万 ㎥，2030 年第三产业需水量为 5 740.9 万 ㎥；考虑节水方案的实施的强化节水方案下，规划 2020 年第三产业需水量为 2 951.3 万 ㎥，2030 年第三产业需水量为 5 446.7 万 ㎥。各行政分区第三产业的需水预测结果见表 5-27。

表 5-27　第三产业需水预测结果

行政分区	水平年	基本方案		强化节水方案	
		第三产业需水量 / 万 ㎥	水利用系数 /%	第三产业需水量 / 万 ㎥	水利用系数 /%
城区	2015 年	1 260.0	89.0	1 260.0	89.0
	2020 年	2 020.9	89.0	1 976.5	91.0
	2030 年	3 832.4	89.0	3 667.5	93.0
沁水县	2015 年	105.0	82.8	105.0	82.8
	2020 年	168.4	82.8	160.3	87.0
	2030 年	319.4	82.8	290.6	91.0
阳城县	2015 年	73.1	87.8	73.1	87.8
	2020 年	117.2	87.8	114.4	90.0
	2030 年	222.3	87.8	212.2	92.0
陵川县	2015 年	87.0	85.0	87.0	85.0
	2020 年	139.5	85.0	134.8	88.0
	2030 年	264.6	85.0	244.5	92.0
泽州县	2015 年	216.0	85.0	216.0	85.0
	2020 年	346.4	85.0	338.5	87.0
	2030 年	657.0	85.0	620.5	90.0
高平市	2015 年	146.4	85.0	146.4	85.0
	2020 年	234.8	85.0	226.8	88.0
	2030 年	445.3	85.0	411.4	92.0
合计	2015 年	1 887.5	86.8	1 887.5	86.8
	2020 年	3 027.4	86.6	2 951.3	89.1
	2030 年	5 740.9	86.6	5 446.7	91.9

5.5　生态环境需水预测

生态环境需水是指为美化生态环境、修复与建设或维持其质量不至于下降所需要的最小需水量。生态环境需水包括河道内生态需水和河道外生态需水。河道内生态环境需水量主要考虑维持河道一定水生生态功能的需水要求，即河道生态基流水量。河道外生态环境需水量主要包括保护、修复或建设给定区域的生态与环境需要人为补充的水量。不同类型的生态环境需水量计算方法不同。防护林草用水等以植被需水为主体的生态环境需水量，采用定额预测方法；湖泊、湿地、城镇河湖补水等，按人均补水面积预测需水量。为保证生态环境的健康发展，本研究不考虑生态环境需水量的节水，即在生态环境需水预测中不分"基本方案"和"强化节水方案"，只做一个基本方案。

"十三五"期间，在经济转型跨越发展的基础上，晋城市加快推进以改善民生为重点的社会建设，着力保障和改善民生，更加强调民富、民生，更加注重社会公益事业和生态环境建设，同时，随着居民生活水平的提高，对生态环境的要求也有所提升，城镇生态环境用水也会随之增加。

5.5.1　河道内生态需水预测

河道内生态环境需水量主要考虑维持河道一定水生生态功能的需水要求，即河道生态基流水量。按照国家规定，本次配置各大水库坝下生态环境需水量均按控制断面多年平均天然径流量的给予配置，这可有效避免区域内沁河、丹河等河道断流现象出现，满足河流内的水生生物需水和河流两岸生物用水。沁河是黄河的一级支流，也是晋城市最大的过境河流，本次研究选择沁河上润城水文站 1956—2015 年多年平均径流量的 10% 为河道内的最小生态需水量。丹河虽然为沁河的支流，但由于它出山西才汇入沁河，故选择山路平水文站 1956—2015 年多年平均径流量的 10%，作为丹河在山西省内河道内的最小生态需水量。

沁河润城断面的多年平均天然径流量为 51 931.57 万 ㎥，则其河道内生态基流需水量为 5 193.16 万 ㎥。丹河山路平断面多年平均天然径流量为 17 530.48 万 ㎥，则丹河河道内的生态基流需水量为 1 753.05 万 ㎥。

5.5.2　河道外生态需水预测

晋城市河道外生态环境用水主要包括城镇绿化用水和环境卫生用水，绿化用水主要指绿地灌溉用水，环境卫生用水主要指道路的浇洒用水。根据

《2016 晋城市统计年鉴》，2015 年晋城市城市绿地面积共 3 400.11 hm²，晋城市绿化适宜种植冷季型草，根据《山西省用水定额》进行二级养护，用水定额为 0.28 m³/（m²·a），进行道路浇洒的路面一般为水泥或沥青路面，用水定额为 0.2 L/（m²·次）。

2015 年晋城市人均绿地面积为 25.58 m²，以年均增长 1% 计算，规划到 2020 年人均绿地面积为 26.88 m²，2030 年人均绿地面积为 29.70 m²。随人均绿地面积的增加，结合城镇人口预测的结果，规划至 2020 年绿地灌溉用水 1 105.2 万 m³，2030 年绿地灌溉用水 1 347.0 万 m³。

2015 年底晋城市道路面积 1 102.5 万 m²，以年均增长 1% 计算，规划到 2020 年道路面积为 1 158.8 万 m²，2030 年道路面积为 1 280.0 万 m²，按 1 d 浇洒 1 次，全年浇洒 200 d 计，规划至 2020 年道路浇洒用水 46.4 万 m³，2030 年道路浇洒用水 51.20 万 m³。

生态需水规划结果见表 5-28。

表 5-28　生态需水量预测结果

行政分区	水平年	绿地面积 / hm²	绿化用水 / 万 m³	道路面积 / 万 m²	浇洒用水 / 万 m³	合计 / 万 m³
城区	2015 年	1 695.9	474.9	541.6	21.7	480.0
	2020 年	1 824.7	510.9	569.2	22.8	533.7
	2030 年	2 110.3	590.9	628.8	25.2	616.0
沁水县	2015 年	170.4	47.7	76.4	3.1	73.2
	2020 年	224.4	62.8	80.3	3.2	66.0
	2030 年	285.5	80.0	88.7	3.5	83.5
阳城县	2015 年	607.5	170.1	169.0	6.8	106.7
	2020 年	717.2	200.8	177.6	7.1	207.9
	2030 年	912.6	255.5	196.2	7.8	263.4
陵川县	2015 年	177.4	49.7	68.4	2.7	21.5
	2020 年	231.2	64.7	71.9	2.9	67.6
	2030 年	294.1	82.4	79.4	3.2	85.5
泽州县	2015 年	109.8	30.7	35.1	1.4	31.1
	2020 年	155.8	43.6	36.9	1.5	45.1
	2030 年	198.2	55.5	40.7	1.6	57.1
高平市	2015 年	639.0	178.9	212.1	8.5	97.8
	2020 年	793.7	222.2	222.9	8.9	231.2
	2030 年	1 009.9	282.8	246.2	9.8	292.6
合计	2015 年	3 400.1	952.0	1 102.5	44.1	810.2
	2020 年	3 947.0	1 105.2	1 158.8	46.4	1 151.5
	2030 年	4 810.7	1 347.0	1 280.0	51.2	1 398.2

5.6 需水预测汇总及合理性分析

5.6.1 需水预测汇总

由于河道内生态需水不参与到供需分析中，因此汇总时未考虑河道内生态需水。

5.6.1.1 需水基本方案

规划 2020 年，$P=50\%$ 时，需水总量为 44 158.6 万 ㎥，其中城镇生活需水 5 747.7 万 ㎥，农村生活需水 1 926.4 万 ㎥，第一产业生产需水 15 513.2 万 ㎥，第二产业生产需水 16 792.3 万 ㎥，第三产业生产需水 3 027.4 万 ㎥，生态需水（河道外）1 151.5 万 ㎥；$P=75\%$ 时，需水总量为 47 977.3 万 ㎥，其中城镇生活需水 5 747.7 万 ㎥，农村生活需水 1 926.4 万 ㎥，第一产业生产需水 19 331.9 万 ㎥，第二产业生产需水 16 792.3 万 ㎥，第三产业生产需水 3 027.4 万 ㎥，生态需水（河道外）1 151.5 万 ㎥。

规划 2030 年，$P=50\%$ 时，需水总量为 50 263.9 万 ㎥，其中城镇生活需水 7 053.2 万 ㎥，农村生活需水 1 947.2 万 ㎥，第一产业生产需水 17 426.9 万 ㎥，第二产业生产需水 16 697.6 万 ㎥，第三产业生产需水 5 740.9 万 ㎥，生态需水（河道外）1 398.2 万 ㎥；$P=75\%$ 时，需水总量为 54 082.6 万 ㎥，其中城镇生活需水 7 053.2 万 ㎥，农村生活需水 1 947.2 万 ㎥，第一产业生产需水 21 245.6 万 ㎥，第二产业生产需水 16 697.6 万 ㎥，第三产业生产需水 5 740.9 万 ㎥，生态需水（河道外）1 398.2 万 ㎥。各行政分区需水总量预测结果见表 5-29 和表 5-30。

5.6.1.2 需水强化节水方案

规划 2020 年，$P=50\%$ 时，需水总量为 42 005.5 万 ㎥，其中城镇生活需水 5 587.8 万 ㎥，农村生活需水 1 926.4 万 ㎥，第一产业生产需水 14 587.7 万 ㎥，第二产业生产需水 15 800.9 万 ㎥，第三产业生产需水 2 951.3 万 ㎥，生态需水（河道外）1 151.5 万 ㎥；$P=75\%$ 时，需水总量为 45 530.6 万 ㎥，其中城镇生活需水 5 587.8 万 ㎥，农村生活需水 1 926.4 万 ㎥，第一产业生产需水 18 112.7 万 ㎥，第二产业生产需水 15 800.9 万 ㎥，第三产业生产需水 2 951.3 万 ㎥，生态需水（河道外）1 151.5 万 ㎥。

规划 2030 年，$P=50\%$ 时，需水总量为 45 716.6 万 ㎥，其中城镇生活需水 6 640.3 万 ㎥，农村生活需水 1 947.2 万 ㎥，第一产业生产需水 15 545.6

表 5-29　P=50% 需水基本方案预测结果汇总

单位：万 m³

| 行政分区 | 水平年 | 生活需水 | | 生产需水 | | | 生态需水 | 合计 |
		城镇生活	农村生活	第一产业	第二产业	第三产业		
城区	2015 年	1 919.0	0.0	916.9	2 481.4	1 260.0	480.0	7 057.3
	2020 年	2 061.2	0.0	924.2	2 050.1	2 020.9	533.7	7 590.1
	2030 年	2 373.8	0.0	945.0	2 101.9	3 832.4	616.0	9 869.1
沁水县	2015 年	338.0	248.0	2 414.4	1 583.0	105.0	73.2	4 761.7
	2020 年	485.9	236.1	2 469.1	1 841.4	168.4	66.0	5 266.9
	2030 年	615.6	244.6	2 632.8	2 104.4	319.4	83.5	6 000.3
阳城县	2015 年	496.6	504.6	2 540.8	4 545.3	73.1	106.7	8 267.1
	2020 年	666.3	522.0	3 922.1	4 640.1	117.2	207.9	10 075.6
	2030 年	863.5	540.9	4 199.5	4 098.8	222.3	263.4	10 188.4
陵川县	2015 年	267.0	286.0	674.8	361.1	87.0	21.5	1 697.3
	2020 年	396.3	277.5	706.5	372.7	139.5	67.6	1 960.0
	2030 年	513.6	290.0	804.2	381.7	264.6	85.5	2 339.6
泽州县	2015 年	628.0	576.0	3 358.1	4 351.1	216.0	31.1	9 160.3
	2020 年	1 035.4	476.1	3 683.3	4 186.9	346.4	45.1	9 773.2
	2030 年	1 341.8	465.9	4 231.0	4 224.8	657.0	57.1	10 977.6
高平市	2015 年	876.3	442.2	3 169.3	4 129.7	146.4	97.8	8 861.7
	2020 年	1 102.6	414.8	3 808.1	3 701.3	234.8	231.2	9 492.7
	2030 年	1 344.9	405.8	4 614.4	3 785.9	445.3	292.6	10 888.9
晋城市	2015 年	4 524.9	2 056.8	13 074.4	17 451.6	1 887.5	810.2	39 805.3
	2020 年	5 747.7	1 926.4	15 513.2	16 792.3	3 027.4	1 151.5	44 158.6
	2030 年	7 053.2	1 947.2	17 426.9	16 697.6	5 740.9	1 398.2	50 263.9

表 5-30　P=75%需水基本方案预测结果汇总

单位：万 m³

行政分区	水平年	生活需水		生产需水			生态需水	合计
		城镇生活	农村生活	第一产业	第二产业	第三产业		
城区	2015年	1 919.0	0.0	1 295.3	2 481.4	1 260.0	480.0	7 435.7
	2020年	2 061.2	0.0	1 302.6	2 050.1	2 020.9	533.7	7 968.5
	2030年	2 373.8	0.0	1 323.4	2 101.9	3 832.4	616.0	10 247.5
沁水县	2015年	338.0	248.0	2 806.0	1 583.0	105.0	73.2	5 153.2
	2020年	485.9	236.1	2 860.7	1 841.4	168.4	66.0	5 658.4
	2030年	615.6	244.6	3 024.3	2 104.4	319.4	83.5	6 391.9
阳城县	2015年	496.6	504.6	3 039.2	4 545.3	73.1	106.7	8 765.4
	2020年	666.3	522.0	4 710.3	4 640.1	117.2	207.9	10 863.8
	2030年	863.5	540.9	4 987.6	4 098.8	222.3	263.4	10 976.5
陵川县	2015年	267.0	286.0	785.7	361.1	87.0	21.5	1 808.3
	2020年	396.3	277.5	817.4	372.7	139.5	67.6	2 070.9
	2030年	513.6	290.0	915.2	381.7	264.6	85.5	2 450.5
泽州县	2015年	628.0	576.0	3 998.1	4 351.1	216.0	31.1	9 800.2
	2020年	1 035.4	476.1	4 358.3	4 186.9	346.4	45.1	10 448.3
	2030年	1 341.8	465.9	4 906.0	4 224.8	657.0	57.1	11 652.6
高平市	2015年	876.3	442.2	4 421.0	4 129.7	146.4	97.8	10 113.3
	2020年	1 102.6	414.8	5 282.7	3 701.3	234.8	231.2	10 967.3
	2030年	1 344.9	405.8	6 089.0	3 785.9	445.3	292.6	12 363.5
晋城市	2015年	4 524.9	2 056.8	16 345.2	17 451.6	1 887.5	810.2	43 076.1
	2020年	5 747.7	1 926.4	19 331.9	16 792.3	3 027.4	1 151.5	47 977.3
	2030年	7 053.2	1 947.2	21 245.6	16 697.6	5 740.9	1 398.2	54 082.6

万 ㎥，第二产业生产需水 14 738.7 万 ㎥，第三产业生产需水 5 446.7 万 ㎥，生态需水（河道外）1 398.2 万 ㎥；P=75% 时，需水总量为 48 932.3 万 ㎥，其中城镇生活需水 6 640.3 万 ㎥，农村生活需水 1 947.2 万 ㎥，第一产业生产需水 18 761.3 万 ㎥，第二产业生产需水 14 738.7 万 ㎥，第三产业生产需水 5 446.7 万 ㎥，生态需水（河道外）1 398.2 万 ㎥。各行政分区需水总量预测结果见表 5-31 和表 5-32。

5.6.2 用水合理性分析

5.6.2.1 指标合理性分析

晋城市"十三五"期间的预期目标中，常住人口城镇化率达到 60% 以上，并综合考虑山西省的城镇化率 55.03% 和全国的城镇化率 56.10%，以及发达国家近 80% 的平均水平。本次规划 2020 年全市总人口 237 万人，城镇化率为 65%；2030 年全市总人口 248 万人，城镇化率为 69%，满足"十三五"的预期目标，且符合城镇化发展的客观规律。

晋城市国民经济和社会发展"十三五"规划中，"十三五"期间推进转型升级，实现经济稳步增长，确保到 2020 年实现地区生产总值和城乡居民人均收入比 2010 年翻一番，预期目标为：地区生产总值年均增长 6.5% 左右，服务业比重年均提高 1 个百分点以上。规划 2020 年晋城市生产总值为 1 425.2 亿元，2030 年晋城市生产总值为 2 162.6 亿元，符合目标要求。

5.6.2.2 用水总量合理性分析

根据《晋城市人民政府办公厅关于印发晋城市实行最严格水资源管理制度工作方案和考核办法的通知》（晋市政办〔2014〕50 号），用水总量控制目标 2020 年为 49 300 万 ㎥，2030 年为 50 800 万 ㎥，本次规划预测需水量需水基本方案下，规划 2020 年 P=50% 时，需水总量为 44 158.6 万 ㎥，P=75% 时，需水总量为 47 977.3 万 ㎥；2030 年 P=50% 时，需水总量为 50 263.9 万 ㎥，P=75% 时，需水总量为 54 082.6 万 ㎥。需水强化节水方案下，规划 2020 年 P=50% 时，需水总量为 42 005.5 万 ㎥，P=75% 时，需水总量为 45 530.6 万 ㎥；2030 年 P=50% 时，需水总量为 45 716.6 万 ㎥，P=75% 时，需水总量为 48 932.3 万 ㎥。规划结果除基本需水方案 2030 年需水总量外，其余均满足最严格水资源管理制度的要求。

1. 人均用水量合理性

2015 年晋城市人均用水量为 186.08 ㎥／人，2015—2030 年期间，随着晋城市人口增长，城镇化水平的提高，人民生活水平提高，国民经济发展

单位：万 m³

表 5-31　P=50% 需水强化节水方案预测结果汇总

行政分区	水平年	生活需水		生产需水			生态需水	合计
		城镇生活	农村生活	第一产业	第二产业	第三产业		
城区	2015 年	1 919.0	0.0	916.9	2 481.4	1 260.0	480.0	7 057.3
	2020 年	2 015.9	0.0	865.0	2 030.3	1 976.5	533.7	7 421.4
	2030 年	2 271.7	0.0	834.5	2 040.9	3 667.5	616.0	9 430.8
沁水县	2015 年	338.0	248.0	2 414.4	1 583.0	105.0	73.2	4 761.7
	2020 年	462.4	236.1	2 370.3	1 816.4	160.3	66.0	5 111.5
	2030 年	560.2	244.6	2 389.5	2 016.2	290.6	83.5	5 584.5
阳城县	2015 年	496.6	504.6	2 540.8	4 545.3	73.1	106.7	8 267.1
	2020 年	650.0	522.0	3 597.7	4 451.2	114.4	207.9	9 543.2
	2030 年	824.0	540.9	3 647.2	3 549.4	212.2	263.4	9 037.1
陵川县	2015 年	267.0	286.0	674.8	361.1	87.0	21.5	1 697.3
	2020 年	382.8	277.5	689.5	333.7	134.8	67.6	1 885.8
	2030 年	474.5	290.0	749.6	227.5	244.5	85.5	2 071.6
泽州县	2015 年	628.0	576.0	3 358.1	4 351.1	216.0	31.1	9 160.3
	2020 年	1 011.6	476.1	3 456.4	4 168.6	338.5	45.1	9 496.3
	2030 年	1 267.3	465.9	3 740.9	4 168.7	620.5	57.1	10 320.4
高平市	2015 年	876.3	442.2	3 169.3	4 129.7	146.4	97.8	8 861.7
	2020 年	1 065.1	414.8	3 608.7	3 000.8	226.8	231.2	8 547.3
	2030 年	1 242.6	405.8	4 183.8	2 736.0	411.4	292.6	9 272.2
晋城市	2015 年	4 524.9	2 056.8	13 074.4	17 451.6	1 887.5	810.2	39 805.3
	2020 年	5 587.8	1 926.4	14 587.7	15 800.9	2 951.3	1 151.5	42 005.5
	2030 年	6 640.3	1 947.2	15 545.6	14 738.7	5 446.7	1 398.2	45 716.6

表 5-32　P=75% 需水强化节水方案预测结果汇总

单位：万 m³

行政分区	水平年	生活需水		生产需水			生态需水	合计
		城镇生活	农村生活	第一产业	第二产业	第三产业		
城区	2015 年	1 919.0	0.0	1 295.3	2 481.4	1 260.0	480.0	7 435.7
	2020 年	2 015.9	0.0	1 216.4	2 030.3	1 976.5	533.7	7 772.8
	2030 年	2 271.7	0.0	1 162.5	2 040.9	3 667.5	616.0	9 758.7
沁水县	2015 年	338.0	248.0	2 806.0	1 583.0	105.0	73.2	5 153.2
	2020 年	462.4	236.1	2 742.3	1 816.4	160.3	66.0	5 483.5
	2030 年	560.2	244.6	2 732.9	2 016.2	290.6	83.5	5 927.9
阳城县	2015 年	496.6	504.6	3 039.2	4 545.3	73.1	106.7	8 765.4
	2020 年	650.0	522.0	4 313.1	4 451.2	114.4	207.9	10 258.6
	2030 年	824.0	540.9	4 311.5	3 549.4	212.2	263.4	9 701.4
陵川县	2015 年	267.0	286.0	785.7	361.1	87.0	21.5	1 808.3
	2020 年	382.8	277.5	796.8	333.7	134.8	67.6	1 993.1
	2030 年	474.5	290.0	848.6	227.5	244.5	85.5	2 170.6
泽州县	2015 年	628.0	576.0	3 998.1	4 351.1	216.0	31.1	9 800.2
	2020 年	1 011.6	476.1	4 077.8	4 168.6	338.5	45.1	10 117.7
	2030 年	1 267.3	465.9	4 300.2	4 168.7	620.5	57.1	10 879.7
高平市	2015 年	876.3	442.2	4 421.0	4 129.7	146.4	97.8	10 113.3
	2020 年	1 065.1	414.8	4 966.3	3 000.8	226.8	231.2	9 904.9
	2030 年	1 242.6	405.6	5 405.6	2 736.0	411.4	292.6	10 494.0
晋城市	2015 年	4 524.9	2 056.8	16 345.2	17 451.6	1 887.5	810.2	43 076.1
	2020 年	5 587.8	1 926.4	18 112.7	15 800.9	2 951.3	1 151.5	45 530.6
	2030 年	6 640.3	1 947.2	18 761.3	14 738.7	5 446.7	1 398.2	48 932.3

和生态环境改善，全市需水量将进一步增长，基本需水方案下，$P=50\%$ 时，2020 年人均用水量将提高到 186.33 ㎥／人，2030 年将提高到 202.58 ㎥／人；$P=75\%$ 时，2020 年人均综合用水量将提高到 202.44 ㎥／人，2030 年将提高到 217.97 ㎥／人；强化节水需水方案下，$P=50\%$ 时，2020 年人均综合用水量将提高到 177.24 ㎥／人，2030 年将提高到 184.25 ㎥／人；$P=75\%$ 时，2020 年人均综合用水量将提高到 192.12 ㎥／人，2030 年将提高到 197.21 ㎥／人。符合随着生活水平的提高，人均用水量增加的规律。

2. 农业需水的合理性

农业需水的用水定额根据《山西省用水定额》结合产业结构选定，并根据用水定额结合农业灌溉面积、牲畜养殖、渔业发展等指标预测不同水平年对应用水保证率农业的需水量，保证率为 50% 时，种植业定额约为 145.0 ㎥／亩，保证率为 75% 时，种植业定额约为 190.7 ㎥／亩。

晋城市林果树灌溉定额约为 85.4 ㎥／亩，渔业定额为 1 550.0 ㎥／亩，晋城市的畜牧业大牲畜以牛为主，小牲畜包括猪和羊，牲畜养殖定额约为 26.6 L／（d·头），符合山西省林、牧、渔业用水的一般规律。

3. 工业需水合理性

万元工业增加值取水量各行业所占比重的变化做出调整。需水基本方案下万元工业增加值取水量由 2015 年的 27.2 ㎥／万元，减少到 2020 年的 24.5 ㎥／万元，2030 年的 19.07 ㎥／万元，重复利用率由 2015 年的 87.8% 分别提高到 2020 年、2030 年的 88.4%、88.8%；需水强化节水方案下，万元工业增加值取水量由 2015 年的 27.2 ㎥／万元减少到 2020 年的 23.0 ㎥／万元、2030 年的 16.7 ㎥／万元，重复利用率由 2015 年的 87.8% 分别提高到 2020 年、2030 年的 89.1%、90.2%。

4. 建筑业需水合理性

以 2015 年晋城市单位建筑面积用水量 1.1 ㎥／万 ㎡ 为准，水利用系数为 90%。

5. 第三产业需水合理性

随着住宿餐饮业、批发零售贸易业和邮电通信业等行业比例的增长，晋城市第三产业万元增加值取水量由 2015 年 4.5 ㎥／万元，基本需水方案下，增加至 2020 年 4.8 ㎥／万元、2030 年 5.0 ㎥／万元；强化节水需水方案下，增加至 2020 年的 4.7 ㎥／万元，2030 年的 4.8 ㎥／万元。

综上所述，本次需水预测与经济社会发展趋势相适应，且基本满足相关发展规划的要求。

第 6 章　供水预测

6.1　供水预测概述

供水预测即可供水量分析，可供水量是指不同水平年、不同保证年或不同频率、不同需水要求情况下，各项水利工程设施可提供的水量。地表水按蓄水、引水、提水及跨流域引水工程等分别确定。其中，大、中型工程供水量应根据工程建设规模，由长系列或典型年分析确定；小型水利工程的供水量，可通过典型工程调查，可采用年内复蓄次数或区域水资源利用系数等简化方法确定。地表水可供水量是指不同水平年、不同频率下通过供水工程设施可提供的符合一定标准的水量，它同工程实际的供水量和工程最大的供水能力都不一样。不同水平年是指在进行可供水量计算时，要考虑区域内现状、近期和远期供水工程的工程状况、来水和用水条件，不同频率的可供水量是指要考虑丰、平、枯、特枯几种不同的来水情况下的供水量。因此，地表水可供水量不等于地表水资源可利用量，它是统筹考虑供水工程、来水、用水等条件下确定的供水量。晋城市共有 95 座水库，其中大型水库 1 座，中型水库 7 座，小型水库 87 座。总库容 7.29 亿 m^3，兴利库容 3.8 亿 m^3，正常年份水库的年总供水能力约 2.17 亿 m^3，水库是地表水的主要供水工程。

地下水可供水量多以可开采量表示，地下水可开采量是指在可预见的时期内，通过经济合理、技术可行的措施，在不引起生态环境恶化条件下允许从含水层中获取的最大水量。但由于不合理的开发利用，全球地下水资源已呈现出不同程度的减少，尤其是在我国北方的干旱半干旱地区，地下水过度开发利用已引起水位下降、水质恶化、生态环境退化等问题，国内外学者提出了用地下水可持续开采量取代可开采量。地下水可持续开采量是在满足环境需水及经济可行、不破坏原有水质、能等到有效补给、不产生不良环境后果的条件下，以地下水系统能达到采补平衡为标志，可从地下水系统中开采的可更新水量。地下水可开采量注重的是技术和经济，可持续开采量强调的是地下水资源的可更新能力和可持续利用性，可持续开采量比可开采量能够更准确、更科学地反映地下水资源的客观实际。地下水资源是晋城市工农业生产和城市生活重要的供水水源。随着城市建设和工农业生产的快速发展，地下水开采量逐年增长，已造成局部地下水位不断下降。特别是在人口、城市和工业集中分布的丹河流域，孔隙水、裂隙水已近疏干，取水主要依靠深层岩溶地下水，现已形成了高平、晋城两个隐伏岩溶地下水超采区。

非传统水源是指不同于传统地表水和地下水的水源，主要有雨水、微咸水、中水、海水、矿坑水等。雨水的积蓄利用，主要指收集储存屋顶、场院、道路等场所的降雨或径流的微型蓄水工程，包括水窖、水池、水柜和水塘等。微咸水指矿化度在 $2 \sim 3\,g/L$ 的水源，在北方的平原区微咸水分布较广，可利用量也较大，对缓解某些地区水资源短缺有一定的作用。中水就是再生水，指污、废水经过适当处理，达到一定的水质指标，满足某种用水的水质要求后，再次利用的水。海水利用包括海水淡化和海水直接利用两种方式。矿坑水是指受重力溢出或经过矿山巷道循环后由泵抽到地面的地下水，对山西、内蒙古、河北和陕西等煤矿大省来讲，矿坑水是一种可观的、宝贵的水资源。非传统水源对于缓解水资源短缺地区的用水压力，提高水资源利用率、改善水环境和生态环境、节约水资源、实现水资源的可持续发展等具有重大意义。但在对非传统水源的开发利用时，应根据不同类型非传统水源的特点，结合当地社会经济发展状况和水资源条件，制订非传统水源合理、有效、可操作的利用方案。晋城市的非传统水源主要包括城镇生活污水、工业废水及采煤排水（矿坑水），特别是矿坑水资源化是晋城市非传统水源开发利用的重点。

根据晋城市现状供水水源，供水预测主要包括地表水供水预测、地下水供水预测、污水处理回用供水预测、矿坑水供水能力预测和其他水源供水预测。另外，为了缓解晋城市水资源短缺和生态环境改善的需要，未来社会一定要加大非常规水源的开发利用力度，特别是要加强煤矿矿坑水的收集、处理和利用。

6.2　现状供水能力分析

供水能力是反映一个地区或者国家水资源开发程度和水平的重要概念，是直接体现水利服务民生支撑经济社会发展能力的关键指标。供水能力一般是基于多年用水统计数据分析而得的结果，它同现状供水量不同，现状供水量是实际供水的数量，其可靠性相对较高。为了提供现状供水能力的可靠性，现状供水能力从地表水、地下水、再生水和矿坑水等水源进行分析，分析数据的主要来源为 2006—2015 年晋城市的供水量。根据晋城市近 10 年的供水情况，地表水以城区、高平市、沁水县、阳城县、陵川县和泽州县 2006—2015 年间实际供水量的最大值作为现状供水能力，可提供的地表水量为 20 779.5 万 m^3。地下水以《晋城市水资源评价》中地下水可开采量的成果作为地下水的现状供水能力，可提供的地下水量为 39 420.0 万 m^3。非常规水源中再生水以全市 2015 年污水处理量之和作为再生水的现状供水能力，矿坑水以现状年全市的矿坑排水和矿坑水利用之和作为矿坑水的现状供水能力，可提供的非常规水源的水量为 4 257.5 万 m^3。晋城市现状总供水能力为 64 457.0 万 m^3。各行政分区供水工程分布情况及供水能力见表 6-1。

2015 年晋城市供水工程共计 4 640 处（除其他水源外），现状总供水能力为 64 457.0 万 m^3。各行政分区供水工程分布情况及供水能力见表 6-1。

表 6-1　供水工程现状供水能力统计

行政分区	地表水源		地下水源		其他水源		合计	
	工程数量/处	供水能力/万 m^3	工程数量/处	供水能力/万 m^3	工程数量/处	供水能力/万 m^3	工程数量/处	供水能力/万 m^3
城区	12	1 840.7	224	1 800.0		1 631.2	236	5 271.8
沁水县	223	3 328.0	1 657	2 530.0		170.0	1 880	6 028.0
阳城县	168	5 591.8	560	14 616.0		738.6	728	20 946.3
陵川县	98	1 527.4	179	2 539.0		142.3	277	4 208.7
泽州县	137	4 276.8	637	14 054.0		770.0	774	19 100.8
高平市	115	4 214.9	630	3 881.0		805.5	745	8 901.3
合计	753	20 779.5	3 887	39 420.0		4 257.5	4 640	64 457.0

6.3　地表水供水能力预测

地表水以 2006—2015 年各行政分区历年实际供水量的最大值作为现状供水能力。晋城市现状地表水源工程共计 753 处，供水能力为 20 779.5 万 m^3，占晋城市总供水能力的 32%。

地表水供水能力增加主要依靠原有供水工程的续建、新建的供水工程及其配套供水管网的建设。

6.3.1　现状供水工程

至 2015 年，晋城市"纵贯南北、横跨东西、城乡一体、沁丹互补、上下游调配、河库泉联通"的高效水资源配置的"晋城市大水网"供水安全体系已初具规模，现有供水工程如下：

（1）张峰水库供水工程。

张峰水库位于沁水县张峰村，是黄河流域沁河干流上第一座大（2）型水利枢纽工程，于 2008 年 3 月 21 日至 22 日通过水利部蓄水验收，控制流域面积 4 990 km²，库容 3.94 亿 m³，建设任务以城市生活和工业供水、农村人畜饮水为主，兼顾防洪、发电等综合利用。

输水工程全部建成后，年供水量将达到 1.07 亿 m³。目前张峰水库的供水总干、一干和二干均已建设完成，2015 年向高平市供水 880 万 m³。

（2）郭壁供水工程。

郭壁水源地位于晋城市市区东南 15 km 的郭壁村东，行政区划隶属于泽州县金村镇管辖。该水源地目前主要担负晋城市区东部开发区供水任务，同时兼顾沿途农村人畜吃水和农业灌溉。其供水对象主要有市区城市生活用水、北石店一带（晋煤集团）工业及生活用水、沿途农村人畜吃水和农业灌溉用水等。

水源地目前包括 3 泉 13 井，即土坡泉、五龙泉、牛草泉和 13 眼寒武井，根据《晋城市郭壁供水改扩建工程可行性研究报告》（2013 年 3 月），郭壁供水改扩建工程完成后，其供水能力总计为 4 380 万 m³/a（日供水 12 万 m³/d，其中散泉 5 万 m³/d，寒武井水 3 万 m³/d，围滩水库 4 万 m³/d）。2015 年向城区供水 900 万 m³。

（3）磨河供水工程。

磨河供水工程是陵川县崇文镇等 6 个乡镇生活、工业及农村人畜饮水的骨干工程，该工程设计引水流量 0.425 m³/s，年可供水量为 1 400 万 m³（含秦家磨水库供水量 600 万 m³）。水源位于陵川县城东部 42 km 处的马圪当乡境内，为海河流域卫河水系武家湾河上游的大、小磨河泉水。工程是在已建磨河提水工程的基础上进行的维修改造，包括小磨河二泵站压力管和机电设备更换，大磨河补充水源工程，新建大磨河一、二级泵站和现有输水线路改造及延伸工程等。

6.3.2　续建供水工程

根据晋城市水利发展"十三五"规划，结合水利工程的实际建设情况，在原有供水工程的基础上，规划到 2020 年续建提水工程 6 处，蓄水工程 2 处，新增供水能力为 3 130 万 m³。

（1）围滩水库供水工程。

建设地点：泽州县金村镇。

建设内容：以围滩水库作为供水补充水源，管网建设经围滩水库提水至郭壁提水站前池，最终经郭壁提水工程输送至巴公工业园区。水库坝后建提水泵站，供水管道沿引水隧洞及河道布置，末端送到郭壁提水站前池。新增 400 m^3 的调蓄水池 1 座和二级提水泵站。

（2）湾则水库供水工程。

建设地点：沁水县郑庄镇。

建设内容：主要建设水库输水工程，水处理厂工程和提水工程。

（3）郭壁水源南村供水工程。

建设地点：泽州县金村镇郭壁村。

建设内容：该项目是从郭壁水厂提水至南村的供水工程，解决南村镇近 5 万人的生活用水及南村镇公园园区 26 家企事业单位的工业用水。建设提水站 1 处，铺设提水管道（球墨铸铁管）20 km，修建调节水池 1 个。

（4）张峰水库泽州供水工程（二期）。

建设地点：泽州县巴公镇渠头村南。

建设内容：主要任务为工业供水，解决巴公及大阳工业用水，建设李庄泵站 1 座，将一期工程 45 万 m^3 水池水接通至李庄泵站，铺设管道 1.09 km。

（5）张峰水库泽州北部农村饮水工程。

建设地点：泽州县。

建设内容：年供水规模 400 万 m^3，解决大阳、巴公、高都、北义城 4 镇 10 万农村人口饮水安全，地表水替换地下水。主要建水厂 1 座，一级、二级提水泵站 2 座，蓄水池 3 个，输水管道 50 km。

（6）南岭沁河提水工程。

建设地点：泽州县。

建设内容：市县政府实施南岭乡综合改革试点，解决万亩果树等经济作物用水，年提水规模 200 万 m^3。需建提水站 2 座，大口井 1 座，蓄水池 3 个，输水管道 40 km。

（7）磨河水库工程。

建设地点：陵川县城东南部磨河主河道上。

建设内容：水库主要建筑物为堆石混凝土重力坝，设计总库容 240 万 m^3。为陵川县城和 6 乡镇的 70 多个行政村提供生产、生活用水，并可发展养殖、旅游等。

（8）下河泉蓄水池续建工程。

建设地点：泽州县周村镇周村。

建设内容：修建 4 万 m³ 的终端调节水池 1 座，输水管线 1 414 m，配水管线 1 380 m。

各续建地表水供水工程供水对象及新增供水能力见表 6-2。

表 6-2　续建地表水供水工程供水能力统计

序号	工程分类	工程名称	给水对象	新增供水量／万 m³
1	提水工程	围滩水库供水工程	城区	0
2		湾则水库供水工程	沁水县	1 000
3		郭壁水源南村供水工程	泽州县	0
4		张峰水库泽州供水工程（二期）	泽州县	1 100
5		张峰水库泽州北部农村饮水工程	泽州县	400
6		南岭沁河提水工程	泽州县	200
7	蓄水工程	磨河水库工程	陵川县	430
8		下河泉蓄水池续建工程	阳城县	0
合计				3 130

6.3.3　新建供水工程

根据晋城市水利发展"十三五"规划，结合水利工程的实际建设情况，在原有供水工程的基础上，规划到 2020 年新建提水工程 7 处，蓄水工程 4 处，新增供水能力为 9 849 万 m³。

（1）晋城市郭壁供水改扩建工程。

建设地点：晋城市泽州县金村镇郭壁村。

建设内容：主要有水源工程、泵站工程、2 座调蓄水池、输水管线工程、输变电改造工程。

（2）晋城市杜河提水工程。

建设地点：阳城县北留镇横岭村。

建设内容：主要有一级泵站工程、李寨支线泵站、管道工程、2 座调蓄水池、输变电工程。为晋城市新建周村、李寨工业园区提供工业用水和为农业提供灌溉用水。

（3）晋城市丹河下游提水工程。

建设地点：泽州县河西乡三姑泉村。

建设内容：主要有水源地集水廊道工程、提水泵站工程等。提水泵站采用地下厂房，设计提水流量 $1.08\,m^3/s$，泵站装机容量 $1\,600\,kW$。

（4）东双脑调水工程。

建设地点：晋城市陵川县。

建设内容：本工程起点为东双脑水库，终点为城北提水站。建设内容包括输变电工程、线路工程、提水泵站、输水管道、调蓄水池等。供电专线 $30\,km$，潜水泵 4 台，输水管道 $42\,km$。

（5）古石提水工程。

建设地点：晋城市陵川县。

建设内容：铺设 $DN500\,mm$ 输水干管 $29.9\,km$，修建加压泵站 3 处，修建调蓄水池 2 处。

（6）董封水库供水工程。

建设地点：晋城市阳城县。

建设内容：铺设 $DN500\,mm$ 输水干管 $25.9\,km$，修建加压泵站 2 处，修建调蓄水池 2 处，加压泵站 1 处。

（7）西冶水库供水工程。

建设地点：阳城县西冶镇

建设内容：本工程从西冶镇水库取水，输水至东冶镇。铺设输水管道 $12\,km$，管径 $500\,mm$。

（8）陵川县仙台水库工程

建设地点：陵川县附城镇台北村南侧的白洋泉河上。

建设内容：水库挡水坝段采用混凝土面板堆石坝，堆石坝坝段长 $204\,m$。坝体上游面设 $0.4\,m$ 厚的钢筋混凝土防渗面板，下游面设干砌石护坡，厚 $0.4\,m$。

工程效益：工程建成后年供水量可达 130 万 m^3，供水保证率达 95%。

工程投资：总投资 1.3 亿元，工期两年。

（9）云首水库工程。

建设地点：沁水县固县乡云首村的十里河上。

建设内容：云首水库是一座以供水、灌溉为主的小（1）型水库，大坝坝型为堆石混凝土坝，设计最大坝高 $37\,m$，总库容 177 万 m^3。主要工程有大坝、溢洪道、导流泄洪供水洞。

（10）下泊水库工程。

建设地点：沁水县柿庄镇下泊村柏圪塔自然村的下泊河上。

建设内容：水库坝型为混凝土面板堆石坝，坝高 $37.9\,m$，坝顶长度

237.4 m，设计总库容 290 万 m³。主要工程有大坝、溢洪道、导流泄洪供水洞。

（11）石河水库工程。

建设地点：晋城市东南泽州县晋庙铺镇窑掌村。

建设内容：水库大坝为堆石混凝土重力坝，总库容 157.3 万 m³。石河水库拦河枢纽工程主要由大坝、冲砂闸两部分组成，大坝坝顶长 66.0 m，坝顶宽 8.0 m，最大坝高 52.0 m。

各新建地表水供水工程供水对象及新增供水能力见表 6-3。

表 6-3　新建地表水供水工程供水能力统计

序号	工程分类	工程名称	给水对象	新增供水量 / 万 m³
1	提水工程	晋城市郭壁供水改扩建工程（除围滩水库）	泽州县	2 206
2		晋城市杜河提水工程	泽州县	2 700
3		晋城市丹河下游提水工程	城区	3 400
4		东双脑调水工程	陵川县	1 000
5		古石提水工程	陵川县	500
6		董封水库供水工程	阳城县	500
7		西冶水库供水工程	阳城县	600
8	蓄水工程	陵川县仙台水库工程	陵川县	130
9		云首水库工程	沁水县	458
10		下泊水库工程	沁水县	207
11		石河水库工程	泽州县	72
合计				11 773

6.3.4　地表水供水能力预测

汇总各类工程新增供水量，2030 年地表水供水工程通过必要的除险加固等，保持 2020 年已有规划工程的供水能力，并通过挖潜改造在高平市新增供水能力 2 045 万 m³，各行政分区地表水供水能力预测结果见表 6-4。

依据不同频率的来水情况计算不同水平年地表水可供水量，2020 年 $P=50\%$、75% 和 95% 时，地表水可供水量分别为 34 996.3 万 m³、29 583.8 万 m³ 和 22 836.5 万 m³；2030 年 $P=50\%$、75% 和 95% 时，地表水可供水量分别为 37 002.2 万 m³、31 596.2 万 m³ 和 24 830.9 万 m³。各行政分区地表水可供水量预测结果见表 6-5。

表 6-4　晋城市地表水供水能力预测结果　　　　　　单位：万 m³

行政分区	2015 年	2020 年	2030 年
城区	1 840.7	5 240.7	5 240.7
沁水县	3 328.0	4 993.0	4 993.0
阳城县	5 591.8	6 691.8	6 691.8
陵川县	1 527.4	3 587.4	3 587.4
泽州县	4 276.8	10 954.8	10 954.8
高平市	4 214.9	4 214.9	6 259.9
合计	20 779.5	35 682.5	37 727.5

表 6-5　晋城市地表水可供水量预测结果　　　　　　单位：万 m³

行政分区	水平年	$P=50\%$	$P=75\%$	$P=95\%$
城区	2015 年	1 802.6	1 513.1	1 154.6
	2020 年	5 132.3	4 307.9	3 287.3
	2030 年	5 132.3	4 307.9	3 287.3
沁水县	2015 年	3 274.3	2 810.0	2 222.7
	2020 年	4 912.5	4 215.8	3 334.8
	2030 年	4 912.5	4 215.8	3 334.8
阳城县	2015 年	5 475.5	4 596.9	3 507.7
	2020 年	6 552.6	5 501.1	4 197.7
	2030 年	6 552.6	5 501.1	4 197.7
陵川县	2015 年	1 498.2	1 266.9	978.6
	2020 年	3 518.7	2 975.5	2 298.3
	2030 年	3 518.7	2 975.5	2 298.3
泽州县	2015 年	4 195.3	3 547.7	2 739.8
	2020 年	10 746.1	9 087.2	7 017.9
	2030 年	10 746.1	9 087.2	7 017.9
高平市	2015 年	4 134.2	3 496.3	2 700.5
	2020 年	4 134.2	3 496.3	2 700.5
	2030 年	6 140.0	5 508.7	4 694.9

行政分区	水平年	P=50%	P=75%	P=95%
合计	2015 年	20 380.0	17 230.7	13 303.8
	2020 年	34 996.3	29 583.8	22 836.5
	2030 年	37 002.2	31 596.2	24 830.9

6.4 地下水供水能力预测

在晋城市的总供水量中，约 49.6% 取自地下水，地下水的开发利用支持和保障了晋城市社会经济的快速发展。晋城市目前地下水供水主要依靠地下水的集中开采，在局部区域形成了地下水超采区，根据《山西省人民政府办公厅关于加强地下水管理与保护工作的通知》（晋政办发〔2015〕123 号），包括晋城市高平小型岩溶水超采区和晋城市城郊中型岩溶水超采区。地下水有其自身的补给排泄规律，若不考虑地下水的水循环规律而盲目进行地下水的开采，必然造成地下水位下降、含水层疏干、地裂缝和地面沉降等水文地质和地质环境问题，这些问题反过来又会影响社会经济的可持续发展。针对晋城市地下水资源开发利用存在问题，本次地下水供水能力预测主要是基于年均开采量不大于可开采量、地下水位止降回升的条件下，合理开发利用地下水，特别是地下水超采区内水源地的地下水开采量一定要控制在可开采量之下，以保障区域的地下水采补平衡，为晋城市水资源保护、水生态修复和地下水可持续利用奠定基础。

6.4.1 超采区开采现状

6.4.1.1 晋城市高平小型岩溶水超采区

晋城市高平小型岩溶水超采区分布于高平市区一带，以集中开采的市区为中心，属三姑泉域高平—晋城岩溶地下水系统，面积 35 km²，是城市生活和工农业生产的主要供水水源，主要取水地层为奥陶系中统上下马家沟组石灰岩和泥灰岩等，埋深 211.8 m 以下。

根据《晋城市地下水超采区评价》报告，该区域校核岩溶地下水可采资源量为 1 810 万 m³/a，2000—2015 年多年平均开采量为 2 299.8 万 m³，开采系数 1.27，2015 年开采量为 1 863.9 万 m³，开采系数为 1.03。

6.4.1.2 晋城市城郊中型岩溶水超采区

晋城市城郊中型岩溶水超采区分布于晋城市城郊，包括巴公、北石店及市区三个分区，属三姑泉域高平—晋城和任庄两个子系统，面积总计178 km²。

1. 巴公分区

巴公分区位于泽州县巴公镇，是巴公工业园区的主要供水水源，主要取水地层为奥陶系中统上下马家沟组石灰岩和泥灰岩等，水位埋深 160 m。

据《晋城市地下水超采区评价》报告，该区域校核岩溶地下水可采资源量为 720 万 m³/a，2000—2015 年多年平均开采量为 1 189.3 万 m³，其开采系数为 1.26，2015 年开采量为 1 513.3 万 m³，开采系数为 2.10。

2. 北石店分区

北石店分区位于城区北石店镇，是晋城煤业集团工矿区和生活区的主要供水水源，主要含水层为奥陶系中统上下马家沟组石灰岩和泥灰岩等，水位埋深 194.0 m 以下。

根据《晋城市地下水超采区评价》报告，该区域校核岩溶地下水可采资源量为 1 230 万 m³/a，2000—2015 年多年平均开采量为 1 867.5 万 m³，其开采系数为 1.52，2015 年开采量为 1 899.5 万 m³，开采系数为 1.54。

3. 城区分区

城区分区位于晋城市市区，是市区城市生活和工农业生产的主要供水水源，主要取水地层为奥陶系中统上下马家沟组石灰岩和泥质灰岩等，水位埋深 145.0 m 以下。

据《晋城市地下水超采区评价》报告，该区域校核岩溶地下水可采资源量为 295 万 m³/a，2000—2015 年多年平均开采量为 427.1 万 m³，其开采系数为 1.45，2015 年开采量为 516.3 万 m³，开采系数为 1.75。

6.4.2 地下水供水能力预测

地下水作为晋城市水资源的重要组成部分，在国民经济发展和人民生活中有着非常重要的作用，但随着经济发展，工农业用水和人民生活用水量日益增长，晋城市地下水开采量逐年增大，不合理的过量开采，已导致地下水位持续下降，部分地区出现了超采区并引发了一系列生态环境问题。因此，为了保护地下水资源和生态环境的良性循环，以及保障社会经济有序发展和人民群众安全生活用水，晋城市地下水供水能力的预测以各行政分区的开发利用程度为依据，非超采区的地下水供水能力以实际开采量为准，可适当增加开采量，超采区的地下水供水能力按地下水可开采量计算。据此，2020 年对于开发利用潜力较大的阳城县，规划增加开采量 990 万 m³；对于已超采的城区和高平市，参照晋城市水利发展"十三五"规划中地下水超采区的压采目标，2020 年，城区规划压采 2 225 万 m³，高平市压采 163 万 m³，各超采区的压采实施方案见表 6-6。2030 年，根据社会经济发展和人民生活水平提高的需水要求，对于开发利用潜力较大的阳城县、泽州县各增加 700 万 m³ 的地下水开采量。对于超采的城区、高平市，其超采区的开采量压采至可开采量。2020 年、2030 年晋城市各行政分区的地下水可供水量预测结果见表 6-7。

表 6-6　晋城市关井压采实施方案　　　　　单位：万 m³

序号	压采区名称		压采量	说明
1	晋城市高平小型岩溶水超采区		163	主要压缩城市生活用水量
2	晋城市城郊中型岩溶水超采区	巴公分区	602	主要压缩工业用水量
3		北石店分区	975	压缩工业及生活用水量
4		城区分区	648	主要压缩城市生活用水量
5	未超采区—晋城市大水网覆盖区		2 180	主要压缩工业用水量
合计			4 568	

表 6-7　晋城市地下水可供水量预测结果　　　　　单位：万 m³

行政分区	2015 年	2020 年	2030 年
城区	1 800.0	2 940.0	1 800.0
沁水县	2 296.7	2 296.7	2 296.7
阳城县	3 546.2	4 536.2	5 236.2
陵川县	397.8	397.8	397.8
泽州县	4 893.0	4 893.0	5 593.0
高平市	3 881.0	4 920.3	3 880.3
合计	16 814.7	19 984.0	19 204.0

6.5　其他水源供水能力预测

其他水源包括矿坑水和中水等非常规水资源，以现状年矿坑水产生量（矿坑排水和矿坑水利用量）和污水处理量之和作为其他水源现状供水能力，为4 257.5 万 m^3，占晋城市总供水能力的 7%。

6.5.1　中水供水能力预测

污水资源是污水处理回用的基础，处理回用的污水资源即中水。晋城市的污水主要包括城镇生活污水和工业废水，目前尚无系统的污水排放监测资料，污水排放量采用排污系数法进行估算，主要涉及用水量和污水排放系数。将前述第 5 章需水预测的结果作为相应规划水平年的用水量，依据《城镇排水工程规划规范》污水排放系数的确定方法，结合晋城市历年废污水排放的实际情况，确定污水排放系数。

6.5.1.1　城镇综合生活污水量

本次确定 2015 年晋城市各县（市、区）的城镇综合生活污水排放系数，随着全面建设节水型社会的推进，城镇生活节水水平的提高，其污水排放系数也随之减小，故在 2015 年的基础上，2020 年城镇生活污水排放系数有所减小，2030 年节水水平提高的空间有限，污水排放系数基本保持不变。

6.5.1.2　城镇工业废水量

本次确定 2015 年晋城市工业污水排放系数，考虑到工业耗水率随工业生产设备和工艺流程的变化而变化，在推行清洁生产和实施节水改造的情况下，工业用水的重复利用率会逐年提高，从而使排水系数逐步减小，故 2020 年和2030 年工业污水排放系数在 2015 年的基础上有所减小。

城市和工业废污水，必须经收集、处理之后方能作为中水可利用量，2020 年及 2030 年考虑到中水收集、处理等技术、设备的进步，中水产出率在2015 年的基础上有所增加。如表 6-8 和表 6-9 所示，需水基本方案下，2020年中水可供水量为 1 827.4 万 m^3，2030 年可供水量为 3 965.4 万 m^3；需水强化节水方案下，2020 年中水可供水量为 1 805.9 万 m^3，2030 年可供水量为3 732.5 万 m^3。

表6-8　晋城市污水处理回用可供水量预测结果（基本方案）

单位：万 m³

行政分区	水平年	城镇生活				工业				合计
		净需水量	污水排放系数	中水产出系数	中水量	净需水量	污水排放系数	中水产出系数	中水量	
城区	2015 年	1 707.9	0.85	1.00	1 451.7	2 156.8	0.27	0.00	0.0	1 451.7
	2020 年	1 834.5	0.51	1.00	935.6	1 747.4	0.20	0.10	34.9	970.5
	2030 年	2 112.7	0.51	1.00	1 077.5	1 732.7	0.18	0.70	218.3	1 295.8
沁水县	2015 年	279.9	1.00	0.00	0.0	1 384.2	0.17	0.00	0.0	0.0
	2020 年	402.3	0.70	0.10	28.2	1 605.5	0.15	0.10	24.1	52.2
	2030 年	509.7	0.70	0.65	231.9	1 809.8	0.14	0.70	177.4	409.3
阳城县	2015 年	436.0	0.70	1.00	305.5	4 061.9	0.09	0.00	0.0	305.5
	2020 年	585.0	0.56	1.00	327.9	4 139.3	0.09	0.10	37.3	365.1
	2030 年	758.1	0.56	1.00	424.9	3 629.1	0.09	0.70	228.6	653.5
陵川县	2015 年	227.0	0.80	0.42	76.5	284.5	0.04	0.00	0.0	76.5
	2020 年	336.8	0.48	0.45	72.8	283.7	0.04	0.10	1.1	73.9
	2030 年	436.5	0.48	0.65	136.2	259.3	0.04	0.70	7.3	143.5
泽州县	2015 年	533.8	0.50	0.00	0.0	3 882.6	0.23	0.00	0.0	0.0
	2020 年	880.1	0.40	0.10	35.3	3 725.7	0.15	0.10	55.9	91.2
	2030 年	1 140.6	0.40	0.65	297.5	3 733.1	0.13	0.70	339.7	637.2

续表 6-8

行政分区	水平年	城镇生活				工业				合计
		净需水量	污水排放系数	中水产出系数	中水量	净需水量	污水排放系数	中水产出系数	中水量	
高平市	2015 年	744.9	0.30	0.76	170.0	3 588.5	0.33	0.00	0.0	170.0
	2020 年	937.3	0.24	0.80	179.4	3 167.5	0.30	0.10	95.0	274.4
	2030 年	1 143.2	0.24	0.85	232.5	3 140.7	0.27	0.70	593.6	826.1
合计	2015 年	3 929.4	0.69	0.73	2 003.7	15 358.6	0.21	0.00	0.0	2 003.7
	2020 年	4 976.0	0.46	0.69	1 579.1	14 669.1	0.17	0.10	248.3	1 827.4
	2030 年	6 100.8	0.46	0.86	2 400.5	14 304.7	0.16	0.70	1 564.9	3 965.4

表 6-9　晋城市污水处理回用可供水量预测结果（强化节水方案）

单位：万 m³

行政分区	水平年	城镇生活				工业				合计
		净需水量	污水排放系数	中水产出系数	中水量	净需水量	污水排放系数	中水产出系数	中水量	
城区	2015 年	1 707.9	0.85	1.00	1 451.7	2 156.8	0.27	0.00	0.0	1 451.7
	2020 年	1 834.5	0.51	1.00	935.6	1 729.6	0.20	0.10	34.6	970.2
	2030 年	2 112.7	0.51	1.00	1 077.5	1 677.8	0.18	0.70	211.4	1 288.9
沁水县	2015 年	279.9	1.00	0.00	0.0	1 384.2	0.17	0.00	0.0	0.0
	2020 年	402.3	0.70	0.10	28.2	1 583.0	0.15	0.10	23.7	51.9
	2030 年	509.7	0.70	0.65	231.9	1 730.4	0.14	0.70	169.6	401.5

续表6-9

行政分区	水平年	城镇生活				工业				合计
		净需水量	污水排放系数	中水产出系数	中水量	净需水量	污水排放系数	中水产出系数	中水量	
阳城县	2015年	436.0	0.70	1.00	305.5	4 061.9	0.09	0.00	0.0	305.5
	2020年	585.0	0.56	1.00	327.9	3 969.4	0.09	0.10	35.7	363.6
	2030年	758.1	0.56	1.00	424.9	3 134.6	0.09	0.70	197.5	622.4
陵川县	2015年	227.0	0.80	0.42	76.5	284.5	0.04	0.00	0.0	76.5
	2020年	336.8	0.48	0.45	72.8	248.6	0.04	0.10	1.0	73.8
	2030年	436.5	0.48	0.65	136.2	120.6	0.04	0.70	3.4	139.6
泽州县	2015年	533.8	0.50	0.00	0.0	3 882.6	0.23	0.00	0.0	0.0
	2020年	880.1	0.40	0.10	35.3	3 709.2	0.15	0.10	55.6	91.0
	2030年	1 140.6	0.40	0.65	297.5	3 682.6	0.13	0.70	335.1	632.6
高平市	2015年	744.9	0.30	0.76	170.0	3 588.5	0.33	0.00	0.0	170.0
	2020年	937.3	0.24	0.80	179.4	2 537.0	0.30	0.10	76.1	255.5
	2030年	1 143.2	0.24	0.85	232.5	2 195.8	0.27	0.70	415.0	647.5
合计	2015年	3 929.4	0.69	0.73	2 003.7	15 358.6	0.21	0.00	0.0	2 003.7
	2020年	4 976.0	0.46	0.69	1 579.1	13 776.9	0.16	0.10	226.8	1 805.9
	2030年	6 100.8	0.46	0.86	2 400.5	12 541.7	0.15	0.70	1 331.9	3 732.5

6.5.2 矿坑水供水能力预测

根据晋城市《中水利用研究报告》，矿坑水排水系数随开采阶段的变化而变化，煤矿开采初期，揭露含水层较多，含水层处于自然饱和状态，随着开采面积的增加，矿坑排水量相对增大；开采中期，一般不揭露新的含水层，含水层水位不断降低，降落漏斗趋于稳定，矿坑排水量相对稳定；开采后期，由于含水层部分被疏干，上部补给量、地表水渗漏量也逐步减少，矿坑排水量将逐年衰减。2015 年全市原煤产量 8 191 万 t，煤矿排水量 1 988.42 万 m³，矿坑水利用量为 1 061.29 万 m³，采煤排水系数为 0.24 m³/t，矿坑水利用率为 53.37%，2020 年和 2030 年采煤排放系数取 0.2，矿坑水利用率取 60%，根据晋城市矿产资源总体规划（2011—2015 年），2020 年煤炭生产规模为 11 000 万 t，根据采矿业发展形势，规划 2030 年煤炭生产规模也为 11 000 万 t，则 2020 年、2030 年矿坑水可利用量为 1 320 万 m³，见表 6-10。

表 6-10　矿坑水规划统计

项目	2015 年	2020 年	2030 年
煤炭产量 / 万 t	8 191	11 000	11 000
吨排水系数 /（m³/t）	0.24	0.2	0.2
矿坑排水量 / 万 m³	1 988.42	2 200	2 200
矿坑水利用率	0.53	0.6	0.6
矿坑水可利用量 / 万 m³	1 061.22	1 320	1 320

6.5.3 其他水源供水能力预测

各行政分区其他水源可供水量预测结果见表 6-11。

表 6-11　其他水源可供水量预测结果

行政分区	水平年	基本方案			强化节水方案		
		中水	矿坑水	合计	中水	矿坑水	合计
城区	2015 年	1 451.7	0.0	1 451.7	1 451.7	0.0	1 451.7
	2020 年	970.5	0.0	970.5	970.2	0.0	970.2
	2030 年	1 295.8	0.0	1 295.8	1 288.9	0.0	1 288.9
沁水县	2015 年	0.0	90.7	90.7	0.0	90.7	90.7
	2020 年	52.2	112.9	165.1	51.9	112.9	164.8
	2030 年	409.3	112.9	522.1	401.5	112.9	514.4

续表 6-11

行政分区	水平年	基本方案			强化节水方案		
		中水	矿坑水	合计	中水	矿坑水	合计
阳城县	2015 年	305.5	208.5	514.0	305.5	208.5	514.0
	2020 年	365.1	259.3	624.5	363.6	259.3	622.9
	2030 年	653.5	259.3	912.9	622.4	259.3	881.7
陵川县	2015 年	76.5	27.9	104.4	76.5	27.9	104.4
	2020 年	73.9	34.7	108.6	73.8	34.7	108.5
	2030 年	143.5	34.7	178.2	139.6	34.7	174.3
泽州县	2015 年	0.0	410.9	410.9	0.0	410.9	410.9
	2020 年	91.2	511.2	602.4	91.0	511.2	602.1
	2030 年	637.2	511.2	1 148.4	632.6	511.2	1 143.8
高平市	2015 年	170.0	323.1	493.1	170.0	323.1	493.1
	2020 年	274.4	401.9	676.4	255.5	401.9	657.5
	2030 年	826.1	401.9	1 228.0	647.5	401.9	1 049.4
合计	2015 年	2 003.7	1 061.2	3 064.9	2 003.7	1 061.2	3 064.9
	2020 年	1 827.4	1 320.0	3 147.4	1 805.9	1 320.0	3 125.9
	2030 年	3 965.4	1 320.0	5 285.4	3 732.5	1 320.0	5 052.5

6.6　供水预测汇总

（1）需水基本方案下，P=50%、75% 和 95% 时，晋城市 2015 年可供水量分别为 40 259.6 万 m^3、37 110.3 万 m^3 和 33 183.4 万 m^3，2020 年可供水量分别为 58 127.8 万 m^3、52 715.2 万 m^3 和 45 967.9 万 m^3，2030 年可供水量分别为 61 491.5 万 m^3、56 085.6 万 m^3 和 49 320.3 万 m^3，见表 6-12。

（2）需水强化节水方案下，P=50%、75% 和 95% 时，晋城市 2015 年可供水量分别为 40 259.6 万 m^3、37 110.3 万 m^3 和 33 183.4 万 m^3，2020 年可供水量分别为 58 106.2 万 m^3、52 693.7 万 m^3 和 45 946.4 万 m^3，2030 年可供水量分别为 61 258.6 万 m^3、55 852.6 万 m^3 和 49 087.3 万 m^3，见表 6-13。

表 6-12　供水预测结果汇总（基本方案）

单位：万 m³

行政分区	水平年	地表水			地下水	其他水源	合计		
		50%	75%	95%			50%	75%	95%
城区	2015 年	1 802.6	1 513.1	1 154.6	1 800.0	1 451.7	5 054.3	4 764.8	4 406.3
	2020 年	5 132.3	4 307.9	3 287.3	2 940.0	970.5	9 042.8	8 218.5	7 197.8
	2030 年	5 132.3	4 307.9	3 287.3	1 800.0	1 295.8	8 228.1	7 403.7	6 383.1
沁水县	2015 年	3 274.3	2 810.0	2 222.7	2 296.7	90.7	5 661.7	5 197.4	4 610.2
	2020 年	4 912.5	4 215.8	3 334.8	2 296.7	165.1	7 374.3	6 677.6	5 796.6
	2030 年	4 912.5	4 215.8	3 334.8	2 296.7	522.1	7 731.3	7 034.6	6 153.6
阳城县	2015 年	5 475.5	4 596.9	3 507.7	3 546.2	514.0	9 535.6	8 657.0	7 567.8
	2020 年	6 552.6	5 501.1	4 197.7	4 536.2	624.5	11 713.3	10 661.8	9 358.4
	2030 年	6 552.6	5 501.1	4 197.7	5 236.2	912.9	12 701.7	11 650.2	10 346.8
陵川县	2015 年	1 498.2	1 266.9	978.6	397.8	104.4	2 000.4	1 769.1	1 480.8
	2020 年	3 518.7	2 975.5	2 298.3	397.8	108.6	4 025.1	3 481.9	2 804.7
	2030 年	3 518.7	2 975.5	2 298.3	397.8	178.2	4 094.7	3 551.5	2 874.3
泽州县	2015 年	4 195.3	3 547.7	2 739.8	4 893.0	410.9	9 499.3	8 851.6	8 043.8
	2020 年	10 746.1	9 087.2	7 017.9	4 893.0	602.4	16 241.5	14 582.6	12 513.3
	2030 年	10 746.1	9 087.2	7 017.9	5 593.0	1 148.4	17 487.5	15 828.5	13 759.3
高平市	2015 年	4 134.2	3 496.3	2 700.5	3 881.0	493.1	8 508.3	7 870.4	7 074.6
	2020 年	4 134.2	3 496.3	2 700.5	4 920.3	676.4	9 730.8	9 092.9	8 297.1
	2030 年	6 140.0	5 508.7	4 694.9	3 880.3	1 228.0	11 248.3	10 617.0	9 803.2
合计	2015 年	20 380.0	17 230.7	13 303.8	16 814.7	3 064.9	40 259.6	37 110.3	33 183.4
	2020 年	34 996.3	29 583.8	22 836.5	19 984.0	3 147.4	58 127.8	52 715.2	45 967.9
	2030 年	37 002.2	31 596.2	24 830.9	19 204.0	5 285.4	61 491.5	56 085.6	49 320.3

表 6-13　供水预测结果汇总（强化节水方案）

单位：万 m³

行政分区	水平年	地表水			地下水	其他水源	合计		
		50%	75%	95%			50%	75%	95%
城区	2015 年	1 802.6	1 513.1	1 154.6	1 800.0	1 451.7	5 054.3	4 764.8	4 406.3
	2020 年	5 132.3	4 307.9	3 287.3	2 940.0	970.2	9 042.5	8 218.1	7 197.4
	2030 年	5 132.3	4 307.9	3 287.3	1 800.0	1 288.9	8 221.2	7 396.8	6 376.1
沁水县	2015 年	3 274.3	2 810.0	2 222.7	2 296.7	90.7	5 661.7	5 197.4	4 610.2
	2020 年	4 912.5	4 215.8	3 334.8	2 296.7	164.8	7 373.9	6 677.2	5 796.2
	2030 年	4 912.5	4 215.8	3 334.8	2 296.7	514.4	7 723.5	7 026.8	6 145.8
阳城县	2015 年	5 475.5	4 596.9	3 507.7	3 546.2	514.0	9 535.6	8 657.0	7 567.8
	2020 年	6 552.6	5 501.1	4 197.7	4 536.2	622.9	11 711.7	10 660.3	9 356.8
	2030 年	6 552.6	5 501.1	4 197.7	5 236.2	881.7	12 670.5	11 619.0	10 315.6
陵川县	2015 年	1 498.2	1 266.9	978.6	397.8	104.4	2 000.4	1 769.1	1 480.8
	2020 年	3 518.7	2 975.5	2 298.3	397.8	108.5	4 025.0	3 481.8	2 804.6
	2030 年	3 518.7	2 975.5	2 298.3	397.8	174.3	4 090.8	3 547.6	2 870.4
泽州县	2015 年	4 195.3	3 547.7	2 739.8	4 893.0	410.9	9 499.3	8 851.6	8 043.8
	2020 年	10 746.1	9 087.2	7 017.9	4 893.0	602.1	16 241.2	14 582.3	12 513.0
	2030 年	10 746.1	9 087.2	7 017.9	5 593.0	1 143.8	17 482.9	15 824.0	13 754.7
高平市	2015 年	4 134.2	3 496.3	2 700.5	3 881.0	493.1	8 508.3	7 870.4	7 074.6
	2020 年	4 134.2	3 496.3	2 700.5	4 920.3	657.5	9 711.9	9 074.0	8 278.2
	2030 年	6 140.0	5 508.7	4 694.9	3 880.3	1 049.4	11 069.8	10 438.4	9 624.6
合计	2015 年	20 380.0	17 230.7	13 303.8	16 814.7	3 064.9	40 259.6	37 110.3	33 183.4
	2020 年	34 996.3	29 583.8	22 836.5	19 984.0	3 125.9	58 106.2	52 693.7	45 946.4
	2030 年	37 002.2	31 596.2	24 830.9	19 204.0	5 052.5	61 258.6	55 852.6	49 087.3

第 7 章　水资源配置

7.1　晋城市水资源配置的基本思路

水资源配置的基本思路就是水量分配，即对水资源可利用的总量或者可以分配的水量向各个地区进行逐级分配，确定每个地区的生活、生产的用水份额或者取用水水量的份额。经过水量分配确定的各个地区的用水份额是实行用水总量控制制度和定额管理制度相结合的基础。

7.1.1　水资源供需分析基本原则与内容

7.1.1.1　水资源供需分析的基本原则

水资源供需平衡分析指在一定范围内对不同时期的可供水量和需水量的供求关系分析，其目的是通过计算和分析不同规划水平年的可供水量和需水量，揭示区域水资源供需矛盾，为区域水资源配置奠定基础，为制订社会经济发展计划、保护生态环境以及水源工程和节水工程建设提供依据。一般要解决三个方面的问题：一是通过现状水平年可供水量和需水量的平衡计算，分析区域水资源开发利用中的供需现状和存在的问题；二是通过规划水平年不同用水部门的供需平衡分析，了解水资源余缺的时空分布；三是根据水资源供需矛盾，提出水源工程和节水工程的建设规划，合理配置水资源，满足社会经济发展对水量日益增长的需求和维护水环境水生态的自然功能，实现水资源和可持续发展和利用。

水资源供需平衡分析涉及社会、经济、生态环境等方面，供需平衡应遵循以下的基本原则与要求：

（1）近期与远期相结合。水资源供需关系是随着经济社会发展、人民生活水平提高和生态环境建设等的不断发展变化而呈现出阶段性的变化。因此，水资源的供需必须有中长期的规划，既把现状的供需情况弄清楚，又要充分分析未来的供需变化，把近期和远期结合起来。

（2）整体与部分相结合。该原则是指在供需分析时，应将大区与分区、单一水源与多个水源、单一用水部门与行业用水相结合进行水资源供需分析。在供需分析时，既要进行整个的供需平衡分析，也要进行分区的供需平衡分析，以反映各分区的真实情况，避免出现整个区域虽然平衡了，但分区仍有盈亏的现象。同时，要重视多水源联合的供需平衡分析，以提高供水保证率。另外，水资源供需分析应将区域水循环系统与取、供、用、耗、排退水过程作为一个互相联系的整体，分析区域间水量及水质的相互影响，协调区域间的供需平衡关系。

（3）进行多次供需反馈与平衡协调。根据未来经济社会发展的需水要求，一般进行 2～3 次的供需分析，一次供需分析主要是考虑人口的自然增长、经济发展、城市化程度和生活水平提高情况下，按现状水资源开发利用格局提供的水资源进行供需分析。若一次供需分析有缺口，则考虑强化节水、挖潜改造、调整产业结构、合理抑制需求和保护生态环境等措施再进行供需分析，若二次供需仍有较大缺口，应进一步加大调整经济布局和产业结构及节水力度，并考虑跨流域调水，进行三次供需分析。

7.1.1.2　水资源供需分析内容及方法

供需平衡分析主要包括基准年供需分析和规划水平年供需分析。基准年供需分析是指在现状年供用水量调查评价的基础上，扣除现状供水中不合理开发的部分水量（如地下水超采量、未处理污水直接利用量及不符合水质要求的供水量等），对需水、来水按不同频率进行供需分析，指出水资源开发利用中存在的主要问题，评估水资源对经济社会发展的制约和影响。基准年水资源供需分析的目的是摸清水资源开发利用在现状条件下存在的主要问题，分析水资源供需结构、利用效率和工程布局的合理性，提出水资源供需分析中的供水满足程度、余缺水量、缺水程度、缺水性质、缺水原因及其影响等指标，为规划水平年供需分析提供依据。规划水平年的供需平衡分析以基准年供需平衡为基础，通过对水资源的合理配置，进行供需水量的平衡分析计算，提出各规划水平年、不同年型、各组方案的供需分析成果以及规划水平年的供水组成、水资源利用程度、污水处理再利用、水资源地区分配、缺水率等。

本书的供需平衡分析的基准年为 2015 年，近期规划水平年为 2020 年，远期规划水平年为 2030 年。方法为频率分析法，即根据各分区的雨情、水情情况，选择 P=50%、75%、95% 为代表年，进行分区的供需分析，然后把个分区同频率的计算成果汇总得到整个区域的水资源供需分析成果。

7.1.2　水资源配置基本思路

水资源的合理配置是一个区域经济社会环境的可持续发展的重要基础，是促进区域产业结构调整的关键因素。水资源作为支撑区域经济社会发展的重要基础资源，与区域的经济、社会、资源、环境与生态等密切相关，是区域社会经济发展的控制要素。一方面区域经济社会发展受当地的水资源和水环境承载力限制，另一方面区域的国民经济发展规划和发展战略对水资源配置有导向作用。水资源配置是协调考虑经济、环境和生态各方面需求的区域水量、水质和用水效率的综合调控。党的十八届五中全会提出要实施水资源消耗总量和强度双控行动，其根本目的是要促进经济社会发展与水资源承载力相协调，强化水资源用途管制，通过水资源配置和最严格的水资源管理，解决水资源开发利用过度、水环境容量超载和河湖生态退化等问题，统筹协调各行业用水需求，以水资源节约集约利用和可持续利用支撑工业化、城镇化和农业现代化，保障经济社会可持续发展。因此，水资源合理配置是目前社会发展的需要。

晋城市是在资源开发和利用基础上兴起和建立起来的一个资源型城市，煤炭开采和简单加工一直是其主导产业，煤炭资源为区域的经济发展做出了重要贡献。但是由于矿产资源的不可再生性，决定了晋城市要想可持续发展，必须走产业结构调整和产业转型之路。鉴于此，晋城市根据绿色和可持续的发展理念，针对本地区内外发展环境和条件的深刻变化，以中央提出的"创新、协调、绿色、开放、共享"五大发展新理念，构建产业新体系。通过加强用水需求管理，以水定需、量水而行，抑制不合理用水需求，促进人口、经济等与水资源相均衡；通过大力推广高效节水技术和产品，发展节水农业，加强城市节水，推进企业节水改造；通过积极开发利用再生水、矿井水、雨洪水等非常规水源，提高水资源安全保障水平，合理配置国民经济社会发展用水。

从晋城市现阶段用水结构来看，农业用水量为 16 354.2 万 m^3，占总用水量的 37.9%，但其产值仅占国民经济生产总值的 4.7%。工业用水量为 17 065.1 万 m^3，占总用水量的 39.6%，万元增加值用水量为 27 m^3/万元，小于全国工业增加值用水量 58 m^3/万元。经济发达地区普遍存在缺水现象，经济发展已受到水资源短缺的制约。因此，在保证经济稳步发展的同时，如何通过水资源配置，保障产业结构调整后经济社会发展与区域水资源承载力相适应，是本次需解决的一个重要课题。

本次水资源配置以晋城市所辖的 1 区、1 市、4 县为单元，水资源配置基本思路为坚持以人为本，保障饮水安全，统筹兼顾，优先利用矿坑水、废污水，充分使用地表水，限制开采地下水，提高水资源重复利用率，促进水资源可持续利用。水资源配置顺序为优先配置当地地表水，后配置地下水，加大再生水、矿坑水及雨洪资源等非常规水源的配置。在正常年份，按照先满足生活用水，再满足生产用水，后满足生态用水的配置顺序；在特枯干旱年，在保证生活用水的基础上，再考虑关系民生的第三产业、重点工业和对人类生存起决定性影响的生态环境用水，以确保居民生活和重要部门、重要地区用水，将其对社会、经济、生态和环境的影响降到最小，以水资源的可持续利用保障国民经济稳步发展和良性增长，实现社会经济的可持续发展。

7.2 供需平衡分析

7.2.1 基准年供需分析

根据基准年水资源供需水的计算结果，在去除城区和高平市地下水超采的部分和污水灌溉的部分不合理用水后，晋城市基准年供需分析如表7-1所示。$P=50\%$ 时，2015年晋城市整体不缺水，仅城区和阳城县存在缺水情况；$P=75\%$ 时，2015年晋城市整体缺水5 965.9万 m^3，除沁水县外，其余各县（市、区）均存在不同程度的缺水。

7.2.2 规划水平年供需分析

本次晋城市水资源综合规划，分别对近期规划水平年2020年和远期规划水平年2030年进行分析。

7.2.2.1 一次供需分析

根据对不同规划水平年的需水预测，现有的供水能力不足以支撑2020年和2030年的用水需求，各行政分区均存在不同程度的缺水情况，见表7-2和表7-3。

基本需水方案下，$P=50\%$ 时，2020年晋城市整体缺水3 898.9万 m^3，除沁水和陵川外，其余各县（市、区）均存在不同程度的缺水；2030年晋城市整体缺水10 004.3万 m^3，各县（市、区）均存在不同程度的缺水。$P=75\%$ 时，2020年晋城市整体缺10 867.0万 m^3，除城区外，各县（市、区）均存在不同程度的缺水；2030年晋城市整体缺水16 972.4万 m^3，各县（市、区）均存在不同程度的缺水。

强化节水需水方案下，$P=50\%$ 时，2020年晋城市整体缺水1 745.9万 m^3，城区、阳城和高平存在不同程度的缺水；2030年晋城市整体缺水5 456.9万 m^3，除沁水和阳城外，其余县（市、区）均存在不同程度的缺水。$P=75\%$ 时，2020年晋城市整体缺水8 420.3万 m^3，各县（市、区）均存在不同程度的缺水；2030年晋城市整体缺水11 822.0万 m^3，各县（市、区）均存在不同程度的缺水。

表 7-1　2015 年晋城市供需分析

单位：万 m³

行政分区	生活需水		生产需水					生态需水	地表水			地下水	其他水源
	城镇	农村	第一产业			第二产业	第三产业		50%	75%	95%		
			50%	75%	95%								
城区	1 919.0	0.0	916.9	1 295.3	1 295.3	2 481.4	1 260.0	480.0	1 802.6	1 513.1	1 154.6	1 800.0	1 451.7
沁水县	338.0	248.0	2 414.4	2 806.0	2 806.0	1 583.0	105.0	73.2	3 274.3	2 810.0	2 222.7	2 296.7	90.7
阳城县	496.6	504.6	2 540.8	3 039.2	3 039.2	4 545.3	73.1	106.7	5 475.5	4 596.9	3 507.7	3 546.2	514.0
陵川县	267.0	286.0	674.8	785.7	785.7	361.1	87.0	21.5	1 498.2	1 266.9	978.6	397.8	104.4
泽州县	628.0	576.0	3 358.1	3 998.1	3 998.1	4 351.1	216.0	31.1	4 195.3	3 547.7	2 739.8	4 893.0	410.9
高平市	876.3	442.2	3 169.3	4 421.0	4 421.0	4 129.7	146.4	97.8	4 134.2	3 496.3	2 700.5	3 881.0	493.1
合计	4 524.9	2 056.8	13 074.4	16 345.2	16 345.2	17 451.6	1 887.5	810.2	20 380.0	17 230.7	13 303.8	16 814.7	3 064.9

表 7-2 规划水平年基本需水方案现状供水能力供需分析

单位：万 m³

行政分区	水平年	P=50%			P=75%			P=95%		
		可供水量	需水量	缺水量	可供水量	需水量	缺水量	可供水量	需水量	缺水量
城区	2015 年	5 054.3	7 057.3	2 002.9	4 764.8	7 435.7	2 670.9	4 406.3	7 435.7	3 029.4
	2020 年	5 054.3	7 590.1	2 535.8	4 764.8	7 968.5	3 203.7	4 406.3	7 968.5	3 562.2
	2030 年	5 054.3	9 869.1	4 814.8	4 764.8	10 247.5	5 482.7	4 406.3	10 247.5	5 841.2
沁水县	2015 年	5 661.7	4 761.7	-900.1	5 197.4	5 153.2	-44.2	4 610.2	5 153.2	543.1
	2020 年	5 661.7	5 266.9	-394.9	5 197.4	5 658.4	461.1	4 610.2	5 658.4	1 048.3
	2030 年	5 661.7	6 000.3	338.6	5 197.4	6 391.9	1 194.5	4 610.2	6 391.9	1 781.7
阳城县	2015 年	9 535.6	8 267.1	-1 268.5	8 657.0	8 765.4	108.4	7 567.8	8 765.4	1 197.6
	2020 年	9 535.6	10 075.6	540.0	8 657.0	10 863.8	2 206.8	7 567.8	10 863.8	3 295.9
	2030 年	9 535.6	10 188.4	652.7	8 657.0	10 976.5	2 319.5	7 567.8	10 976.5	3 408.7
陵川县	2015 年	2 000.4	1 697.3	-303.0	1 769.1	1 808.3	39.2	1 480.8	1 808.3	327.5
	2020 年	2 000.4	1 960.0	-40.3	1 769.1	2 070.9	301.9	1 480.8	2 070.9	590.2
	2030 年	2 000.4	2 339.6	339.2	1 769.1	2 450.5	681.4	1 480.8	2 450.5	969.8
泽州县	2015 年	9 499.3	9 160.3	-339.0	8 851.6	9 800.2	948.6	8 043.8	9 800.2	1 756.4
	2020 年	9 499.3	9 773.2	274.0	8 851.6	10 448.3	1 596.6	8 043.8	10 448.3	2 404.5
	2030 年	9 499.3	10 977.6	1 478.3	8 851.6	11 652.6	2 801.0	8 043.8	11 652.6	3 608.9
高平市	2015 年	8 508.3	8 861.7	353.4	7 870.4	10 113.3	2 242.9	7 074.6	10 113.3	3 038.8
	2020 年	8 508.3	9 492.7	984.4	7 870.4	10 967.3	3 096.9	7 074.6	10 967.3	3 892.7
	2030 年	8 508.3	10 888.9	2 380.6	7 870.4	12 363.5	4 493.1	7 074.6	12 363.5	5 288.9
合计	2015 年	40 259.6	39 805.3	-454.3	37 110.3	43 076.1	5 965.9	33 183.4	43 076.1	9 892.7
	2020 年	40 259.6	44 158.6	3 898.9	37 110.3	47 977.3	10 867.0	33 183.4	47 977.3	14 793.8
	2030 年	40 259.6	50 263.9	10 004.3	37 110.3	54 082.6	16 972.4	33 183.4	54 082.6	20 899.2

表 7-3　规划水平年强化节水需水方案现状供水能力供需分析

单位：万 m³

行政分区	水平年	P=50%			P=75%			P=95%		
		可供水量	需水量	缺水量	可供水量	需水量	缺水量	可供水量	需水量	缺水量
城区	2015 年	5 054.3	7 057.3	2 002.9	4 764.8	7 435.7	2 670.9	4 406.3	7 435.7	3 029.4
	2020 年	5 054.3	7 421.4	2 367.1	4 764.8	7 772.8	3 008.0	4 406.3	7 772.8	3 366.5
	2030 年	5 054.3	9 430.8	4 376.4	4 764.8	9 758.7	4 993.9	4 406.3	9 758.7	5 352.4
沁水县	2015 年	5 661.7	4 761.7	-900.1	5 197.4	5 153.2	-44.2	4 610.2	5 153.2	543.1
	2020 年	5 661.7	5 111.5	-550.3	5 197.4	5 483.5	286.1	4 610.2	5 483.5	873.3
	2030 年	5 661.7	5 584.5	-77.2	5 197.4	5 927.9	730.5	4 610.2	5 927.9	1 317.8
阳城县	2015 年	9 535.6	8 267.1	-1 268.5	8 657.0	8 765.4	108.4	7 567.8	8 765.4	1 197.6
	2020 年	9 535.6	9 543.2	7.6	8 657.0	10 258.6	1 601.6	7 567.8	10 258.6	2 690.8
	2030 年	9 535.6	9 037.1	-498.5	8 657.0	9 701.4	1 044.4	7 567.8	9 701.4	2 133.5
陵川县	2015 年	2 000.4	1 697.3	-303.0	1 769.1	1 808.3	39.2	1 480.8	1 808.3	327.5
	2020 年	2 000.4	1 885.8	-114.5	1 769.1	1 993.1	224.0	1 480.8	1 993.1	512.3
	2030 年	2 000.4	2 071.6	71.2	1 769.1	2 170.6	401.5	1 480.8	2 170.6	689.8
泽州县	2015 年	9 499.3	9 160.3	-339.0	8 851.6	9 800.2	948.6	8 043.8	9 800.2	1 756.4
	2020 年	9 499.3	9 496.3	-3.0	8 851.6	10 117.7	1 266.1	8 043.8	10 117.7	2 074.0
	2030 年	9 499.3	10 320.4	821.1	8 851.6	10 879.7	2 028.1	8 043.8	10 879.7	2 835.9
高平市	2015 年	8 508.3	8 861.7	353.4	7 870.4	10 113.3	2 242.9	7 074.6	10 113.3	3 038.8
	2020 年	8 508.3	8 547.3	39.0	7 870.4	9 904.9	2 034.5	7 074.6	9 904.9	2 830.3
	2030 年	8 508.3	9 272.2	763.9	7 870.4	10 494.0	2 623.6	7 074.6	10 494.0	3 419.4
合计	2015 年	40 259.6	39 805.3	-454.3	37 110.3	43 076.1	5 965.9	33 183.4	43 076.1	9 892.7
	2020 年	40 259.6	42 005.5	1 745.9	37 110.3	45 530.6	8 420.3	33 183.4	45 530.6	12 347.1
	2030 年	40 259.6	45 716.6	5 456.9	37 110.3	48 932.3	11 822.0	33 183.4	48 932.3	15 748.9

7.2.2.2　二次供需分析

由基准年分析可知，现有供水工程不同水平年的可供水量不能满足 2020 年和 2030 年的用水需求，在水利"十三五"规划的供水工程、关井压采工程等实施后，各县（市、区）供需情况见表 7-4 和表 7-5。

基本需水方案下，$P=50\%$ 时，2020 年晋城市整体不缺水，各县（市、区）均不存在缺水情况；2030 年晋城市整体不缺水，但城区存在缺水情况。$P=75\%$ 时，2020 年晋城市整体不缺水，但阳城县和高平市仍存在缺水情况；2030 年晋城市整体不缺水，但城区和高平市均存在不同程度的缺水。

强化节水需水方案下，$P=50\%$ 时，2020 年和 2030 年晋城市整体均不缺水，城区 2030 年存在缺水情况。$P=75\%$ 时，2020 年晋城市整体不缺水，仅高平市存在缺水情况；2030 年晋城市整体不缺水，仅城区、高平市存在缺水情况。

根据规划工程供水能力供需分析的结果，推荐采用满足晋城市最严格水资源管理制度要求的强化节水需水方案，提高晋城市供水的保证率。

7.3　不同水平年水资源配置方案

随着社会经济的进一步发展，晋城市各项需水将逐年增加，而可供利用的地表水、地下水是有限的，客水按指标分配，非常规水也受污废水处理技术与雨水收集能力的限制。因此，需通过水资源配置进行有限水资源的再分配，使水资源的短缺不致引起较大的经济损失和生态环境破坏。

用水户供水优先次序基本为城镇居民生活、农村居民生活、第三产业、第二产业、生态环境和农业。水源水质优劣次序为地下水、泉水、地表水、客水、非常规水。居民生活用水的满足程度不低于第二产业、第三产业，生态环境用水的满足程度一般不低于农业用水的满足程度。当出现供水紧张时，如果居民生活、第二、三产业和生态环境用水的满足程度达不到上述标准时，可将农业用水部分转移给较高优先级的用水户，农业用水的满足程度可适当降低。

晋城市"十三五"期间国民经济与社会发展主要围绕"一区九园"开展，因此对晋城市水资源的规划配置应以"一区九园"为重点，并在此基础上，提出满足不同水平年各区域生活、生产、生态需求的水资源配置方案。

7.3.1　"一区九园"供水配置

晋城市"一区九园"主要包括晋城经济技术开发区、北留周村煤电化工

表 7-4　规划水平年基本需水方案已有规划供水能力供需分析

单位：万 m³

行政分区	水平年	P=50%			P=75%			P=95%		
		可供水量	需水量	缺水量	可供水量	需水量	缺水量	可供水量	需水量	缺水量
城区	2015 年	5 054.3	7 057.3	2 002.9	4 764.8	7 435.7	2 670.9	4 406.3	7 435.7	3 029.4
	2020 年	9 042.8	7 590.1	-1 452.7	8 218.5	7 968.5	-249.9	7 197.8	7 968.5	770.7
	2030 年	8 228.1	9 869.1	1 641.0	7 403.7	10 247.5	2 843.8	6 383.1	10 247.5	3 864.5
沁水县	2015 年	5 661.7	4 761.7	-900.1	5 197.4	5 153.2	-44.2	4 610.2	5 153.2	543.1
	2020 年	7 374.3	5 266.9	-2 107.4	6 677.6	5 658.4	-1 019.1	5 796.6	5 658.4	-138.1
	2030 年	7 731.3	6 000.3	-1 731.0	7 034.6	6 391.9	-642.7	6 153.6	6 391.9	238.3
阳城县	2015 年	9 535.6	8 267.1	-1 268.5	8 657.0	8 765.4	108.4	7 567.8	8 765.4	1 197.6
	2020 年	11 713.3	10 075.6	-1 637.6	10 661.8	10 863.8	202.0	9 358.4	10 863.8	1 505.4
	2030 年	12 701.7	10 188.4	-2 513.3	11 650.2	10 976.5	-673.7	10 346.8	10 976.5	629.7
陵川县	2015 年	2 000.4	1 697.3	-303.0	1 769.1	1 808.3	39.2	1 480.8	1 808.3	327.5
	2020 年	4 025.1	1 960.0	-2 065.1	3 481.9	2 070.9	-1 411.0	2 804.7	2 070.9	-733.8
	2030 年	4 094.7	2 339.6	-1 755.1	3 551.5	2 450.5	-1 101.0	2 874.3	2 450.5	-423.8
泽州县	2015 年	9 499.3	9 160.3	-339.0	8 851.6	9 800.2	948.6	8 043.8	9 800.2	1756.4
	2020 年	16 241.5	9 773.2	-6 468.2	14 582.6	10 448.3	-4 134.3	12 513.3	10 448.3	-2 065.0
	2030 年	17 487.5	10 977.6	-6 509.9	15 828.5	11 652.6	-4 175.9	13 759.3	11 652.6	-2 106.7
高平市	2015 年	8 508.3	8 861.7	353.4	7 870.4	10 113.3	2 242.9	7 074.6	10 113.3	3 038.8
	2020 年	9 730.8	9 492.7	-238.1	9 092.9	10 967.3	1 874.4	8 297.1	10 967.3	2 670.2
	2030 年	11 248.3	10 888.9	-359.4	10 617.0	12 363.5	1 746.5	9 803.2	12 363.5	2 560.3
合计	2015 年	40 259.6	39 805.3	-454.3	37 110.3	43 076.1	5 965.9	33 183.4	43 076.1	9 892.7
	2020 年	58 127.8	44 158.6	-13 969.2	52 715.2	47 977.3	-4 738.0	45 967.9	47 977.3	2 009.4
	2030 年	61 491.5	50 263.9	-11 227.6	56 085.6	54 082.6	-2 002.9	49 320.3	54 082.6	4 762.4

表 7-5　规划水平年基本强化节水方案已有规划供水能力供需分析

单位：万 m³

行政分区	水平年	P=50%			P=75%			P=95%		
		可供水量	需水量	缺水量	可供水量	需水量	缺水量	可供水量	需水量	缺水量
城区	2015 年	5 054.3	7 057.3	2 002.9	4 764.8	7 435.7	2 670.9	4 406.3	7 435.7	3 029.4
	2020 年	9 042.5	7 421.4	-1 621.0	8 218.1	7 772.8	-445.3	7 197.4	7 772.8	575.4
	2030 年	8 221.2	9 430.8	1 209.6	7 396.8	9 758.7	2 361.9	6 376.1	9 758.7	3 382.6
沁水县	2015 年	5 661.7	4 761.7	-900.1	5 197.4	5 153.2	-44.2	4 610.2	5 153.2	543.1
	2020 年	7 373.9	5 111.5	-2 262.4	6 677.2	5 483.5	-1 193.8	5 796.2	5 483.5	-312.8
	2030 年	7 723.5	5 584.5	-2 139.0	7 026.8	5 927.9	-1 098.9	6 145.8	5 927.9	-217.9
阳城县	2015 年	9 535.6	8 267.1	-1 268.5	8 657.0	8 765.4	108.4	7 567.8	8 765.4	1 197.6
	2020 年	11 711.7	9 543.2	-2 168.5	10 660.3	10 258.6	-401.6	9 356.8	10 258.6	901.8
	2030 年	12 670.5	9 037.1	-3 633.4	11 619.0	9 701.4	-1 917.6	10 315.6	9 701.4	-614.2
陵川县	2015 年	2 000.4	1 697.3	-303.0	1 769.1	1 808.3	39.2	1 480.8	1 808.3	327.5
	2020 年	4 025.0	1 885.8	-2 139.2	3 481.8	1 993.1	-1 488.7	2 804.6	1 993.1	-811.5
	2030 年	4 090.8	2 071.6	-2 019.2	3 547.6	2 170.6	-1 377.0	2 870.4	2 170.6	-699.8
泽州县	2015 年	9 499.3	9 160.3	-339.0	8 851.6	9 800.2	948.6	8 043.8	9 800.2	1 756.4
	2020 年	16 241.2	9 496.3	-6 745.0	14 582.3	10 117.7	-4 464.6	12 513.0	10 117.7	-2 395.3
	2030 年	17 482.9	10 320.4	-7 162.5	15 824.0	10 879.7	-4 944.3	13 754.7	10 879.7	-2 875.0
高平市	2015 年	8 508.3	8 861.7	353.4	7 870.4	10 113.3	2 242.9	7 074.6	10 113.3	3 038.8
	2020 年	9 711.9	8 547.3	-1 164.6	9 074.0	9 904.9	830.8	8 278.2	9 904.9	1 626.7
	2030 年	11 069.8	9 272.2	-1 797.5	10 438.4	10 494.0	55.6	9 624.6	10 494.0	869.4
合计	2015 年	40 259.6	39 805.3	-454.3	37 110.3	43 076.1	5 965.9	33 183.4	43 076.1	9 892.7
	2020 年	58 106.2	42 005.5	-16 100.7	52 693.7	45 530.6	-7 163.1	45 946.4	45 530.6	-415.8
	2030 年	61 258.6	45 716.6	-15 542.1	55 852.6	48 932.3	-6 920.3	49 087.3	48 932.3	-155.0

业园、泽州巴公装备制造工业园、高平煤焦化工业园、南村新兴产业工业园、沁水新能源产业工业园、晋城市新能源科技创新园、礼杨新型工业园区、阳城陶瓷产业工业园（芹池工业园区）、演礼工业园，现有及规划供水主要依靠晋城市"井"字形大水网和陵川供水开展，主要供水工程见图7-1。

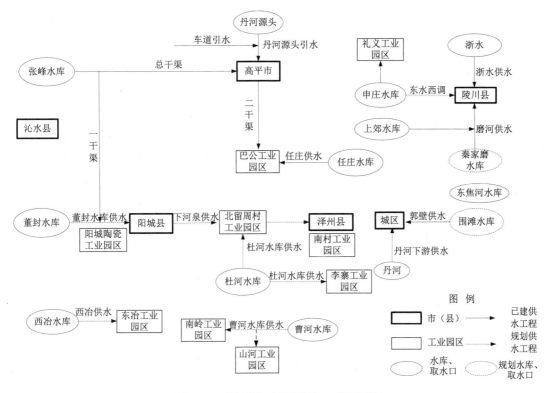

图 7-1 晋城市主要供水工程配置

7.3.2 水资源配置方案

针对不同水平年的缺水情况和晋城市水资源分布不均匀的特点，随着晋城市水利"十三五"规划等相关规划项目的实施，供水能力随之增加，对不同规划水平年进行供需分析，在留足河道内生态用水的基础上，依据优先利用地表水和其他水源，合理利用地下水，优先保证生活、生产用水等原则，对水资源进行配置，配置方案如下：

（1）2020年和2030年城区和高平市的压采工程需以地表水供水工程作为替代水源，城区主要依靠郭壁供水工程和下河泉供水工程供水，高平市主要依靠张峰水库供水工程和丹河源头引水工程供水。

（2）为消除未经处理的污水灌溉带来的安全隐患，可使用新增的地表水供水工程和其他水源（中水和矿坑水）供给农业灌溉用水。

（3）随着城镇生活水平和社会经济发展所增加的生活、生产需水量主要依靠地表水源工程供给，在地下水开发利用潜力较大的阳城县和泽州县，可适当增加地下水开采量；河道外生态需水量的增加主要依靠其他水源供给。

不同水平年在 P=50% 和 P=75% 时的晋城市水资源配置方案具体成果见表 7-6～表 7-9。

根据水资源配置方案，P=50% 时，晋城市 2020 年达到供需平衡，不存在缺水情况，2030 年供需基本平衡，仅城区三产缺水 1 209.5 万 m^3；P=75% 时，供需基本平衡，地表水供水能力减少，2020 年高平市农业缺水 1 280.1 万 m^3，2030 年城区农业缺水 182.6 万 m^3、三产缺水 1 221.9 万 m^3、生态缺水 136.1 万 m^3，高平市农业缺水 1 420 万 m^3。

表 7-6　2020 年 P=50% 晋城市水资源配置方案平衡　　　　单位：万 m^3

行政分区	分项		生活需水		生产需水			生态需水
			城镇生活	农村生活	一产	二产	三产	
城区	需水量		2 015.9	0.0	865.0	2 030.3	1 976.5	533.7
	供水量	地表水	1 764.9	0.0	215.0	1 651.6	896.5	200.0
		地下水	251.0	0.0	423.0	378.7	1 080.0	77.0
		其他水源			227.0	0.0		256.7
	缺水量		0.0	0.0	0.0	0.0	0.0	0.0
沁水县	需水量		462.4	236.1	2 370.3	1 816.4	160.3	66.0
	供水量	地表水	324.4	102.0	2 317.0	379.4	118.3	28.5
		地下水	138.0	134.1	53.3	1 437.0	42.0	37.5
		其他水源			0.0	0.0		
	缺水量		0.0	0.0	0.0	0.0	0.0	0.0
阳城县	需水量		650.0	522.0	3 597.7	4 451.2	114.4	207.9
	供水量	地表水	153.4	106.2	2 417.0	2 837.5	41.9	91.4
		地下水	496.6	415.8	1 180.7	1 271.3	72.5	15.3
		其他水源				342.5		101.2
	缺水量		0.0	0.0	0.0	0.0	0.0	0.0
陵川县	需水量		382.8	277.5	689.5	333.7	134.8	67.6
	供水量	地表水	349.8	161.7	596.9	170.2	125.3	21.5
		地下水	33.0	115.8	81.9	121.7	9.5	0.0
		其他水源			10.7	41.8		46.2
	缺水量		0.0	0.0	0.0	0.0	0.0	0.0

续表 7-6

行政分区	分项		生活需水		生产需水			生态需水
			城镇生活	农村生活	一产	二产	三产	
泽州县	需水量		1 011.6	476.1	3 456.4	4 168.6	338.5	45.1
	供水量	地表水	383.6	0.0	2 484.0	1 715.1	122.5	31.1
		地下水	628.0	476.1	972.4	1 958.9	216.0	0.0
		其他水源			0.0	494.5		14.0
	缺水量		0.0	0.0	0.0	0.0	0.0	0.0
高平市	需水量		1 065.1	414.8	3 608.7	3 000.8	226.8	231.2
	供水量	地表水	351.8	0.0	1 809.0	755.9	80.4	0.0
		地下水	713.3	414.8	1 275.7	2 245.0	146.4	97.8
		其他水源			524.1	0.0		133.4
	缺水量		0.0	0.0	0.0	0.0	0.0	0.0

表 7-7　2020 年 $P=75\%$ 晋城市水资源配置方案平衡　　　　　单位：万 m³

行政分区	分项		生活需水		生产需水			生态需水
			城镇生活	农村生活	一产	二产	三产	
城区	需水量		2 015.9	0.0	1 216.4	2 030.3	1 976.5	533.7
	供水量	地表水	1 764.9	0.0	215.0	1 165.1	896.5	200.0
		地下水	251.0	0.0	774.4	378.7	1 080.0	77.0
		其他水源			227.0	486.5		256.7
	缺水量		0.0	0.0	0.0	0.0	0.0	0.0
沁水县	需水量		462.4	236.1	2 742.3	1 816.4	160.3	66.0
	供水量	地表水	324.4	102.0	2 689.0	379.4	118.3	28.5
		地下水	138.0	134.1	53.3	1 437.0	42.0	37.5
		其他水源			0.0	0.0		
	缺水量		0.0	0.0	0.0	0.0	0.0	0.0
阳城县	需水量		650.0	522.0	4 313.1	4 451.2	114.4	207.9
	供水量	地表水	153.4	106.2	2 270.8	2 837.5	41.9	91.4
		地下水	496.6	415.8	2 042.3	1 271.3	72.5	15.3
		其他水源				342.5		101.2
	缺水量		0.0	0.0	0.0	0.0	0.0	0.0

续表 7-7

行政分区	分项		生活需水		生产需水			生态需水
			城镇生活	农村生活	一产	二产	三产	
陵川县	需水量		382.8	277.5	796.8	333.7	134.8	67.6
	供水量	地表水	349.8	161.7	704.2	170.2	125.3	21.5
		地下水	33.0	115.8	81.9	121.7	9.5	0.0
		其他水源			10.7	41.8		46.2
	缺水量		0.0	0.0	0.0	0.0	0.0	0.0
泽州县	需水量		1 011.6	476.1	4 077.8	4 168.6	338.5	45.1
	供水量	地表水	383.6	0.0	3 105.5	1 715.1	122.5	31.1
		地下水	628.0	476.1	972.4	1 958.9	216.0	0.0
		其他水源			0.0	494.5		14.0
	缺水量		0.0	0.0	0.0	0.0	0.0	0.0
高平市	需水量		1 065.1	414.8	4 966.3	3 000.8	226.8	231.2
	供水量	地表水	351.8	0.0	2 308.2	755.9	80.4	0.0
		地下水	713.3	414.8	1 303.1	2 245.0	146.4	97.8
		其他水源			524.1	0.0		133.4
	缺水量		0.0	0.0	1 280.1	0.0	0.0	0.0

表 7-8　2030 年 P=50% 晋城市水资源配置方案平衡　　单位：万 m³

行政分区	分项		生活需水		生产需水			生态需水
			城镇生活	农村生活	一产	二产	三产	
城区	需水量		2 271.7	0.0	834.5	2 040.9	3 667.5	616.0
	供水量	地表水	2 020.7	0.0	215.0	1 239.4	1 457.2	200.0
		地下水	251.0	0.0	392.5	78.7	1 000.8	77.0
		其他水源			227.0	722.8		339.1
	缺水量		0.0	0.0	0.0	0.0	1 209.5	0.0
沁水县	需水量		560.2	244.6	2 389.5	2 016.2	290.6	83.5
	供水量	地表水	422.2	102.0	2 317.0	579.2	248.6	28.5
		地下水	138.0	142.6	72.5	1 437.0	42.0	44.7
		其他水源			0.0	0.0		10.3
	缺水量		0.0	0.0	0.0	0.0	0.0	0.0

续表 7-8

行政分区	分项		生活需水		生产需水			生态需水
			城镇生活	农村生活	一产	二产	三产	
阳城县	需水量		824.0	540.9	3 647.2	3 549.4	212.2	263.4
	供水量	地表水	327.4	125.1	1 927.3	2 837.5	139.7	248.1
		地下水	496.6	415.8	1 180.7	369.4	72.5	15.3
		其他水源			539.2	342.5		
	缺水量		0.0	0.0	0.0	0.0	0.0	0.0
陵川县	需水量		474.5	290.0	749.6	227.5	244.5	85.5
	供水量	地表水	441.5	165.7	693.1	170.2	235.0	85.6
		地下水	33.0	124.3	45.8	15.5	9.5	0.0
		其他水源			10.7	41.8		
	缺水量		0.0	0.0	0.0	0.0	0.0	0.0
泽州县	需水量		1 267.3	465.9	3 740.9	4 168.7	620.5	57.1
	供水量	地表水	639.3	0.0	2 484.0	1 715.1	404.5	31.1
		地下水	628.0	465.9	1 256.9	1 776.6	216.0	0.0
		其他水源			0.0	677.0		26.1
	缺水量		0.0	0.0	0.0	0.0	0.0	0.0
高平市	需水量		1 242.6	405.8	4 183.8	2 736.0	411.4	292.6
	供水量	地表水	529.3	0.0	2 330.1	1 884.8	265.0	0.0
		地下水	713.3	405.8	1 038.6	851.2	146.4	97.8
		其他水源			815.2	0.0		194.9
	缺水量		0.0	0.0	0.0	0.0	0.0	0.0

表 7-9　2030 年 P=75% 晋城市水资源配置方案平衡　　单位：万 m³

行政分区	分项		生活需水		生产需水			生态需水
			城镇生活	农村生活	一产	二产	三产	
城区	需水量		2 271.7	0.0	1 162.5	2 040.9	3 667.5	616.0
	供水量	地表水	2 020.7	0.0	215.0	1 239.4	632.8	200.0
		地下水	251.0	0.0	720.5	78.7	1 812.8	77.0
		其他水源			44.4	722.8		203.0
	缺水量		0.0	0.0	182.6	0.0	1 221.9	136.1

续表 7-9

行政分区	分项		生活需水		生产需水			生态需水
			城镇生活	农村生活	一产	二产	三产	
沁水县	需水量		560.2	244.6	2 732.9	2 016.2	290.6	83.5
	供水量	地表水	422.2	102.0	2 317.0	424.7	248.6	28.5
		地下水	138.0	142.6	415.9	1 437.0	42.0	44.7
		其他水源			0.0	154.5		10.3
	缺水量		0.0	0.0	0.0	0.0	0.0	0.0
阳城县	需水量		824.0	540.9	4 311.5	3 549.4	212.2	263.4
	供水量	地表水	327.4	125.1	1 823.4	2 837.5	139.7	248.1
		地下水	496.6	415.8	2 207.7	369.4	72.5	15.3
		其他水源			280.4	342.5		
	缺水量		0.0	0.0	0.0	0.0	0.0	0.0
陵川县	需水量		474.5	290.0	848.6	227.5	244.5	85.5
	供水量	地表水	441.5	165.7	792.1	170.2	235.0	85.6
		地下水	33.0	124.3	45.8	15.5	9.5	0.0
		其他水源			10.7	41.8		
	缺水量		0.0	0.0	0.0	0.0	0.0	0.0
泽州县	需水量		1 267.3	465.9	4 300.2	4 168.7	620.5	57.1
	供水量	地表水	639.3	0.0	3 043.3	1 816.1	404.5	31.1
		地下水	628.0	465.9	1 256.9	1 776.6	216.0	0.0
		其他水源			0.0	576.0		26.1
	缺水量		0.0	0.0	0.0	0.0	0.0	0.0
高平市	需水量		1 242.6	405.8	5 405.6	2 736.0	411.4	292.6
	供水量	地表水	529.3	0.0	2 247.4	491.0	228.6	0.0
		地下水	713.3	405.8	1 275.7	2 245.0	182.8	97.8
		其他水源			462.6	0.0		194.9
	缺水量		0.0	0.0	1 420.0	0.0	0.0	0.0

7.4　特殊干旱年水资源配置方案

7.4.1　特殊干旱年水资源状况

　　干旱是晋城境内发生频率最高、最严重的自然灾害,每 3～4 年发生一次,其中以清光绪三年（1877 年）和 1943 年大旱最为严重。

在 95% 水文年份，降水量锐减，地表径流量随之大幅减少。以 P=95% 作为特殊干旱年对应频率，根据晋城市第二次水资源评价的结果，1956—2000年系列降水频率 P=95% 时晋城市降水量为 399.8 mm，由于降雨径流的非线性对应关系，当降水量减少时，河川径流以大于降水减幅的比例减少，地表水资源量为 59 900 万 m³，地下水资源量为 69 536 万 m³，与多年平均相比，地表水资源减少 47.1%，地下水资源减少 22.1%，各类水资源减少情况见表 7-10。在特殊干旱年，降水减少的情况下，地表水和地下水资源量均有所减少，但地表水资源受到的影响更大，因此地表水源供水的行业和区域会受到更大的影响。

表 7-10　P=95% 特殊干旱年水资源量变化情况　　　单位：万 m³

行政分区	地表水资源量		地下水资源量	
	多年平均	频率 95%	多年平均	频率 95%
城区	1 003	609	2 458	1 962
沁水	29 321	13 000	10 735	8 061
阳城	29 746	15 900	26 270	21 811
泽州	30 149	18 700	26 191	21 462
高平	3 371	969	7 278	6 896
陵川	19 563	7 450	16 347	9 344
合计	113 153	59 900	89 279	69 536

7.4.2　特殊干旱年水资源供需分析

7.4.2.1　需水情况

在同一水平年，不同年份上的需水量上的差异主要是由农业需水造成的，因在特殊干旱年份大幅度增加农业需水量无现实意义，因此特殊干旱年的需水量仍采用保证率为 75% 时的需水预测结果，此时基本需水方案下规划 2020年需水总量为 47 977.3 万 m³，2030 年需水总量为 54 082.6 万 m³；强化节水方案下规划 2020 年需水总量为 45 530.6 万 m³，2030 年需水总量为 48 932.3 万 m³。各行政分区需水量详见第 5.6 节表 5-29 ～表 5-32。

7.4.2.2　供水情况

地表水源工程分为蓄水工程、引水工程和提水工程，受干旱影响较大，以 P=95% 时地表水资源可利用量与多年平均地表水资源可利用量的比例计算地表水供水能力；地下水源工程全部为水井工程，且以深层水井为主，受到的影响较小,本次规划地下水供水能力采用现状供水能力;其他水源主要为废污水和矿坑水的回收利用,利用量不大,受到的影响很小。

7.4.2.3　缺水情势

根据分析计算,P=95%特殊干旱年晋城市在基本需水方案下,晋城市2020年整体缺水 2 009.37 万 m^3,城区、阳城县和高平市存在缺水情况,2030年整体缺水 4 762.38 万 m^3,除陵川县和泽州县外均存在不同程度的缺水;在强化节水方案下,晋城市 2020 年整体不缺水,城区、阳城县和高平市存在缺水情况;2030 年整体不缺水,仅城区和高平市存在不同程度的缺水。各行政分区供需分析情况见表 7-11。

表 7-11　P=95% 特殊干旱年供需分析　　　　　单位:万 m^3

行政分区	水平年	基本需水方案			强化节水需水方案		
		供水能力	需水量	缺水量	供水能力	需水量	缺水量
城区	2015 年	4 406.31	7 435.68	3 029.37	4 406.31	7 435.68	3 029.37
	2020 年	7 197.80	7 968.51	770.71	7 197.45	7 772.80	575.36
	2030 年	6 383.06	10 247.53	3 864.47	6 376.14	9 758.70	3 382.55
沁水县	2015 年	4 610.15	5 153.23	543.08	4 610.15	5 153.23	543.08
	2020 年	5 796.55	5 658.44	−138.11	5 796.21	5 483.46	−312.75
	2030 年	6 153.60	6 391.88	238.28	6 145.82	5 927.91	−217.90
阳城县	2015 年	7 567.84	8 765.42	1 197.58	7 567.84	8 765.42	1 197.58
	2020 年	9 358.38	10 863.79	1 505.41	9 356.85	10 258.64	901.79
	2030 年	10 346.78	10 976.53	629.75	10 315.63	9 701.39	−614.24
陵川县	2015 年	1 480.76	1 808.25	327.49	1 480.76	1 808.25	327.49
	2020 年	2 804.73	2 070.95	−733.78	2 804.59	1 993.05	−811.54
	2030 年	2 874.30	2 450.52	−423.77	2 870.41	2 170.58	−699.83
泽州县	2015 年	8 043.77	9 800.20	1 756.43	8 043.77	9 800.20	1 756.43
	2020 年	12 513.29	10 448.27	−2 065.03	12 513.05	10 117.73	−2 395.32
	2030 年	13 759.29	11 652.63	−2 106.66	13 754.70	10 879.70	−2 875.00
高平市	2015 年	7 074.59	10 113.35	3 038.75	7 074.59	10 113.35	3 038.75
	2020 年	8 297.13	10 967.31	2 670.18	8 278.22	9 904.87	1 626.65
	2030 年	9 803.23	12 363.54	2 560.31	9 624.63	10 494.03	869.40
合计	2015 年	33 183.44	43 076.13	9 892.69	33 183.44	43 076.13	9 892.69
	2020 年	45 967.89	47 977.26	2 009.37	45 946.37	45 530.56	−415.81
	2030 年	49 320.26	54 082.64	4 762.38	49 087.33	48 932.30	−155.03

7.4.3　特殊干旱年应急措施

缓解特殊干旱期缺水的对策应包括预防性措施和应急措施。制定的防御特殊干旱预防性措施和应急对策预案如下。

7.4.3.1　预防性措施

（1）干旱的监测和预报。建立和完善干旱的监测和预报系统，及时掌握水资源供需状况，提高预测干旱灾害的能力。

（2）建立抗旱指挥系统，加强防旱、抗旱指挥的组织和应变能力。

（3）战略性资源储备。通过分析特殊干旱期的灾害情况及当地水资源特点，研究确定设置战略性水资源储备的可能性及其数量。

7.4.3.2　应急对策预案

制定不同特殊干旱期和不同干旱等级的应急对策预案，是合理利用有限的供水量，确保居民和重要部门、重要地区用水，尽量减少总体损失的一项重要工作，也是对社会、经济、生态和环境会产生较大影响的措施。

在制定应急对策预案时，应优先保证人民生活用水，兼顾关系国计民生的重要工矿企业用水以及对人类生存环境起决定性影响的生态环境用水等。根据晋城市实际情况确定应急用水的优先次序和相应的对策。

（1）水资源首先安排人畜饮水需要，然后根据水资源的状况安排生产。

（2）在生产用水中，按工业用水、农业用水和生态环境用水的次序安排用水。

（3）对于水量保证程度高的供水主要用于城镇生活、工业和第三产业用水。

（4）区内再生水主要用于城镇的工业用水、农业用水和生态环境用水。

（5）加大对水资源开采的监控措施，实施定量开采制度。

（6）采用市场经济手段，实施优水优价和累进制水价制度。

（7）在水危机的情况下，优先保证人畜饮水和重要工矿企业用水，在水危机更为严重的情况下，只保证人畜饮水。

第 8 章　节约用水

　　节约用水是以避免浪费、减少排污、提高水资源利用效率为目的，采取包括工程、技术、经济和管理等各项综合措施的行为。节约用水工作作为水资源综合规划的重要组成部分，把节水与供水、用水、耗水、排水等过程密切联系起来，是水资源配置过程中的重要环节。

　　节约用水是解决我国水资源短缺、水生态损害、水环境污染问题的根本性措施，对于保障经济社会可持续发展具有重要作用。为了从源头上把好节约用水关口，促进水资源合理开发利用，水利部 2019 年印发《水利部关于开展规划和建设项目节水评价工作的指导意见》，要求"在规划和建设项目现有前期工作中突出节水的优先地位，强化规划制定、建设项目立项、取水许可中节水有关内容和要求；严格控制用水总量，合理确定规划和建设项目用水规模和结构，确保用水总量控制在流域水量分配方案、区域用水总量红线范围内；推动提高用水效率，对标国际国内同类地区先进用水水平，建立科学合理的节水评价标准，促使规划和建设项目高效用水；规范文本编制和严格审查把关，充分论证各类用水的必要性、合理性、可行性，提出客观公正的评价结论，从严叫停节水评价不通过的规划和建设项目"。

　　节约用水要充分利用各部门编制的有关节水的专业规划成果，以及相关专业规划等，并根据本次规划要求和近年来的变化情况，对成果做适当调整后予以采用。根据水资源条件和经济社会发展水平，确定节水工作的目的、方向和重点。晋城市属于水资源紧缺地区，节水的主要目的是减少水资源的无效消耗量，提高水资源利用效率、水分生产效率、供水保证率和水资源的承载能力。节水分为城镇生活、工业、农业节水，其中农业节水以大型灌区续建配套与节水改造为重点，工业节水以提高工业用水重复利用率和改造高用水工艺设备为重点，在缺水地区，限制发展高用水行业。

8.1　现状节水水平评价与节水潜力分析

8.1.1　现状节水水平评价

8.1.1.1　现状水平年用水量分析

2015 年晋城市供水工程共计 4 640 处，其中地表水源工程 753 处，括水库和塘坝总计 293 处，引水工程 12 处，提水工程 448 处；地下水源工程 3 887 处，包括规模以上水井 1 950 处，规模以下水井 1 937 处；其他水源工程主要为废污水和矿坑水的回收利用工程。

2015 年晋城市总用水量 43 076.11 万 m^3，其中生活用水 6 784.67 万 m^3，生产用水 35 684.29 万 m^3，生态用水 607.15 万 m^3。生活用水中，城镇生活用水量为 4 727.90 万 m^3，农村生活用水量为 2 056.77 万 m^3；生产用水中，农业灌溉用水量为 13 647.40 万 m^3，林牧渔业用水量为 2 697.83 万 m^3，工业用水量为 17 065.06 万 m^3，建筑业用水量为 386.50 万 m^3，第三产业用水量为 1 887.50 万 m^3。各行业用水中，农业灌溉与工业用水量所占比重最大，分别为 31.7% 和 39.6%。

2015 年晋城市用水总量控制指标为 44 600 万 m^3，实际用水总量为 43 076.11 万 m^3，未超过控制指标。

8.1.1.2　现状用水效率评价

晋城市现状用水效率评价采用城镇居民生活人均用水量、农村居民生活人均用水量、农田灌溉亩均用水量、万元 GDP 用水量等指标。

1. 居民生活用水效率

2015 年晋城市城镇居民生活人均用水量为 93.3 L/（d·人），略大于山西省城镇居民生活人均用水量 92 L/（d·人），远小于全国城镇居民生活人均用水量 217 L/（d·人）。2015 年晋城市农村居民生活人均用水量为 57 L/（d·人），略大于山西省农村居民生活人均用水量 54 L/（d·人），小于全国农村居民生活人均用水量 82 L/（d·人）。

2015 年晋城市公共供水管网漏损率 13%，小于山西省平均水平 9.9%，与华北区平均水平 13.9% 基本持平，远小于华北区先进水平 7.5%，居民生活用水仍具有一定的节水潜力。

2. 农业用水效率

2015 年晋城市农田灌溉亩均用水量为 190.7 m^3/ 亩，略大于山西省农田灌溉亩均用水量 186 m³/亩，与华北区平均水平 190 m³/亩基本持平。2015 年晋城市农田灌溉水有效利用系数实际完成情况为 0.59，虽高于山西省平均水平 0.536，但低于"节水评价指标及其参考标准"中华北区平均水平 0.631 和先进值 0.732，说明农田灌溉用水综合利用率较低，仍具有较大的节水潜力。

3. 工业用水效率

2015 年晋城市万元 GDP 用水量为 41.4 m³/万元，与山西省万元 GDP 用水量 57 m³/万元相比偏小，但高于"节水评价指标及其参考标准"中华北区平均万元 GDP 用水水平 36 m³/万元及华北区先进万元 GDP 用水水平 14 m³/万元。晋城市的万元 GDP 用水量在山西省内处于较为先进的水平，但与华北区平均水平和先进水平相比还存在较大的差距，仍具有较大的节水潜力。2015 年晋城市万元工业增加值用水量为 27 m³/万元，小于全国工业增加值用水量 58 m³/万元。

8.1.2 现状节水潜力分析

8.1.2.1 居民生活用水节水潜力分析

保持现有节水投入力度的情况下，规划公共供水管网漏损率保持在 13%，晋城全市城镇居民生活用水量 2020 年将增加到 5 747.7 万 m³，2030 年将增加到 7 053.2 万 m³，城镇居民生活用水指标分别为 102.8 L/（d·人），112.9 L/（d·人），与 2015 年 93.3 L/（d·人）相比分别提高了 10.2% 和 21.0%；在强化节水方案的基础上，规划 2020 年和 2030 年公共供水管网漏损率分别提升到 11% 和 8%，晋城全市城镇居民生活用水量 2020 将增加到 5 587.8 万 m³，2030 将增加到 6 640.3 万 m³，城镇居民生活用水指标分别为 99.9 L/（d·人），106.3 L/（d·人），与 2015 年 93.3 L/（d·人）相比分别提高了 7.12% 和 13.9%，通过提倡和鼓励使用节水型的生活用水器具，减小公共供水管网漏损率，普及和宣传节约用水知识，提高居民日常生活节水意识等措施，城镇居民生活用水有较大的节水潜力。

晋城市全市农村居民生活用水量规划到 2020 年将增加到 1 926.4 万 m³，2030 年将增加到 1 947.2 万 m³，农村居民生活用水指标分别为 63.0 L/（d·人）、69.4 L/（d·人），与 2015 年 57.2 L/（d·人）相比分别提高了 10.1% 和 21.3%，农村居民生活用水以解决农村水利综合保障能力不强的问题为主，通过完善农村污水处理设施，提高水的重复利用率等措施，农村居民生活用水有一定的节水潜力。

8.1.2.2　农业用水节水潜力分析

保持现有的灌溉节水水平，即综合灌溉水利用系数 0.59 保持不变，随着有效灌溉面积的增加，保证率 P=75% 时，规划至 2020 年和 2030 年晋城市农业灌溉用水量均为 16 016.0 万 m³，农田灌溉水亩均用水量为 190.7 m³/亩，强化节水方案下规划至 2020 年农田灌溉水有效利用系数达 0.63，2030 年达 0.69，保证率 P=75% 时，2020 年灌溉用水量 14 796.76 万 m³，2030 年灌溉用水量 13 531.74 万 m³，农田灌溉水亩均用水量分别为 134.1 m³/亩和 122.7 m³/亩，通过改善灌区配套设施，大力发展节水灌溉等措施，农业用水有一定的节水潜力。

8.1.2.3　工业用水节水潜力分析

2015 年晋城市工业取水重复利用率为 87.8%，工业用水 17 065.1 万 m³，规划至 2020 年工业取水重复利用率增加至 88.4%，2030 年增加至 88.8%，则 2020 年工业用水 16 299.0 万 m³，2030 年工业用水 15 894.1 万 m³；强化节水方案下，规划至 2020 年工业取水重复利用率增加至 89.1%，2030 年增加至 90.2%，则 2020 年工业用水 15 307.6 万 m³，2030 年工业用水 13 935.2 万 m³，通过加强产业结构调整、转换企业生产用水结构等措施，工业用水有较大的节水潜力。

8.1.3　现状节水存在的主要问题

8.1.3.1　生活节水

居民节水意识薄弱，公共用水管理急需加强。居民生活中还存在浪费水的现象，对公共用水缺乏有效计量，第三产业行业用水定额尚不明确，节水意识有待加强；城镇供水管网漏失率偏高；节水器具普及率偏低，节水器具推广力度有待加强；居民生活用水计量未完全做到"一户一表"，特别是还远未做到"水表出户"，影响水价改革的进程。

8.1.3.2　农业节水

农业节水工程分散，尚未形成规模，田间整治水平不高，缺乏对节水灌溉的统一规划，发展不平衡，影响节水效益的发挥；计划用水管理水平有待提高，目前农业灌溉还存在大水漫灌等用水浪费现象，水分生产率低；重视工程措施建设，相对而言，忽视农业节水和管理节水增产增效措施等的配套建设，节水灌溉工程建设标准还不高；缺乏部门间开展节水灌溉的合作机制，影响节水、增产、增效作用的充分发挥；"重建轻管"现象比较普遍。对节水工程建后管理重视不够，节水设施维护管理责任落实不够，节水设备寿命短、报废率高、破坏严重；缺乏节水灌溉的市场机制，节水投入严重不足，影响到节水工程的建设标准和质量；尚未建立节水灌溉技术服务推广体系，在采用节水技术上尚有一定的盲目性，节水灌溉投资成本高。

8.1.3.3 工业节水

工业用水效率偏低；用水计量管理有待加强；废污水排放尚未真正达到排放标准，水质监测和监督力度有待加强；尚未建立全方位节水激励机制。

8.2 节水目标与指标评价

8.2.1 节水目标评价

晋城市水资源综合规划不同水平年节水总体目标按照水资源供需协调、综合平衡、保护生态、厉行节约、合理开源的原则制定，按照实行最严格的水资源管理制度要求实行用水总量控制、用水效率控制，且不同水平年节水力度总体上与需水和开源相配合，生活、生产用水和生态用水协调，共同建立安全可靠的水资源供给与节水型经济社会发展保障体系，达到区域水资源供需的基本平衡。

8.2.2 节水指标评价

根据综合规划特点及深度，结合节水目标要求，提出的用水总量控制指标、地下水控制开采量、城镇居民生活人均用水量、农村居民生活人均用水量、农田灌溉亩均用水量、万元 GDP 用水量等指标基本可以代表用水及节水水平，且符合相关管理制度的要求，指标较为合理。

8.2.2.1 用水总量指标

用水总量指标主要包括用水总量控制指标、地下水控制开采量等指标，符合水资源管控要求，并与相关规划相协调。

8.2.2.2 用水效率（定额）指标

用水效率（定额）指标主要包括城镇居民生活人均用水量、农村居民生活人均用水量、农田灌溉亩均用水量、万元 GDP 用水量等用水定额指标，以及公共供水管网漏损率、农田灌溉水有效利用系数、工业用水重复利用率等效率指标，与管理指标、相关标准、相关规划相符，且用水效率（定额）指标较为先进。

8.3 规划水平年节水符合性评价

8.3.1 需水预测节水符合性评价

（1）规划重大工程布局以《晋城市水利发展"十三五"规划》及《晋城市水中长期供求规划》为基础，需水预测以社会经济发展指标为基础，包括人口指标、国民经济发展指标、农业发展及土地利用指标等，均在对晋城市人口和城镇化及经济发展现状分析的基础上，结合《晋城市水中长期供求规划》和《晋城市国民经济与社会发展第十三个五年规划纲要》等相关规划分析预测，符合经济社会发展规律和相关规划的目标要求，经济社会发展指标可以达到。需水预测结合最严格水资源管理的要求进行，且符合《晋城市水利发展"十三五"规划》及《晋城市水中长期供求规划》的相关要求，与区域水资源条件和管控要求相符合。

（2）规划水平年用水定额指标包括城镇居民生活人均用水量、农村居民生活人均用水量、农田灌溉亩均用水量、万元 GDP 用水量等，用水效率指标包括公共供水管网漏损率、农田灌溉水有效利用系数、工业用水重复利用率等，需水预测在符合最严格水资源管理用水总量控制指标、地下水控制开采量等指标的基础上，符合水资源管控要求；预测指标符合《山西省用水定额》节水评价指标及其参考标准等相关标准要求；预测指标符合《晋城市水利发展"十三五"规划》及《晋城市水中长期供求规划》等相关规划的目标要求。

（3）根据 2001—2015 年用水量统计数据，生活用水占总用水量的 24.56%，农业灌溉占总用水量的 30.96%，工业用水占总用水量的 42.6%，生态环境用水占总用水量的 1.89%，规划 2020 年 $P=50\%$ 时，强化节水方案需水总量为 42 005.5 万 m^3，其中生活需水 7 514.2 万 m^3，占总用水量的 17.9%，第一产业生产需水 14 587.7 万 m^3，占总用水量的 34.7%，第二产业生产需水 15 800.9 万 m^3，占总用水量的 37.6%，生态需水（河道外）1 151.5 万 m^3，占总用水量的 2.7%；2030 年 $P=50\%$ 时，强化节水方案需水总量为 45 716.6 万 m^3，其中生活需水 6 640.3 万 m^3，占总用水量的 18.8%，第一产业生产需水 15 545.6 万 m^3，占总用水量的 34.0%，第二产业生产需水 14 738.7 万 m^3，占总用水量的 32.2%，生态需水（河道外）1 398.2 万 m^3，占总用水量的 3.1%。规划水平年需水量预测结果符合用水量变化规律合理性，符合用水总量控制指标，用水结构合理。

8.3.2　供水预测节水符合性评价

晋城市供水水源包括地表水、地下水和非传统水源，其中地表水供水系统可供水量需统筹考虑供水工程和来水、用水等条件，主要依靠原有供水工程的续建、新建的供水工程及其配套供水管网的建设进一步提高供水量；地下水可供水量多以可开采量表示，指在可预见的时期内，通过经济合理、技术可行的措施，在不引起生态环境恶化条件下允许从含水层中获取的最大水量，因此针对晋城市地下水资源开发利用存在超采的情况，地下水供水能力预测主要是基于年均开采量不大于可开采量、地下水位止降回升的条件下，合理开发利用地下水；晋城市的非传统水源主要包括城镇生活污水、工业废水及采煤排水（矿坑水），随城镇生活节水水平的提高和工业用水重复利用率的提高，矿坑水资源化是晋城市非传统水源开发利用的重点，在此基础上预测规划水平年供水量，规划水平年供水量预测结果合理。

8.3.3　水资源配置方案节水符合性评价

（1）水资源配置是协调考虑经济、环境和生态各方面需求的区域水量、水质和用水效率的综合调控。通过加强用水需求管理，以水定需、量水而行，抑制不合理用水需求，促进人口、经济等与水资源相均衡；通过大力推广高效节水技术和产品，发展节水农业，加强城市节水，推进企业节水改造；通过积极开发利用再生水、矿井水、雨洪水等非常规水源，提高水资源安全保障水平，合理配置国民经济社会发展用水。水资源配置顺序为优先配置当地地表水，后配置地下水，加大再生水、矿坑水及雨洪资源等非常规水源的配置；在正常年份，按照先满足生活用水，再满足生产用水，后满足生态用水的配置顺序；在特枯干旱年，在保证生活用水的基础上，再考虑关系民生的第三产业、重点工业和对人类生存起决定性影响的生态环境用水，以确保居民生活和重要部门、重要地区用水，符合节水要求；结合晋城市"十三五"国民经济与社会发展，主要围绕"一区九园"开展的经济社会发展布局，以及现有和规划供水主要依靠晋城市"井"字形大水网和陵川供水的水资源布局，合理配置水资源，与其他相关规划相协调。

（2）水资源配置方案满足晋城市最严格水资源管理制度要求，规划水平年 2020 年和 2030 年晋城市整体均不缺水，$P=50\%$ 时，仅 2030 年城区三产缺水 1 209.5 万 m^3；$P=75\%$ 时，2020 年高平市农业缺水 1 280.1 万 m^3，2030 年城区农业缺水 182.6 万 m^3、三产缺水 1 221.9 万 m^3、生态缺水 136.1 万 m^3，高平市农业缺水 1 420 万 m³，可保证生活用水，且满足最严格水资源管理制度用水总量控制的要求，对区域用水总量及相关方用水基本无影响。

8.3.4　取用水必要性与可行性评价

根据水资源供、需水的计算结果，现状 2015 年晋城市整体缺水 5 965.9 万 m³，除沁水县外，其余各县（市、区）均存在不同程度的缺水，根据对不同规划水平年的需水预测，随社会经济的发展，现有的供水能力不足以支撑 2020 年和 2030 年的用水需求，各行政分区均存在不同程度的缺水情况，通过生活、农业和工业节水措施的实施，以及规划地表水供水工程的建设，基本可实现晋城市水资源供需平衡，因此新增取用水量是必要的。规划水平年新增需水量可以满足最严格水资源管理用水总量控制指标要求，因此新增取用水量是可行性的。

8.3.5　取用水规模合理性节水评价

根据水资源配置方案的结果，$P=50\%$ 时，晋城市 2020 年达到供需平衡，不存在缺水情况，2030 年供需基本平衡，仅城区三产缺水 1 209.5 万 m³；$P=75\%$ 时，供需基本平衡，地表水供水减少，2020 年高平市农业缺水 1 280.1 万 m³，2030 年城区农业缺水 182.6 万 m³、三产缺水 1 221.9 万 m³、生态缺水 136.1 万 m³，高平市农业缺水 1 420 万 m³，不同水平年晋城市整体供需基本平衡，因此缺水情况主要为工程性缺水，$P=95\%$ 特殊干旱年，在强化节水方案下，晋城市 2020 年和 2030 年整体不缺水，局部区域存在缺水情况，也为工程性缺水；水资源配置符合优先配置当地地表水，后配置地下水，加大再生水、矿坑水及雨洪资源等非常规水源的配置；在正常年份，按照先满足生活用水，再满足生产用水，后满足生态用水的配置顺序；在特枯干旱年，在保证生活用水的基础上，再考虑关系民生的第三产业、重点工业和对人类生存起决定性影响的生态环境用水，以确保居民生活和重要部门、重要地区用水，且取水总量未超过用水指标控制要求，因此 $P=50\%$、75% 和 95% 时，晋城市 2020 年取水量分别为 58 106.2 万 m³、52 693.7 万 m³ 和 45 946.4 万 m³，2030 年取水量分别为 61 258.6 万 m³、55 852.6 万 m³ 和 49 087.3 万 m³。

综上所述，本次规划取用水规模是合理可行的。

8.4　节水方案及保障措施

8.4.1　节水方案

8.4.1.1　城镇生活节水

城镇生活节水的重点是减少水的浪费和损失，主要体现在通过减少输水损失、普及节水器具、加强中水回用、调整水价、增强节水意识等，将用水量和用水定额控制在与经济社会发展水平和生活条件改善相适应的范围内。根据城镇生活用水的特点，生活节水应以限制不合理用水、杜绝浪费为原则，从以下方面挖掘潜力：改造老旧管网，推广新建管网合理规划，减少输水损失；推广节水型便器冲洗装置、水龙头、淋浴设备及节水型洗衣机，节水器具比普通器具可节水 30% 左右；根据对水质的不同需求合理规划配置用水，加强已建废污水处理厂的中水处理回用；管理方面应合理制定水价，单户安装水表，且有效计量；改革计量收费制度，彻底取消用水包费制；加强节水宣传，提高居民节水意识，养成良好的节水习惯，做到一水多用。

8.4.1.2　农业节水

根据晋城市农业结构和用水情况，以大中型灌区为重点开展节水改造，主要从以下几个方面分析节水潜力，提高农业灌溉水有效利用系数：优化农业种植结构，晋城市农业种植类型以谷类为主，主要种植小麦和玉米，可通过种植药材、花木等特色经济作物优化农业种植结构；采用先进的节水灌溉技术，大力发展高效节水灌溉；发展农艺节水措施，降低田间蒸发量，将节水工程技术与农艺节水措施结合；大力发展膜下滴灌、小型集雨灌溉等。

8.4.1.3　工业节水

根据晋城市用水统计年报，规模以上工业 10 个行业中，用水量并不平均，其中化工、煤炭、电力（火电）及冶金业取水量最大，且具有较大的节水潜力。通过对晋城市工业各行业目前用水结构和节水状况的调查，大多数企业主要节水潜力来自于冷却水的循环利用与职工生活节水器具的改造，即技术型节水与生产工艺节水。因此，工业节水的关键是在合理调整工业结构和布局的基础上，提高科技水平，推广节水技术和节水工艺，提高工业用水效率。采取措施主要包括：合理调整水价，通过水价来引导工业产业结构调整；推动技术进步，推广节水设施和生产工艺，减少用水量，提高水的有效利用率；加强管理，缩小核算单位，使用水的操作者和管水的维护者与用水考核指标直接挂钩；对企业开展水平衡测试，分析企业用水工艺中的取、用、耗、排，挖掘企业节水潜力，优化配置水资源；推广合同节水管理模式，通过募集资本，先期投入节水改造，用获得的效益支付节水改造全部成本，实现投资方、用户和社会多方共赢，促进水资源节约保护；加强节水宣传，提高对节水意义的认识等。

8.4.2　节水保障措施

8.4.2.1　节水政策保障

晋城市节水型社会建设需要继续严格贯彻实施《山西省节约用水条例》《国家节水行动山西实施方案》和晋城市人民政府《关于利用煤矿废水发展农业节水灌溉的实施办法》及《晋城市水资源管理办法》《晋城市节约用水管理办法》《晋城市再生水利用管理办法》《晋城市节水三同时管理办法》《国家节水行动晋城实施细则》等与水资源管理相关的政策、法规，在这些政策、法规的保障下扎实推进节水型社会建设工作持续开展。

8.4.2.2　节水宣传保障

要积极开展节水宣传教育，让人民了解水情，理解建设节水型社会的必要性和紧迫性，提高群众的水忧患意识，增强全民节水的自觉性，树立节水光荣、浪费水可耻的社会新风尚，更新用水观念，树立水资源有限、水资源危机的意识。建立用水户协会制度，充分发挥广大用水户在水权、水价、水量分配等方面的作用。实行民主决策、民主管理、民主监督，促进节水管理工作的体制改革和机制创新。

8.4.2.3　节水资金保障

为了落实本规划，实现晋城市节水的总目标，必须保障节水工程建设投资及日常所需经费投入。所需经费应纳入财政年度计划，并给予一定的优惠政策，鼓励外来资金投入。要建立稳定的节水投入保障机制。要在基本建设、技术改造资金及水利建设基金、城市建设 3 项费用中安排节水资金，各级财政要逐年增加节水改造资金投入。省、地市要从水资源费、超计划超定额加价水费和排污费等收费中提取一定比例资金，作为节水管理专项资金。通过节水专项奖励、财政贴息、减免有关事业性收费等政策，鼓励和支持节水技术发展。各级政府的计划和财政部门在节水发展基金中应确定一定比例的资金用于节水技术的研究与推广，要把节水科技创新和技术推广作为科技发展和推广计划的重要内容。

8.4.2.4　节水组织保障

节水措施方案的实施涉及水利、计划、建设、生态环境、物价等多个政府部门的职责范围，需要政府各有关部门的积极配合，明确责任，协调配合，统一领导，稳步推进，成立节水型社会建设领导组，统一指导，协调工作。

各级都应明确节水的目标、任务和责任单位、责任人，提出实施节水的总体规划和重点任务，制定相应的节水措施和管理措施，真正做到责任、措施和投入三到位，推动节水工作的深入开展。

节水工程建设在全面推进的同时，选择部分区域作为试点，先行探索水权制度改革和建立水市场的经验。

第 9 章　地表水环境保护

9.1　地表水功能区划

9.1.1　地表水功能区划概述

水功能区是为了满足水资源合理开发、利用、节约和保护的需求，解决地区和行业之间的用水矛盾，根据水资源的自然条件和开发利用现状，按照流域综合规划、水资源保护和经济社会发展对水量、水质的需求及水体的自然净化能力，在江河湖库划定的具有相应使用功能，且主导功能和水质管理目标明确的水域。水功能区划是保障水资源可持续开发利用、水生态系统良性循环和改善水环境质量的重要抓手，是水资源管理和调度、维持江河的合理流量和湖泊（水库）的合理水位、维护水体的自然净化能力、优化产业布局、科学确定和实施污染物排放总量控制的主要依据。水功能区按一级功能区和二级功能区两级体系划分。一级功能区划旨在从宏观上调整水资源开发利用与保护的关系，主要协调地区间用水关系，同时考虑区域可持续发展对水资源的需求；二级功能区划主要是将一级区划中的开发利用区进行细化，其作用是协调不同区域和不同用水行业之间的关系。

一级水功能区可分为保护区、保留区、开发利用区、缓冲区等四类。保护区指对水资源保护、自然生态及珍稀濒危物种的保护具有重要意义的水域，包括主要干支流的源头河段、国家级和省级自然保护区所在水域及重要的调水水源区等，水质标准应符合现行国家标准《地表水环境质量标准》（GB 3838）中Ⅰ类或Ⅱ类水质标准，当由自然、地质原因不满Ⅰ类或Ⅱ类水质标准时，应维持现状水质。保留区指目前开发利用程度不高，为今后开发利用和保护水资源而预留的水域，水质标准应不低于现行国家标准《地表水环境质量标准》（GB 3838）中Ⅲ类水质标准或按现状水质类别控制。开发利用区主要指具有满足工农业生产、城镇生活、渔业和游乐等多种用水要求的水域，水质标准由二级水功能区划相应类别的水质标准确定。缓冲区指为协调省际间、矛盾突出的地区间用水关系，以及在保护区与开发利用区衔接时为满足保护区水质要求而划定的水域，水质标准应根据实际需要执行相关水质标准或按现状水质控制。二级水功能区划分仅在一级功能区划中的开发利用区进行进一步的二级区划，二级水功能区分为饮用水水源区、工业用水区、农业用水区、渔业用水区、景观娱乐用水区、过渡区、排污控制区等七类。饮用水水源区指满足主要城镇生活用水需要的水域，水质标准应符合现行国家标准《地表水环境质量标准》（GB 3838）中Ⅱ类或Ⅲ类水质标准。工业用水区指满足主要工业用水需要的水域，水质标准应符合现行国家标准《地表水环境质量标准》（GB 3838）中Ⅳ类水质标准。农业用水区指满足农业灌溉用水需要的水域，水质标准应符合现行国家标准《农田灌溉水质标准》（GB 5084）的规定或《地表水环境质量标准》（GB 3838）中Ⅴ类水质标准。渔业用水区指具有鱼、虾、蟹、贝类产卵场、索饵场、越冬场及间游通道功能的水域，养殖鱼、虾、蟹、贝、藻类等水生动植物的水域，水质标准应符合现行国家标准《渔业水质标准》（GB 11607）的有关规定或《地表水环境质量标准》（GB 3838）中Ⅱ类或Ⅲ类水质标准。景观娱乐用水区指以满足景观、疗养、度假和娱乐需要为目的的江河湖库等水域，水质标准应符合现行国家标准《地表水环境质量标准》（GB 3838）中Ⅲ类或Ⅳ类水质标准。过渡区指为使水质要求有差异的相邻功能区顺利衔接而划定的区域。排污控制区指接纳生活、生产污废水比较集中，接纳的污废水对水环境无重大不利影响的区域。过渡区和排污控制区的水质标准遵循出流断面水质应达到相邻功能区水质控制目标的基本原则而确定。

晋城市水功能区划分，在《山西省水功能区划》中，晋城市共被划分了10个一级水功能区，其中保护区3个、缓冲区2个、保留区1个、开发利用区4个，区划总河长313.2 km。二级功能区5个，分别为2个农业用水区、1个工业用水区、1个过渡区、1个排污控制区。水质考核目标断面11个。为了进一步提高晋城市地表水资源开发利用与保护力度、细化水体污染防治管理目标，晋城市在《山西省水功能区划》的基础上，对晋城市界内的沁河、丹河和卫河的干流和支流进行了水功能区划细化，细化后的一级水功能区共有27个，其中保护区6个、保留区1个、缓冲区2个、开发利用区18个，区划总河长987.8 km。二级功能区在18个开发利用区中进行区划，区划河长793.0 km，共划分二级功能区25个，考核目标断面38个。25个二级功能区中包括6个饮用水水源区、3个农业用水区、13个工业用水区、2个过渡区和1个排污控制区，划分结果如下。

9.1.2　晋城市沁河流域水功能区划

9.1.2.1　一级水功能区划

1. 沁河临汾晋城开发利用区

该区河长 131.7 km，由沁河入境点至晋城市泽州县的曹河村。此区张峰水库坝址以上段现状基本为农业耕作区，以及煤矿矿区和煤层气开采区，张峰水库坝址以下地区的沁河沿岸及其他河谷盆地是人口集中、耕地连片、多处水电站、经济发达的区域，流域内 90% 以上的大中型工矿企业和灌溉面积都在本区。本区开发利用程度较高而且将逐步发展，区划为开发利用区，水质管理目标为Ⅱ～Ⅲ类。

2. 沁河晋城缓冲区

该区河长 18.5 km，区段为沁河曹河村以下至省界。该区为重要河流的省际附近水域，区划为缓冲区以调节上游水质可能恶化所带来的用水冲突，水质管理目标为Ⅱ类。在该区内进行大规模开发利用须经流域机构批准，并不得对该区水质产生重大不利影响。

3. 沁水县河沁水源头水保护区

该区河长 19.7 km，区段为沁水县河河源至沁水县五柳庄。此区自然植被良好，人类活动影响较小，水土流失轻微，区划为河流源头保护区，水质管理目标为Ⅲ类。禁止在本区内进行对水质有影响的开发利用活动。

4. 沁水县河沁水开发利用区

该区河长 25.7 km，区段为五柳庄至入沁河河口。此区人口密集，人类活动较为频繁，工矿企业较多，主要为煤层气开采区、煤矿等开采严重，区内建有湾则水库 1 座且配套建有水电站 1 处，装机容量 1 000 kW，水质管理目标为Ⅳ类。

5. 端氏河沁水开发利用区

端氏河为沁河一级支流，河长 54.7 km，流域面积 780 km²。出露地层以二叠系砂页岩为主，河槽两岸零星出露第四系松散层，上游植被覆盖较好，中下游次之，清泉水较小，水利工程有河道整治十里至河北段、固县至东山段、东山至端氏段，治理长度 7 km，已建堤防单线 10 km，建有樊庄水电站 1 处．此区人口密集，人类活动较为频繁，煤层气开采井多处，主要分布在端氏、苏庄、古堆、东山、杏林等地，水源主要供饮用、农业灌溉和工业用水，水质管理目标为Ⅲ～Ⅳ类。

6. 芦苇河阳城开发利用区

芦苇河为沁河一级支流，河长 49.7 km，流域面积 358 km²。出露地层以二叠系砂页岩为主，中下游芹池段河槽两岸零星出露第四系松散层，自然植被覆盖较差，清泉水较小，水利工程有河道整治 29 km，分布在寺头、东城办、芹池和町店段，已建有羊泉灌区 1 处，干渠长 9.5 km，设计灌溉面积 7 000 亩，实浇地 1 000 亩，建有胜天小（1）型水库 1 座，总库容 117 万 m³，流域内还有伯附水库、柳沟水库、岭西水库、洲仙水库、南上水库、大乐水库 6 座小（2）型水库。芦苇河源于沁水县芦坡，于阳城县润村镇下河村汇入沁河。此区人口密集，水源主要供饮用、农业灌溉和工业用水，水质管理目标为Ⅲ～Ⅳ类。

7. 获泽河沁水阳城源头水保护区

该区河长 54.4 km，从河源到沁水县前岭村。此区自然植被良好，奥陶系石灰岩大面积出露，森林覆盖率较好，小泉水多处出露，人类活动影响较小，水土流失轻微，区内建有中型水库 1 座，为董封水库，划为河流源头保护区，水质管理目标为Ⅲ类。

8. 获泽河阳城开发利用区

该区河长 32.2 km，区段为沁水县前岭村至获泽河入沁河口。此区自然植被较差，奥陶系石灰岩大面积出露，上游河段为季节性河流，阳城县城以下河流多为生活污水和生产废水，自然植被覆盖较差，清泉水较小，水利工程有河道整治 34 km，分布在县城、董封、河北、固隆、凤城、西河段，已建有红卫、沙坡 2 座小（1）型水库，11 座小（2）型水库，涧河、洞沟 2 处水电站，总装机容量 180.4 kW。获泽河发源于阳城县城西 18 km 处之老鹳岭下，于阳城县白桑乡东岭村汇入沁河。区内人类活动较为频繁，工业发达，工农业用水较多，水质管理目标为Ⅳ类。

9. 西冶河阳城开发利用区

西冶河又名涧河，为沁河的一级支流，发源于阳城县西交村，在阳城县马山村汇入沁河，河长 43.9 km，流域面积 256 km²。此区自然植被较好，森林面积占到 70% 以上，水土保持良好，奥陶系石灰岩大面积出露，区内建有西冶水库 1 座，上游现有红星电灌站，装机容量 200 kW。流域还有石窑、龙江、利民 3 座小（2）型水库，水库上游水质较好，可用于饮用水水源，水库下游有部分工矿企业分布，农业较为发达，水质管理目标为Ⅲ类。

10. 长河泽州开发利用区

长河为沁河的一级支流，发源于泽州县东山村，于阳城县横岭村汇入沁河，河长 38.7 km，流域面积 317 km²。此区自然植被较差，上游多为黄土覆盖，下游奥陶系石灰岩出露，河道整治 42.7 km，分布在万里水库—中村段、中村—长河水库段、长河水库下游—史村段、史村—东沟河底段、东沟河底—川底村段、下町村段、下河村段、石淙头村段。已建有长河、刘村、常坡、沙沟、寺河、圪套 6 座小（1）型水库，流域内还有万里、中村、南庄、贾泉、庚能、苇町、上掌、谷坨沟 8 座小（2）型水库。水源开发利用程度较高，主要用于农田灌溉和工业用水，水质管理目标为Ⅳ类。

11. 蟒河晋豫自然保护区

蟒河自然风景区位于三门峡—沁河区间的阳城县城南 40 km 的桑林乡境内，总面积 80 km²，森林覆盖率达 80% 以上，山奇水秀，鬼斧神工，妙境天成，为黄土高原罕见的水景富集区、植物资源宝库和地面钙化型峡谷景观，是发现较晚、保护最好的一处原始的自然风景区。1983 年经山西省政府批准，建立了以保护猕猴和森林生态系统为主的省级自然保护区。1998 年经国务院批准为蟒河猕猴国家级自然保护区。蟒河为常流河，河源泉水多处出露且稳定，在阳城境内有 10 条支流，流域面积 55.9 km²，流量 0.2 m³/s 左右，河水清澈，河势依山穿洞，沿途形成多处深潭、瀑布，美不胜收，水质管理目标为Ⅲ类。禁止在该区内进行任何与保护无关的其他开发活动，现状只有蟒河水电站 1 处，总装机容量 40 kW，位于黄龙庙河道左岸。

12. 大峪河晋豫保留区

范围为大峪河河源至省界，河长 12.7 km，此区自然植被较好，奥陶系石灰岩大面积出露，泉水长流且稳定，区内建有王屋山水库 1 座，目前开发利用程度较低，为今后开发利用和保护水资源而预留的水域，水质管理目标为Ⅱ类。

9.1.2.2　二级水功能区划

1. 沁河临汾晋城开发利用区的二级区划

根据该开发利用区的水资源主要用途划分为 3 个二级水功能区，分别为沁河沁水县张峰水库饮用工业用水区、沁河沁水县张峰水库工业农业用水区和沁河晋城农业用水区。沁河沁水县张峰水库饮用工业用水区水质管理目标为Ⅱ类，沁河沁水县张峰水库工业农业用水区水质管理目标为Ⅲ类，沁河晋城农业用水区水质管理目标为Ⅲ类。

2. 沁水县河沁水开发利用区的二级区划

根据该开发利用区的水资源主要用途划分二级水功能区 1 个，名称为沁水县河沁水工业农业用水区，本区水质管理目标为Ⅳ类。

3. 端氏河沁水开发利用区的二级区划

根据该开发利用区的水资源主要用途划分为 2 个二级水功能区，分别为端氏河沁水饮用工业用水区、端氏河沁水工业农业用水区，该区横跨十里乡、固县乡、柿庄镇、端氏镇等，农业较为发达，污染较少，有少量的煤矿和煤层气开发。水质管理目标分别为Ⅲ类和Ⅳ类。

4. 芦苇河阳城开发利用区的二级区划

根据该开发利用区的水资源主要用途区划2个二级水功能区：芦苇河阳城饮用工业用水区和芦苇河阳城工业农业用水区，水源主要供饮用、农业灌溉和工业用水，水质管理目标分别为Ⅲ类和Ⅳ类。

5. 获泽河阳城开发利用区的二级区划

根据该开发利用区的水资源主要用途划分二级水功能区1个，名称为获泽河阳城工业农业用水区，水质管理目标为Ⅳ类。

6. 西冶河阳城开发利用区的二级区划

根据该开发利用区的水资源主要用途划分二级水功能区1个，名称为西冶河阳城饮用工业农业用水区，水源主要供饮用、工业用水和农业灌溉，水质管理目标为Ⅲ类。

7. 长河泽州开发利用区的二级区划

根据该开发利用区的水资源主要用途划分二级水功能区1个，名称为长河泽州工业农业用水区，水源主要用于工业用水和农田灌溉，水质管理目标为Ⅳ类。

9.1.3　晋城市丹河流域水功能区划

9.1.3.1　一级水功能区划

1. 丹河高平源头水保护区

该区河长15.2 km，由丹河源头至高平市寺庄镇。该区为河流上游，地貌以中山和中低山为主，有部分高中山区。出露地层以第四系松散层和二叠系砂页岩为主，自然植被较差，河源建有釜山水库1座，配套釜山灌区1处，水库以下除汛期外基本为干河，是严重的缺水地区，区划为源头水保护区，以保护区域自然生态，水质管理目标为Ⅲ类。禁止在该区内进行对水质有不利影响的开发利用，并应控制现状用水及沿岸城镇企业排污。

2. 丹河晋城开发利用区

该区河长65.6 km，从高平寺庄至其白洋泉河汇入口，出露地层以第四系松散层、二叠系砂页岩和奥陶系石灰岩为主，自然植被较差。该区人口密集、工业集中、经济发达，人类活动频繁，高平以下沿河建有任庄水库，丹河、许河、任庄中型灌区及郭壁电灌站，并有装机500 kW以上的电站三姑泉水电站及准备开发的东焦河水库、寺南庄、郭壁、郭峪等电站，小型灌区有泽州县境内巴公灌区、北石店灌区、南村灌区、高都灌区。开发利用程度较高，区划为开发利用区，水质管理目标为Ⅲ～Ⅳ类。

3. 丹河泽州缓冲区

该区河长 32.0 km，从白洋泉河汇入丹河口至双槽洼，出露地层以奥陶系石灰岩为主，郭壁泉等多处岩溶水出露，自然植被较好，水土流失较轻。该区为丹河进入河南的省际附近水域，区划为缓冲区，以调节上游水质可能恶化带来的用水冲突，水质管理目标为Ⅲ类。在该区内进行大规模开发利用须经流域机构批准，并不得对该区水质产生重大不利影响。

4. 丹河晋豫自然保护区

该区河长 13.1 km，从双槽洼至青天河水库坝址，出露地层以奥陶系石灰岩为主，三姑泉等多处岩溶水出露，水量大且稳定，自然植被较好，水土流失较轻，泽州猕猴自然保护区是经山西省人民政府 2002 年批准建立的以保护猕猴及森林生态系统为主的省级自然保护区，对于保护山西省太行山区生态环境的改善与经济社会的和谐发展有着重要的社会、经济、生态意义，行政区划包括泽州县的山河、晋庙铺、柳树口、金村等乡镇，水质管理目标为Ⅲ类。

5. 小东仓河高平开发利用区

该区河长 16.5 km，从河源到河口，流域面积 113 km²，出露地层以第四系松散层和二叠系砂页岩为主，自然植被较差，水利工程有东仓水库，该区行政区划包括高平市神农镇、三甲镇和东城街道办等，人口密集，人类活动频繁，水源开发利用较高，水质管理目标为Ⅳ类。

6. 大东仓河高平开发利用区

该区河长 23.7 km，从河源到河口，流域面积 120 km²，出露地层以第四系松散层和二叠系砂页岩为主，自然植被较差，水利工程有米山水库。该区行政区划包括高平市陈镇和米山镇等，人口密集，人类活动频繁，水源开发利用较高，水质管理目标为Ⅳ类。

7. 许河高平开发利用区

该区河长 26.2 km，从河源到河口，流域面积 232 km²，出露地层以第四系松散层、二叠系砂页岩和零星出露的奥陶系石灰岩为主，自然植被较差，水利工程有原村井灌站 1 处，许河洪灌区 1 处，干渠总长 16 km，有效灌溉面积为 0.85 万亩，已建有杜寨小（1）型水库 1 座，总库容 359 万 m³，兴利库容 180 万 m³，流域内还建有河底、张庄、马游、掌握、古寨 5 座小（2）型水库。该区行政区划包括高平市原村乡、马村镇和南城街道办等，人口密集，工矿业集中，人类活动频繁，水源开发利用程度较高，水质管理目标为Ⅳ类。

8. 东大河陵川开发利用区

该区河长 44.8 km，从河源到河口，流域面积 485 km²，出露地层以第四系松散岩、二叠系砂页岩和奥陶系石灰岩为主，自然植被较差，水利工程有申庄水库、石末水库等，该区行政区划横跨泽州县和高平市，人口密集，人类活动频繁，工农业较为发达，水源开发利用程度较高，水质管理目标为Ⅳ类。

9. 巴公河高平泽州开发利用区

该区河长 28 km，从河源到河口，流域面积 220 km²，出露地层以第四系松散岩为主，河源零星出露二叠系砂页岩和奥陶系石灰岩，自然植被较差，水利工程有 2 座小（1）水库——来村水库和山耳东水库，9 座小（2）型水库。该区行政区划横跨泽州县和高平市，人口密集，人类活动频繁，工农业较为发达，水源开发利用程度较高，水质管理目标为Ⅳ类。

10. 北石店河城区泽州开发利用区

该区河长 11.6 km，从河源到河口，流域面积 61.9 km²，出露地层以第四系松散岩为主，河源零星出露二叠系砂页岩，自然植被较差，水利工程有人民水库、龙门水库。该区行政区划横跨泽州县和晋城市城区，人口密集，人类活动频繁，工农业较为发达，对水源的利用程度较高，水质管理目标为Ⅳ类。

11. 白洋泉河陵川泽州开发利用区

该区河长 71.8 km，从河源到河口，流域面积 626 km²，出露地层以奥陶系石灰岩为主，河源零星出露二叠系砂页岩和第四系松散岩，自然植被较差，水利工程有上郊中型水库 1 座，有猪头山、云谷图、石景山、桑家坪 4 座小（1）型水库，安阳、梧桐、郝家、石金 4 座小（2）型水库及台北提水工程。该区行政区划横跨陵川、泽州两县，人口密集，人类活动频繁，以农业用水为主，有少量的工业用水需求，水质管理目标为Ⅲ类。

12. 白水河城区源头水保护区

该区河长 5.1 km，从河源到寨上，出露地层以第四系松散岩为主，河源零星出露奥陶系石灰岩，面积较小，自然植被较好，水利工程有尚峪 1 座小（1）型水库，战备、花园头 2 座小（2）型水库。该区行政区划横跨泽州县和晋城市城区，无污染企业，可作为水源地，在该区从事大规模开发利用须经流域机构批准，并不得对该区水质产生重大不利影响，水质管理目标为Ⅲ类。

13. 白水河城区泽州开发利用区

该区河长 47.7 km，从南向北跨越晋城市城区大部分区域，由泽州县两谷坨汇入丹河，出露地层以奥陶系石灰岩为主河，上游零星出露第四系松散岩，面积较小，自然植被较好，岩溶泉水出露且稳定，水利工程有白水河、孔庄和西谷坨小型水电站 3 处。该区人口密集，人类活动频繁，工农业较为发达，水源开发利用程度较高，水质管理目标为Ⅳ～Ⅴ类。

9.1.3.2　二级水功能区划

1. 在丹河晋城开发利用区的二级区划

根据该开发利用的水资源主要用途区划 3 个二级水功能区，分别为丹河高平排污控制区、丹河高平过渡区和丹河任庄水库农业工业用水区。

（1）丹河高平排污控制区：由高平市寺庄镇到韩庄，河长 15.1 km，该段河流高平市区内生活污水及工业废水大量排入，水源开发利用程度高，水质较差，水质无管理目标。

（2）丹河高平过渡区：由高平市韩庄到泽州县下城公村，河长 15.4 km，下游有任庄水库，上下游两功能区水质要求不同，为水质自净等过渡区域，定为过渡区，水质管理目标为Ⅳ类。

（3）丹河任庄水库农业工业用水区：由泽州县下城公村到白洋泉河汇入丹河口，河长 35.1 km，水源主要供农业灌溉，有少量的工业用水需求，水质管理目标为Ⅲ类。

2. 小东仓河高平开发利用区的二级区划

根据该开发利用的水资源主要用途划分二级水功能区 1 个，名称为小东仓河高平工业农业用水区，由河源到入丹河口，河长 16.5 km。该区主要用水为工业用水和农业灌溉用水，开发利用程度较高，水质管理目标为Ⅳ类。

3. 大东仓河高平开发利用区的二级区划

根据该开发利用的水资源主要用途划分二级水功能区 1 个，名称为大东仓河高平工业农业用水区，由河源到入丹河口，河长 23.7 km。区域内工农业发达，开发利用程度较高，水质管理目标为Ⅳ类。

4. 许河高平开发利用区的二级区划

根据该开发利用的水资源主要用途划分二级水功能区 1 个，名称为许河高平工业农业用水区，由河源到入丹河口，河长 26.2 km。区域内工农业发达，开发利用程度较高，水质管理目标为Ⅳ类。

5. 东大河陵川开发利用区的二级区划

根据该开发利用的水资源主要用途划分二级水功能区 1 个，名称为东大河陵川工业农业用水区，由河源到入丹河口，河长 44.8 km。区域内以农业为主，开发利用程度较低，污染较低，水质管理目标为Ⅳ类。

6. 巴公河高平泽州开发利用区的二级区划

根据该开发利用的水资源主要用途划分二级水功能区 1 个，名称为巴公河高平泽州工业农业用水区，由河源到入丹河口，河长 28.0 km。该区以农业用水为主，上游有少量的工业，区域尚有开发利用潜力，水质管理目标为Ⅳ类。

7. 北石店河城区泽州开发利用区的二级区划

根据该开发利用的水资源主要用途划分二级水功能区 1 个，名称为北石店河城区泽州工业农业用水区，由河源到入丹河口，河长 11.6 km。该区水源主要用于工业用水和农业灌溉用水，水质管理目标为Ⅳ类。

8. 白洋泉河陵川泽州开发利用区的二级区划

根据该开发利用的水资源主要用途划分二级水功能区 1 个，名称为白洋泉河陵川泽州工业农业用水区，由河源到入丹河口，河长 71.8 km。该区水源主要用于工业用水和农业灌溉用水，水质管理目标为Ⅲ类。

9. 白水河城区泽州开发利用区的二级区划

根据该开发利用的水资源主要用途划分二级水功能区 2 个，它们分别为白水河城区泽州农业用水区和白水河泽州过渡区。

（1）白水河城区泽州农业用水区：由城区寨上到河西部队处，长 24.0 km，主要供城市河道景观娱乐等用水需求，水质管理目标为Ⅴ类。

（2）白水河泽州过渡区：由河西部队处到河口，上游功能区为白水河城区泽州农业用水区，汇入口区域为丹河晋豫自然保护区，两功能区水质要求不同，故定该区域为过渡区，水质管理目标为Ⅳ类。

9.1.4 晋城市卫河流域水功能区划

9.1.4.1 卫河水系一级水功能区划

1. 淇河（香磨河）陵川开发利用区

该区河长 27.4 km，从河源到省界，流域面积 107.2 km²，出露地层为奥陶系石灰岩，沿途岩溶小泉出露多处且稳定，自然植被较好，水利工程建有东双脑水库 1 座，并配套建有东双脑水电站 1 处。区域内水质较好，基本无污染，水源主要用于饮用水水源和少量工业用水，水质管理目标为Ⅲ类。

2. 武家湾河陵川开发利用区

该区河长 53.1 km，从河源到省界，流域面积 419.4 km²，流域内重峦叠嶂，沟壑纵横，山大沟深，林草茂密，出露地层为奥陶系石灰岩，沿途岩溶小泉出露多处且稳定，自然植被较好，水利工程建有十里河水电站，古石一级、三级、四级水电站，大双水电站，小磨河水电站，大磨河水电站，总装机容量 2 365 kW。区域内水质较好，基本无污染，水源主要用于饮用水水源和少量工业用水，水质管理目标为Ⅲ类。

9.1.4.2 卫河水系二级水功能区划

1. 淇河（香磨河）陵川开发利用区的二级区划

根据该开发利用的水资源主要用途划分二级水功能区 1 个,名称为淇河（香磨河）陵川饮用工业用水区,由河源到省界,河长 27.4 km,水源主要供饮用、工业用水,水质管理目标为Ⅲ类。

2. 武家湾河陵川开发利用区的二级区划

根据该开发利用的水资源主要用途划分二级水功能区 1 个,名称为武家湾河陵川饮用工业用水区,由河源到省界,河长 53.1 km,水源主要供饮用、工业用水,水质管理目标为Ⅲ类。

9.2 水功能区水质现状评价

9.2.1 评价范围

现状水功能区水质调查评价范围为 9.1 节中的功能区划分结果,河流水质评价断面共 38 处,其中沁河水系断面 15 处,丹河水系断面 19 处,入黄小河断面 2 处,卫河评价断面 2 处。晋城市地表水功能区划与水质监测断面见表 9-1。

9.2.2 评价结果

晋城市地表水功能区共布设 38 处水质监测断面,现状监测断面 33 处,其中纳入全国重要水功能区水质监测范围的断面 11 处。纳入全国重要水功能区水质监测范围的断面现状有 7 处断面,监测频次 12 次 /a,其余监测断面监测频次 1 次 /a,为枯水期监测。个别水功能区水质代表断面现状无监测资料,使用同一河道上地理位置相近的断面监测资料作为代替进行水质评价。

9.2.2.1 水功能区全指标水质评价结果

晋城市地表水功能区现状水质监测断面 33 处,其中丹河高平排污控制区韩庄断面由于未设置水质管理目标,因此评价时只给出韩庄断面现状水质类别,不对韩庄断面做达标评价。

现状监测的 33 处断面,除韩庄断面外,剩余 32 处断面全指标水质评价达标断面 19 处,不达标断面 13 处,达标率 59.4%。

表9-1　晋城市地表水功能区划与水质监测断面

序号	行政分区	河流	一级水功能区名称	二级水功能区名称	范围 起	范围 止	代表断面	长度/km	水质目标
1	沁水县	沁河	沁河临汾晋城开发利用区	沁河沁水县张峰水库饮用工业用水区	市界	张峰水库	张峰水库	24.0	II
2	沁水县	沁河		沁河沁水县张峰水库工业农业用水区	张峰水库	郑庄	郑庄	16.1	III
3	阳城县	沁河		沁河晋城农业用水区	郑庄	曹河	润城	91.6	III
4	沁水县	沁河					武安		III
5	泽州县	沁河	沁河晋城缓冲区		曹河	省界	拴驴泉坝下	18.5	II
6	沁水县	沁河	沁水县河沁水源头水保护区		河源	五柳庄	五柳庄	19.7	III
7	沁水县	沁水县河	沁水县河沁水开发利用区	沁水县河沁水工业农业用水区	五柳庄	河口	湾则水库	25.7	IV
8	沁水县	端氏河	端氏河沁水开发利用区	端氏河沁水饮用工业用水区	河源	杏林	杏林	46.3	III
9	沁水县	端氏河		端氏河沁水工业农业用水区	杏林	河口	端氏	8.4	IV
10	阳城县	芦苇河	芦苇河阳城开发利用区	芦苇河阳城饮用工业用水区	河源	芦池	芦池	22.1	III
11	阳城县	芦苇河		芦苇河阳城工业农业用水区	芦池	河口	下河	27.6	IV
12	阳城县	获泽河	获泽河沁水阳城源头水保护区		河源	前岭	董封水库	54.4	III
13	阳城县	获泽河	获泽河阳城工业农业利用区		前岭	河口	坪头庄	32.2	IV

续表 9-1

| 序号 | 行政分区 | 河流 | 一级水功能区名称 | 二级水功能区名称 | 范围 | | 代表断面 | 长度/km | 水质目标 |
					起	止			
14	阳城县	西冶河	西冶河阳城开发利用区	西冶河阳城饮用工业农业用水区	河源	河口	西冶水库	43.9	Ⅲ
15	泽州县	长河	长河泽州开发利用区	长河泽州工业农业用水区	河源	河口	石淙头	38.7	Ⅳ
16	阳城县	蟒河	蟒河晋豫自然保护区		河源	蟒河林场	蟒河林场	24.1	Ⅲ
17	阳城县	大峪河	大峪河晋豫保留区		河源	省界	王屋山水库	12.7	Ⅱ
18	高平市		丹河高平源头水保护区		河源	寺庄镇	掘山	15.2	Ⅲ
19	高平市			丹河高平排污控制区	寺庄镇	韩庄	韩庄	15.1	
20	高平市			丹河高平过渡区	韩庄	刘庄	刘庄	10.9	Ⅳ
21	泽州县	丹河	丹河晋城开发利用区		刘庄	下城公	下城公	4.5	Ⅳ
22	泽州县		丹河任庄水库农业工业用水区		下城公	白洋泉河入	任庄水库	35.1	Ⅲ
23	泽州县		丹河泽州缓冲区		白洋泉河入	双槽洼	菁莲寺	32	Ⅲ
24	泽州县		丹河晋豫自然保护区		双槽洼	菁天河坝址	菁天河水库	13.1	Ⅲ
25	高平市	小东仓河	小东仓河高平开发利用区	小东仓河高平工业农业用水区	河源	河口	店上	16.5	Ⅳ
26	高平市	大东仓河	大东仓河高平开发利用区	大东仓河高平工业农业用水区	河源	河口	官庄	23.7	Ⅳ
27	高平市	许河	许河高平开发利用区	许河高平工业农业用水区	河源	河口	河西	26.2	Ⅳ

续表 9-1

序号	行政分区	河流	一级水功能区名称	二级水功能区名称	范围 起	范围 止	代表断面	长度/km	水质目标
28	陵川县	东大河	东大河陵川开发利用区	东大河陵川工业农业用水区	河源	河口	西伞	44.8	IV
29	高平市						小丁壁		IV
30	泽州县	巴公河	巴公河高平泽州开发利用区	巴公河高平泽州工业农业用水区	河源	河口	入丹河口	28	IV
31	城区	北石店河	北石店河城区泽州开发利用区	北石店河城区泽州工业农业用水区	河源	河口	刘家川	11.6	IV
32	陵川县	白洋泉河	白洋泉河陵川泽州开发利用区	白洋泉河陵川泽州工业农业用水区	河源	河口	台北	71.8	III
33	泽州县						北寨		III
34	城区	白水河	白水河城区源头水保护区		河源	寨上	寨上	5.1	III
35	城区		白水河城区泽州开发利用区	白水河城区泽州农业用水区	寨上	河西部队处	寺底	24.0	V
36	泽州县		白水河泽州开发利用区	白水河泽州过渡区	河西部队处	河口	两谷坨	23.7	IV
37	陵川县	淇河	淇河（香磨河）陵川开发利用区	淇河（香磨河）陵川饮用工业用水区	河源	省界	东双脑	27.4	III
38	陵川县	武家湾河	武家湾河陵川开发利用区	武家湾河陵川饮用工业用水区	河源	省界	马圪当	53.1	III

　　根据水功能区考核断面分布情况,按行政区划分,泌水县和阳城县现状监测断面达标率最高,为 85.7%;高平市达标率最低,为 25%。按水资源分区划分,入黄小河现状监测断面水质全部达标,为 100%;丹河分区达标率最低,为 35.7%。

　　不达标功能区断面主要位于丹河分区,丹河干流及支流沿河分布着晋城市城区、高平市、泽州县等主要城市聚集区,区域内工业发达,丹河干流及支流也成为晋城市主要纳污河流,污染比较严重,超标项目主要包括 COD、BOD_5、氨氮,部分断面氟化物、挥发酚和六价铬超标。沁河分区有 3 处断面不达标,包括沁河干流润城断面、支流沁水县河五柳庄断面、长河石淙头断面,主要为氨氮超标。

　　水功能区考核断面全指标达标率评价见表 9-2 和表 9-3。

表 9-2　行政分区水功能区考核断面全指标水质达标率评价

序号	行政区划	考核断面 / 个	现状监测断面 / 个	评价达标断面 / 个	达标率 /%
1	城区	3	2	1	50.0
2	泽州县	9	9	4	44.4
3	高平市	7	5	1	25.0
4	沁水县	7	7	6	85.7
5	阳城县	8	7	6	85.7
6	陵川县	4	3	1	33.3
7	合计	38	33	19	59.4

表 9-3　水资源分区水功能区考核断面全指标水质达标率评价

序号	水资源分区	考核断面 / 个	现状监测断面数 / 个	评价达标断面 / 个	达标率 /%
1	沁河分区	15	14	11	78.6
2	丹河分区	19	15	5	35.7
3	入黄小河	2	2	2	100
4	卫河分区	2	2	1	50
5	合计	38	33	19	59.4

9.2.2.2　水功能区双指标评价结果

　　现状监测的 33 处断面,除韩庄断面外,剩余 32 处断面双指标水质评价达标断面 21 处，不达标断面 11 处，达标率 65.6%。

根据水功能区考核断面分布情况，按行政区划分，陵川县现状监测断面达标率最高，为 100%；高平市达标率最低，为 25%。按水资源分区划分，入黄小河和卫河分区现状监测断面水质全部达标，达标率 100%；丹河分区达标率最低，为 40.0%。

水功能区考核断面双指标评价达标率评价见表 9-4 和表 9-5。

表 9-4　行政分区水功能区考核断面双指标水质达标率评价

序号	行政区划	考核断面 / 个	现状监测断面数 / 个	评价达标断面 / 个	达标率 /%
1	城区	3	2	1	50.0
2	泽州县	9	9	4	44.4
3	高平市	7	5	1	25.0
4	沁水县	7	7	6	85.7
5	阳城县	8	7	6	85.7
6	陵川县	4	3	3	100
7	合计	38	33	21	65.6

表 9-5　水资源分区水功能区考核断面双指标水质达标率评价

序号	水资源分区	考核断面 / 个	现状监测断面数 / 个	评价达标断面 / 个	达标率 /%
1	沁河分区	15	14	11	78.6
2	丹河分区	19	15	6	40.0
3	入黄小河	2	2	2	100
4	卫河分区	2	2	2	100
5	合计	38	33	21	65.6

9.3　水功能区纳污能力复核

水功能区纳污能力是指在设计流量的条件下，满足水功能区水质目标和水体自然净化能力，核定的该水功能区污染物最大允许负荷量。在划定了水功能区后，就需要知道该功能区所属水域的水环境容量或称纳污能力，为制定区域的污染物排放、水污染控制、水资源保护、水资源开发利用和社会经济发展提供依据。特别是《中共中央国务院关于加快水利改革发展的决定》（中发〔2011〕1 号）、《国务院关于实行最严格水资源管理制度的意见》（国发〔2012〕3 号）和《中共中央办公厅国务院办公厅印发〈关于全面推行河长制的意见〉》（厅字〔2016〕42 号）均明确提出实行最严格的水资源管理制度，严格水功能区管理监督，确立水功能区限制纳污红线，根据水功能区划确定的河流水域纳污容量和限制排污总量，落实污染物达标排放要求，切实监管入河湖排污口，严格控制入河湖排污总量。因此，进行晋城市水功能区纳污能力复核，对实施水功能区限制纳污红线管理和强化水资源保护监督管理是十分重要的。对于现状污染物排放量大于水功能区的水环境容量即现状水质不能满足水功能区控制目标的水域，其污染物的控制排放量等于水功能区的水环境容量，污染物现状削减量等于现状污染物排放量与污染物控制排放量之差。

9.3.1 复核计算基本原则

根据《全国重要江河湖泊水功能区纳污能力核定和分阶段限制排污总量控制技术大纲》的相关要求，结合晋城市经济社会发展、生产力布局、排水管网建设情况，以及水资源管理和水环境改善的要求，本次对保护区、保留区、缓冲区和开发利用区采用不同的复核计算，开发利用区的复核范围为二级水功能区，其他功能区的纳污能力复核范围为一级水功能区。

9.3.1.1 保护区和保留区

原则上是维持现状水质，即当现状水质达到或优于水质目标值时，其纳污能力采用其现状污染物入河量。但当水质未达标或需要进一步改善时，需提出污染物入河量及污染物排放量的消减量，纳污能力通过计算求得，具体计算方法同开发利用区纳污能力的计算方法。

9.3.1.2 缓冲区

由于缓冲区一般涉及不同的管理部门，为了较好地协调各方管理目标，纳污能力分两种情况考虑。对于水质较好、用水矛盾不突出的缓冲区，可以将现状污染物入河量作为该区的纳污能力。对于水质较差或存在用水水质矛盾的缓冲区，需提出污染物入河量及污染物排放量的削减量，纳污能力通过计算求得，具体计算方法同开发利用区纳污能力的计算方法。

9.3.1.3 开发利用区

该区的水资源开发利用必须满足二级水功能区主导功能的水质要求目标，纳污能力需根据各二级水功能区的设计条件和水质目标，选择适当的水量、水质模型进行复核计算。

9.3.2　模型及参数的确定

9.3.2.1　模型选择

晋城市各河流大多属于宽深比不大的中小河流，河道流量和流速较小，污染物质在较短的河段内，基本能在断面内均匀混合，断面污染物浓度横向变化不大，据《水域纳污能力计算规程》（GB/T 25173），采用一维水质模型计算水功能区纳污能力。

纳污能力计算公式为：

$$W = 31.536 \times \left[(Q+q) \times C_S - Q \times C_0 \times \mathrm{e}^{\frac{-kL}{86.4 \times u}} \right] \times \mathrm{e}^{\frac{kx_1}{86.4 \times u}}$$

式中：W 为水功能区纳污能力，t/a；Q 为水功能区设计流量，m³/s；q 为水功能区入河污水量，m³/s；C_S 为水功能区水质目标，mg/L；C_0 为水功能区上断面污染物浓度，mg/L；k 为污染物综合衰减系数，1/d；L 为水功能区上断面到下断面的距离，km；x_i 为入河排污口到下断面的距离，km；u 为水功能区设计流量下的河段平均流速，m/s。

对各水功能区而言，其入河排污口数量、分布位置不尽相同，从而增加了纳污能力计算的复杂性，为简化计算，根据晋城市水系流域具体情况，将排污口概化为一个处于水功能区中间位置的排污口，即多个入河排污口合并概化为位于计算河段的中部，此时 $x_i = L/2$，水功能区的纳污能力为：

$$W = 31.536 \times \left[(Q+q) \times C_S \times \mathrm{e}^{\frac{kL}{2 \times 86.4 \times u}} - Q \times C_0 \times \mathrm{e}^{\frac{-kL}{2 \times 86.4 \times u}} \right]$$

9.3.2.2　设计流量的确定

根据《水域纳污能力计算规程》（GB/T 25173），计算河流水域纳污能力，应采用 90% 保证率最枯月平均流量或近 10 年最枯月平均流量作为设计流量。晋城市大多数河流属于季节性河流，故本次计算，对于有长系列水文资料的水功能区，现状设计流量选用 90% 设计保证率的枯季平均流量，通过频率计算法计算所得。对于无长系列水文资料的水功能区，则采用近 10 年系列资料中的最枯月平均流量作为设计流量。无水文资料时，则采用内插法、水量平衡法、类比法等方法推求设计流量。

9.3.2.3　设计流速的确定

对于有流量资料的河段，设计流速的确定采用下式计算：

$$V = Q/A$$

式中，V 为设计流速，m/s；Q 为设计流量，m³/s；A 为过水断面面积，m²。

对于无资料的河段，采用经验公式计算断面流速。

9.3.2.4 综合衰减系数的确定

污染物综合衰减系数是反映污染物沿程变化的综合系数，它既体现了污染物自身的变化，也体现了环境对污染物的影响。在水质模型中，将污染物在水环境中的物理降解、化学降解和生物降解概化为综合衰减系数。综合衰减系数反映了污染物在水体作用下降解速度的快慢，它与河流水温、pH 值、流速、流量、水深、污染物浓度、水生生物群落等诸多因素有关。另外，综合衰减系数即使在同一河段其变幅也较大，因此在取值时要注意考虑计算河段的特征。根据《水域纳污能力计算规程》（GB/T 25173）污染物综合衰减系数可用实测资料反推或水团追踪法求取，亦可经类比分析确定，实际应用时要把多种方法的结果结合起来进行综合确定。

根据野外追踪试验（沁河安泽段、漳河北底—小堡底段）和前人研究成果，结合各河流实际情况，同时查阅了历次水功能区纳污能力计算资料，确定本次河流纳污能力计算中综合衰减系数（k）的取值范围，k_{COD} 取值为 $0.20 \sim 0.30 \, \mathrm{d}^{-1}$，$K_{氨氮}$ 取值为 $0.15 \sim 0.20 \, \mathrm{d}^{-1}$。

9.3.2.5 初始浓度值 C_0 和目标水质浓度 C_S 的确定

根据上一个水功能区的水质目标值来确定 C_0，即上一个水功能区的水质目标值就是下一个功能区的初始浓度值 C_0。

水质目标 C_S 值即为本功能区的水质目标值。

9.3.3 纳污能力复核成果

通过复核计算，晋城市 34 个水功能区 COD 纳污能力为 4 409.8 t/a，氨氮为 215.54 t/a。按流域计，沁河流域的 COD 纳污能力最大，占全市的 54.79%；氨氮的纳污能力丹河较大，占全市的 50.65%。按行政分区计，行政分区中，阳城县的 COD 和氨氮的纳污能力都最大，分别占全市的 34.57% 和 25.02%。按水功能区计，工业、农业用水功能区的纳污能力最大，分别占全市的 52.90% 和 59.18%。

9.3.3.1 按流域分区复核的纳污能力

1. 沁河流域纳污能力

晋城市主要河流中，沁河流域总的 COD 纳污能力为 2 416.19 t/a，氨氮纳污能力为 106.36 t/a，分别占全市总量的 54.79% 和 49.35%，沁河各段由于功能类型、现状排污、开发利用等情况不同而纳污能力存在较大差异。沁河干流的纳污能力 COD 为 1 407.73 t/a、氨氮为 54.93 t/a，其中郑庄到曹河段的 COD 纳污能力 1 162.39 t/a、氨氮纳污能力 40.92 t/a，是晋城市纳污能力最大的河段，该河段占全市 COD 纳污能力的 26.36%、氨氮的 18.98%。各支流总的纳污能力分别为 COD 1 008 t/a、氨氮 51.43 t/a，其中纳污能力最大的支流为长河，COD 纳污能力 320.97 t/a、氨氮纳污能力 19.07 t/a，COD 和氨氮的纳污能力分别占全市的 7.28%、8.85%。沁河流域各主要河流的纳污能力见表 9-6。

表 9-6　晋城市沁河流域主要河流污染物纳污能力统计

河流	COD		氨氮	
	纳污能力 /(t/a)	占全市 /%	纳污能力 /(t/a)	占全市 /%
沁河干流	1 407.73	31.92	54.93	25.48
沁水县河	165.52	3.75	11.57	5.37
芦苇河	157.71	3.58	3.56	1.65
获泽河	204.5	4.64	9.45	4.38
西冶河	0	0.00	0	0.00
长河	320.97	7.28	19.07	8.85
端氏河	159.77	3.62	7.78	3.61
小计	2 416.2	54.79	106.36	49.35

2. 丹河流域纳污能力

丹河流域总的 COD 纳污能力为 1 993.61 t/a、氨氮纳污能力为 109.18 t/a，分别占全市总量的 45.21% 和 50.65%，丹河流域各支流由于功能类型、现状排污、开发利用等情况不同纳污能力有所差异。丹河干流的纳污能力 COD 为 349.14 t/a、氨氮为 19.94 t/a，COD 和氨氮的纳污能力分别占全市的 7.92%、9.25%。其中寺庄镇到韩庄的 COD 纳污能力 331.91 t/a、氨氮纳污能力 19.29 t/a，是丹河干流纳污能力最大的河段，该河段占全市 COD 纳污能力的 7.53%、氨氮的 8.95%。各支流总的纳污能力分别为 COD 1 644.47 t/a、氨氮 89.24 t/a，其中纳污能力最大的支流为白水河，COD 纳污能力 568.65 t/a、氨氮纳污能力 27.31 t/a，COD 和氨氮的纳污能力分别占全市的 12.90%、12.67%。沁河流域各主要河流的纳污能力见表 9-7。

3. 卫河流域纳污能力

晋城市境内的卫河流域的河流均为河流的源头；武家湾河和淇河的纳污能力均核定为 0。

表 9-7　晋城市丹河流域主要河流污染物纳污能力统计

河流	COD		氨氮	
	纳污能力 /(t/a)	占全市 /%	纳污能力 /(t/a)	占全市 /%
丹河干流	349.14	7.92	19.94	9.25
小东仓河	84.89	1.93	5.38	2.50
大东仓河	17.65	0.40	1.04	0.48
许河	424.07	9.62	24.57	11.40
东大河	11.03	0.25	0.48	0.22
巴公河	254.64	5.77	14.28	6.63
北石店河	255.33	5.79	15.13	7.02
白洋泉河	28.21	0.64	1.05	0.49
白水河	568.65	12.90	27.31	12.67
小计	1 993.61	45.21	109.18	50.65

4. 入黄河流纳污能力

晋城市境内的入黄河流均为河流的源头，且流域面积较小，在水功能分区中被划分为自然保护区和保留区，纳污能力核定为 0。

9.3.3.2　按行政分区复核的纳污能力

在行政分区中，阳城县纳污能力最大，其 COD 纳污能力为 1 524.59 t/a，占全市总量的 34.57%，氨氮纳污能力为 53.93 t/a，占全市总量的 25.02%；其次是高平市，COD、氨氮纳污能力分别为 868.62 t/a、50.58 t/a，分别占全市总量的 19.70%、23.47%；城区 COD、氨氮纳污能力分别为 823.98 t/a、42.44 t/a，分别占全市总量的 18.69%、19.69%；泽州县 COD、氨氮纳污能力分别为 582.74 t/a、33.7 t/a，分别占全市总量的 13.21%、15.64%；沁水县 COD 和氨氮纳污能力分别为 570.63 t/a、33.36 t/a，占全市总量的 12.94% 和 15.48%；陵川县 COD 和氨氮纳污能力最小，分别为 39.24 t/a、1.53 t/a，占全市总量的 0.89% 和 0.71%。各县（市、区）主要污染物纳污能力统计见表 9-8。

表 9-8　晋城市行政分区水功能区纳污能力统计

行政区	COD		氨氮	
	纳污能力 /(t/a)	占全市 /%	纳污能力 /(t/a)	占全市 /%
城区	823.98	18.69	42.44	19.69
沁水县	570.63	12.94	33.36	15.48

续表 9-8

行政区	COD		氨氮	
	纳污能力 /(t/a)	占全市 /%	纳污能力 /(t/a)	占全市 /%
阳城县	1 524.59	34.57	53.93	25.02
陵川县	39.24	0.89	1.53	0.71
泽州县	582.74	13.21	33.7	15.64
高平市	868.62	19.70	50.58	23.47
总计	4 409.8	100	215.54	100

9.3.3.3　按水功能区复核的纳污能力

根据复核结果，晋城市一级区中的源头水保护区、缓冲区、自然保护区的纳污能力均为 0。二级水功能区中 COD、氨氮纳污能力由大到小的顺序为：工业农业用水区、农业用水区、排污控制区、过渡区和饮用工业用水区。工业农业用水区的纳污能力最大，COD 的纳污能力为 2 332.57 t/a，占全市的 52.90%；氨氮纳污能力为 127.55 t/a，占全市的 59.18%。25 个二级功能区中，沁河晋城农业用水区是晋城市纳污能力最大的水功能区，COD 纳污能力 1 162.39 t/a，占全市的 26.36%，氨氮纳污能力 40.92 t/a，占全市的 18.98%。为保障饮用水的用水安全，饮用工业用水区纳污能力均为 0。二级水功能区 COD 和氨氮纳污能力统计结果见表 9-9。

表 9-9　二级水功能区 COD 和氨氮纳污能力统计

功能区类型	数量 / 个	COD		氨氮	
		纳污能力 /(t/a)	占全市 /%	纳污能力 /(t/a)	占全市 /%
饮用工业用水区	5	0	0	0	0
农业用水区	2	1 731.03	39.25	68.23	31.66
工业农业用水区	15	2 332.57	52.90	127.55	59.18
排污控制区	1	331.91	7.53	19.29	8.95
过渡区	2	14.29	0.32	0.47	0.21
总计	25	4 409.8	100	215.54	100

晋城市 34 个水功能区的基本情况、代表断面、纳污能力复核结果见表 9-10，晋城市的 COD 纳污能力为 4 409.8 t/a、氨氮为 215.54 t/a。

表 9-10　晋城市水功能区纳污能力计算

序号	行政分区	河流	一级水功能区名称	二级水功能区名称	代表断面	水质目标	纳污能力 / (t/a)	
							COD	氨氮
1	沁水县	沁河	沁河临汾晋城开发利用区	沁河沁水县张峰水库饮用工业用水区	张峰水库	II	0	0
2	沁水县	沁河		沁河沁水县张峰水库工业农业用水区	郑庄	III	245.34	14.01
3	阳城县			沁河晋城农业用水区	润城	III	1 162.38	40.92
4	沁水县				武安	III		
5	泽州县		沁河晋城缓冲区		挂驴泉坝下	II	0	0
6	沁水县	沁水县河	沁水县河沁水源头水保护区		五柳庄	III	0	0
7	沁水县	沁水县河	沁水县河沁水开发利用区	沁水县河沁水工业农业用水区	湾则水库	IV	165.52	11.57
8	沁水县	端氏河	端氏河沁水开发利用区	端氏河沁水饮用工业用水区	杏林	III	0	0
9	沁水县	端氏河		端氏河沁水工业农业用水区	端氏	IV	159.77	7.78
10	阳城县	芦苇河	芦苇河阳城开发利用区	芦苇河阳城饮用工业用水区	芦池	III	0	0
11	阳城县	芦苇河		芦苇河阳城工业农业用水区	下河	IV	157.71	3.56
12	阳城县	获泽河	获泽河沁水阳城源头水保护区		董封水库	III	0	0
13	阳城县	获泽河	获泽河阳城开发利用区	获泽河阳城饮用工业农业用水区	坪头庄	IV	204.50	9.45
14	阳城县	西冶河	西冶河阳城开发利用区	西冶河阳城饮用工业农业用水区	西冶水库	III	0	0
15	泽州县	长河	长河泽州开发利用区	长河泽州工业农业用水区	石淙头	IV	320.97	19.07
16	阳城县	蟒河	蟒河晋豫自然保护区		蟒河林场	III	0	0
17	阳城县	大峪河	大峪河晋豫保留区		王屋山水库	II	0	0
18	高平市	丹河	丹河高平源头水保护区		掘山	III	0	0
19	高平市	丹河		丹河高平排污控制区	韩庄		331.91	19.29
20	高平市	丹河	丹河晋城开发利用区	丹河高平过渡区	刘庄	IV	10.10	0.30

续表 9-10

序号	行政分区	河流	一级水功能区名称	二级水功能区名称	代表断面	水质目标	纳污能力/(t/a) COD	纳污能力/(t/a) 氨氮
21	泽州县	丹河	丹河晋城开发利用区	丹河高平过渡区	下城公	IV	4.19	0.17
22	泽州县	丹河	丹河晋城开发利用区	丹河任庄水库农业工业用水区	任庄水库	III	2.94	0.18
23	泽州县	丹河	丹河泽州缓冲区		青莲寺	III	0	0
24	泽州县	丹河	丹河晋豫象自然保护区		青天河水库	III	0	0
25	高平市	小东仓河	小东仓河高平开发利用区	小东仓河高平工业农业用水区	店上	IV	84.89	5.38
26	高平市	大东仓河	大东仓河高平开发利用区	大东仓河高平农业用水区	官庄	IV	17.65	1.04
27	高平市	许河	许河高平开发利用区	许河高平工业农业用水区	河西	IV	424.07	24.57
28	陵川县	东大河	东大河陵川开发利用区	东大河陵川工业农业用水区	西仐	IV	11.03	0.48
29	高平市	巴公河	巴公河高平泽州开发利用区		小丁壁	IV		
30	泽州县	巴公河	巴公河高平泽州开发利用区	巴公河高平泽州工业农业用水区	入丹河口	IV	254.64	14.28
31	城区	北石店河	北石店河城区泽州开发利用区	北石店河城区泽州工业农业用水区	刘家川	IV	255.33	15.13
32	陵川县	白洋泉河	白洋泉河陵川泽州开发利用区	白洋泉河陵川泽州工业农业用水区	台北	III	28.21	1.05
33	泽州县	白洋泉河	白洋泉河陵川泽州开发利用区	白洋泉河陵川泽州工业农业用水区	北寨	III		
34	城区	白水河	白水河城区源头水保护区	白水河城区源头水保护区	寨上	III	0	0
35	城区	白水河	白水河城区泽州开发利用区	白水河城区泽州农业用水区	寺底	V	568.65	27.31
36	泽州县	白水河	白水河泽州开发利用区	白水河泽州过渡区	两谷坨	IV	0	0
37	陵川县	淇河	淇河（香磨河）陵川开发利用区	淇河（香磨河）陵川饮用工业用水区	东双脑	III	0	0
38	陵川县	武家湾河	武家湾河陵川开发利用区	武家湾河陵川饮用工业用水区	马圪当	III	0	0

9.4　污染物入河量控制方案

9.4.1　水功能区现状达标率

9.4.1.1　水功能区水质达标率

水功能区达标率表达的是一定流域（区域）范围内，水质能够达到使用功能的程度。随着我国最严格水资源管理制度的实施，水功能区达标率作为一项新的指标，已成为实施最严格水资源管理制度的一项重要目标指数，2012 年《国务院关于实行最严格水资源管理制度的意见》中确定水功能区限制纳污红线以水功能区水质达标率作为考核指标，并提出 2030 年水功能区水质达标率提高到 95%；2013 年 1 月，国务院发布了《实行最严格水资源管理制度考核办法》，明确要求全面考核水功能区限制纳污目标完成情况。水功能区水质达标率反映河流水质满足水资源开发利用和生态与环境保护需要的状况，是对水功能区达标情况的总体评价。我国现阶段水功能区水质评价方法及标准主要参照《地表水环境质量标准》（GB 3838）、《地表水资源质量评价技术规程》（SL 395）及《全国重要江河湖泊水功能区水质达标评价技术方案》等相关规定进行。

水功能区水质达标率是指在某水系（河流、湖泊），水功能区水质达到其水质目标的个数（河长、面积）占水功能区总数（总河长、总面积）的比例。水功能区水质达标率评价是指在评价时段 T_j 内，水功能区的个数（河长、面积）达标率（C_j）的计算公式如下：

$$C_j = \frac{d_j}{z_j}$$

式中：C_j 为水为功能区个数（河长、面积）达标率（%）；d_j 为水功能区达到水质目标的个数（河长、面积）；z_j 为参与水质评价水功能区的个数（总河长、总面积）。

水功能区水质达标率评价分级标准见表 9-11。

9.4.1.2　晋城市水功能区现状水质达标率

采用晋城市水功能区全指标（地表水环境质量标准中的常规监测项目），水质评价结果，晋城市水功能区个数达标率评价为中，河长达标率评价为良。

表 9-11　　流域水功能区达标率评价标准

评价指标	标准分级				
	优	良	中	差	劣
水功能区达标率 /%	≥ 90	70 ~ 90	60 ~ 70	40 ~ 60	< 40

1. 行政区水功能区达标率评价

按行政分区划分，阳城县水功能区达标率评价最好，个数和河长达标率评价均为优；泽州县水功能区个数的达标率为 28.6%、河长达标率为 26.9%，水功能区个数和河长达标率评价均为劣。高平市水功能区个数的达标率为 40%、河长达标率为 34.4%，水功能区个数评价为差、河长达标率评价均为劣。城区水功能区个数的达标率为 50%、河长达标率为 67.4%，水功能区个数评价为差、河长达标率评价均为中。泽州县、高平市和城区是晋城市的城市主要聚集区，区域内工业发达，污水排放量较高。晋城市行政分区的水功能区水质达标率评价结果见表 9-12。

表 9-12　　行政分区水功能区全指标达标率评价结果

序号	行政区划	评价个数 / 个	达标个数 / 个	达标率 /%	评价结果	评价河长 /km	达标河长 /km	达标率 /%	评价结果
1	城区	2	1	50.0	差	35.6	24	67.4	中
2	泽州县	7	2	28.6	劣	189.1	50.8	26.9	劣
3	高平市	5	2	40.0	差	101.2	34.8	34.4	劣
4	沁水县	7	6	85.7	良	231.8	212.1	91.5	优
5	阳城县	6	6	100	优	184.8	184.8	100	优
6	陵川县	3	2	66.7	中	152.3	124.9	82.0	良
7	合计	30	19	63.3	中	894.8	631.4	70.6	良

2. 水资源分区水功能区水质达标率评价

按水资源分区划分，入黄小河分区水功能区达标率评价最好，个数和河长达标率评价均为优。丹河分区水功能区达标率评价最差，其水功能区个数的达标率为 38.5%、河长达标率为 47.8%，水功能区个数达标率评价为劣，河长达标率评价为差。丹河干流及支流主要流经城区、高平市、泽州县等主要城市和工矿企业聚集区，区域内经济发达，废污水排放量大，丹河干流和支流分布着规模不等的生活和工业排污口，是其主要的纳污河流，污染比较严重，超标项目主要包括 COD、BOD$_5$、氨氮,部分断面氟化物、挥发酚和六价铬等指标。沁河分区水功能区个数的达标率为 84.6%、河长达标率为 86.6%,水功能区个数和河长达标率评价均为良。沁河分区有 3 处不达标断面,分别为沁河干流润城断面、支流沁水县河五柳庄断面、长河石淙头断面,超标项目主要为氨氮。晋城市水资源分区的水功能区水质达标率评价结果见表 9-13。

表 9-13 水资源分区水功能区全指标达标率评价结果

序号	二级水资源分区	评价个数 / 个	达标个数 / 个	达标率 /%	评价结果	评价河长 /km	达标河长 /km	达标率 /%	评价结果
1	沁河分区	13	11	84.6	良	437	378.6	86.6	良
2	丹河分区	13	5	38.5	劣	340.5	162.9	47.8	差
3	入黄小河	2	2	100	优	36.8	36.8	100	优
4	卫河分区	2	1	50	差	80.5	53.1	66	中
5	合计	30	19	63.3	中	894.8	631.4	70.6	良

9.4.2 水功能区水质达标率分解

9.4.2.1 水功能区水质达标率分解原则

水功能区水质达标率年度分解受经济产业布局、城镇人口分布、污水处理设施、污染物入河强度等直接影响,与区域经济、社会发展、技术水平等密切相关。本次规划水功能区达标分解是在《全国重要江河湖泊水功能区纳污能力核定和分阶段限制排污总量控制方案》编制工作的基础上,结合晋城市水功能区分布情况、水体功能属性、现状达标率、污染程度等,进行水平年(2020年、2030年)水功能区达标目标设定,并将水平年水功能区水质达标率目标要求分解到具体水功能区的过程。水功能区达标目标分解的基本原则如下:

(1)对于现状已达标的水功能区,在各规划水平年应保持或提高其水质目标要求。

(2)饮用水水源区、省界缓冲区、保护区和保留区应优先达标。

(3)对于控制污染物入河量任务较轻、污染治理经济技术可行区域的水功能区,原则上应在近期规划水平年达到水质目标要求。

(4)对于水质现状较差、控制污染物入河量任务较重的区域,可根据经济发展水平和污染治理需求,综合确定阶段性污染物控制量,并保证规划水平年水功能区达标目标逐步提高。

9.4.2.2 水功能区水质达标率分解结果

根据《晋城市实行最严格水资源管理制度工作方案》,晋城市近期规划水平年 2020 年水功能区达标率提高到 80%，2030 年水功能区达标率达到 100%，根据达标率以及水功能区现状达标情况，以及各水功能区的纳污能力，对全市（县、区）34 个水功能区的 38 个考核断面，提出 2020 年和 2030 年水功能区代表断面达标率要求。针对获泽河阳城工业农业用水区、丹河高平排污控制区、丹河高平过渡区、丹河任庄水库农业工业用水区、小东仓河高平工业农业用水区、许河高平工业农业用水区、北石店河城区泽州工业农业用水区等 7 个水功能区现状水质污染严重的现状，规划到 2020 年其水质有所改善，水质目标可以不达要求，其他 27 个水功能区，2020 年要全部达到水功能区的水质目标要求。规划到 2030 年，晋城市所有的 34 个水功能区的水质目标都达到管理要求，沁河流域、丹河流域、卫河流域和入黄小河水功能区水质达标目标分解见表 9-14 ～表 9-18。

表 9-14　沁河流域水功能区规划水平年水质达标目标分解

河流名称	水功能区名称	代表断面	水质目标	现状达标情况	达标目标分解	
					2020 年	2030 年
沁河干流	沁河沁水县张峰水库饮用工业用水区	张峰水库	II 类	达标	达标	达标
	沁河沁水县张峰水库工业农业用水区	郑庄	III 类	达标	达标	达标
	沁河晋城农业用水区	润城	III 类	不达标	达标	达标
		武安	III 类	达标	达标	达标
	沁河晋城缓冲区	拴驴泉坝下	II 类	达标	达标	达标
沁水县河	沁水县河沁水源头水保护区	五柳庄	III 类	不达标	达标	达标
	沁水县河沁水工业农业用水区	湾则水库	IV 类	达标	达标	达标
端氏河	端氏河沁水饮用工业用水区	杏林	III 类	达标	达标	达标
	端氏河沁水工业农业用水区	端氏	IV 类	达标	达标	达标
芦苇河	芦苇河阳城饮用工业用水区	芦池	III 类	达标	达标	达标
	芦苇河阳城工业农业用水区	下河	IV 类	达标	达标	达标
获泽河	获泽河沁水阳城源头水保护区	董封水库	III 类	达标	达标	达标
	获泽河阳城工业农业用水区	坪头庄	IV 类		不达标	达标
西冶河	西冶河阳城饮用工业农业用水区	西冶水库	III 类	达标	达标	达标
长河	长河泽州工业农业用水区	石淙头	IV 类	不达标	达标	达标

表 9-15　入黄小河水功能区规划水平年水质达标目标分解

河流名称	水功能区名称	代表断面	水质目标	现状达标情况	达标目标分解	
					2020 年	2030 年
蟒河	蟒河晋豫自然保护区	蟒河林场	III类	达标	达标	达标
大峪河	大峪河晋豫保留区	王屋山水库	II类	达标	达标	达标

表 9-16　丹河流域水功能区规划水平年水质达标目标分解

河流名称	水功能区名称	代表断面	水质目标	现状达标情况	达标目标分解	
					2020 年	2030 年
丹河干流	丹河高平源头水保护区	掘山	III类	达标	达标	达标
	丹河高平排污控制区	韩庄	V类		不达标	达标
	丹河高平过渡区	刘庄	IV类		不达标	达标
		下城公	IV类	不达标	不达标	达标
	丹河任庄水库农业工业用水区	任庄水库	III类	不达标	达标	达标
	丹河泽州缓冲区	青莲寺	III类	不达标	达标	达标
	丹河晋豫自然保护区	青天河水库	III类	达标	达标	达标
小东仓河	小东仓河高平工业农业用水区	店上	IV类	不达标	不达标	达标
大东仓河	大东仓河高平工业农业用水区	官庄	IV类	不达标	达标	达标
许河	许河高平工业农业用水区	河西	IV类	不达标	不达标	达标
东大河	东大河陵川工业农业用水区	西伞	IV类		达标	达标
		小丁壁	IV类		达标	达标
巴公河	巴公河高平泽州工业农业用水区	入丹河口	IV类	不达标	达标	达标
北石店河	北石店河城区泽州工业农业用水区	刘家川	IV类	不达标	不达标	达标
白洋泉河	白洋泉河陵川泽州工业农业用水区	台北	III类	不达标	达标	达标
		北寨	III类	达标	达标	达标
白水河	白水河城区源头水保护区	寨上	III类		达标	达标
	白水河城区泽州农业用水区	寺底	V类	达标	达标	达标
	白水河泽州过渡区	两谷坨	IV类	达标	达标	达标

表 9-17　卫河流域水功能区规划水平年水质达标目标分解

河流名称	水功能区名称	代表断面	水质目标	现状达标情况	达标目标分解	
					2020 年	2030 年
淇河	淇河（香磨河）陵川饮用工业用水区	东双脑	III类	不达标	达标	达标
武家湾河	武家湾河陵川饮用工业用水区	马圪当	III类	达标	达标	达标

　　按行政区分解，晋城市水功能区断面达标率达到 80%，不同县（市、区）根据各自的经济产业布局、城镇人口分布、污水处理设施、污染物入河强度、水体功能属性、现状达标率等条件，提出水功能区断面考核达标率为 2020 年高平市 42.9%、城区 66.7%、泽州县 75%、阳城县 87.5%，陵川和沁水县为 100%，2030 年全市所有的水功能区断面考核达标率达到 100%。晋城市不同行政区的水功能区不同水平年达标分解见表 9-18。

表 9-18　晋城市县（市、区）水功能区断面达标率情况　　　　　%

行政区划	2020 年水功能区断面考核达标率	2030 年水功能区断面考核达标率
城区	66.7	100
高平市	42.9	100
陵川县	100	100
沁水县	100	100
阳城县	87.5	100
泽州县	75	100
总计	80	100

9.4.3　入河污染物总量控制方案

9.4.3.1　基本原则

　　限制纳污是保障水功能区水质达标的根本途径，是实现经济快速发展的同时保护水生态环境免遭破坏的重要保障。考核水功能区水质达标率就是要限制区域污染物入河量，即限制排污总量。限制排污总量是在复核水功能区纳污能力、测算或估算主要污染物入河量的基础上，综合考虑水功能区水质状况、当地技术经济条件和经济社会发展水平，在确定的时间内，允许污染物进入水功能区的最大数量。限制排污总量是分阶段实施水功能区水质管理的依据。限制排污总量分解包括空间分解和时间分解两部分，时间分解即分阶段分解和控制限制排污总量。不同的水功能区限制排污总量按不同的方法分别确定，同一水功能区不同水平年限制排污总量可以不同。空间分解是按照不同行政单元对限制排污总量分解。不同流域中的不同区域和水功能区，其经济发展、污染程度以及水文、地理条件不尽相同，综合考虑区域的差异性，对不同区域和水功能区设定不同的水质达标目标，确定限制排污总量，将限排总量对应到每一个水功能区及水功能区所属的行政区。

对于有、无污染物入河量资料两种情况分别采用以下指定原则。

1. 有污染物入河量

（1）现状水质达标的水功能区，污染物入河量小于纳污能力，可采用纳污能力或者小于纳污能力的入河量作为 2020 年限制排污总量。

（2）主要河流干流的保护区、省界缓冲区、饮用水水源区及其他水功能区，原则上应在 2020 年达到水功能区水质目标要求，以核定的纳污能力作为 2020 年限制排污总量。

（3）现状水质不达标但入河污染物削减任务较轻的水功能区，2020 年应优先实现水质达标，即采用核定的纳污能力作为 2020 年限制排污总量。

（4）由于上游污染导致本功能区水质不达标的，或污染来源难以控制，污染物削减可达标性较差的水功能区，其水平年仍不能达标，应根据本功能区纳污能力确定各阶段限制排污总量进行污染控制。

（5）现状水质不达标且入河污染物削减任务较重的水功能区，应综合考虑水功能区现状水质、现状污染物入河量、污染物削减程度、社会经济发展水平，污染治理程度及其下游水功能区的敏感性等因素，按照从严控制、未来有所改善的要求，确定水功能区各阶段限制排污总量。

2. 无污染物入河量

（1）对于现状已达标但无污染物入河量资料的水功能区，可将该水功能区的纳污能力作为 2020 年限制排污总量。

（2）对于现状水质与水质目标差距较小、污染治理相对容易的水功能区，可将水功能区纳污能力作为 2020 年限制排污总量。

（3）现状水质和水质目标差距较大、2020 年达标困难的水功能区，可综合考虑水功能区水质现状、水功能区达标需求、社会经济发展水平等因素，合理确定水功能区各阶段限制排污总量。

9.4.3.2　入河污染物总量控制方案

入河污染物总量控制方案是在水功能区纳污能力的基础上，结合已有成果、区域经济技术水平、河流水资源配置等因素，根据"最严格水资源管理制度"中限制纳污红线制度实施的目标要求，依据水质标准、纳污能力、限排总量，优化配置各水功能区的污染物接纳量，将限制排污总量分解到晋城市的各水功能区和各县（市、区），以达到改善水质和水生态环境，保障水资源和经济社会可持续发展的目的。根据纳污能力核定结果，一级区中的源头水保护区、缓冲区、自然保护区 2020 年、2030 年的入河污染物控制量为 0；二级区中的饮用工业用水区的污染物入河量控制为 0，过渡区中除丹河高平过渡区 2020 年允许污染物入河外，其他过渡区的河流纳污量均为 0，工业农业 / 农业工业用水区、农业用水区和排污控制区根据实际的排污状况提出入河污染物控制方案。

晋城市水功能区 2020 年 COD 限制排放量为 4 639.13 t/a，比纳污能力高出 215.54 t/a；氨氮限制排放量为 255.57 t/a，比纳污能力高出 40.03 t/a；2020 年共有 7 个水功能区达不到纳污控制的目标要求。到 2030 年 COD 和氨氮的限制排放量为 4 409.83 t/a，氨氮限制排放量为 215.54 t/a，均达到纳污能力的目标要求。晋城市的纳污控制目标主要集中在县城和乡镇等人口聚集区域，以及工矿企业分布区的沁河和丹河流域，2020 年不达标的水功能区沁河流域有 1 个，丹河流域有 6 个。沁河流域 2020 年 COD 限制排放量为 2 511.72 t/a，比纳污能力高出 95.53 t/a；氨氮限制排放量为 116.91 t/a，比纳污能力高出 10.55 t/a。2020 年不达标的主要水功能区有获泽河阳城工业农业用水区，COD 排污量比目标值多 95.5 t/a，氨氮排污量比目标值多 10.55 t/a。沁河流域规划水平年入河污染物控制方案见表 9-19。

表 9-19　沁河流域规划水平年入河污染物控制方案　　　单位：t/a

河流名称	二级水功能区名称	纳污能力		2020 年		2030 年	
		COD	氨氮	COD	氨氮	COD	氨氮
沁河干流	沁河沁水县张峰水库饮用工业用水区	0	0	0	0	0	0
	沁河沁水县张峰水库工业农业用水区	245.34	14.01	245.34	14.01	245.34	14.01
	沁河晋城农业用水区	1 162.38	40.92	1 162.38	40.92	1 162.38	40.92
沁水县河	沁水县河沁水工业农业用水区	165.52	11.57	165.52	11.57	165.52	11.57
端氏河	端氏河沁水饮用工业用水区	0	0	0	0	0	0
	端氏河沁水工业农业用水区	159.77	7.78	159.77	7.78	159.77	7.78

续表 9-19

河流名称	二级水功能区名称	纳污能力		2020 年		2030 年	
		COD	氨氮	COD	氨氮	COD	氨氮
芦苇河	芦苇河阳城饮用工业用水区	0	0	0	0	0	0
	芦苇河阳城工业农业用水区	157.71	3.56	157.74	3.56	157.71	3.56
获泽河	获泽河阳城工业农业用水区	204.5	9.45	300	20	204.5	9.45
西冶河	西冶河阳城饮用工业农业用水区	0	0	0	0	0	0
长河	长河泽州工业农业用水区	320.97	19.07	320.97	19.07	320.97	19.07
合计		2 416.19	106.36	2 511.72	116.91	2 416.19	106.36

丹河流域 2020 年 COD 限制排放量为 2 127.41 t/a，比纳污能力高出 193.8 t/a；氨氮限制排放量为 138.66 t/a，比纳污能力高出 29.48 t/a。2020 年不达标的主要水功能区丹河高平排污控制区的 COD 排污量比目标值多 118.09 t/a，氨氮排污量比目标值多 0.71 t/a。丹河高平过渡区 COD 排污量比目标值多 15.71 t/a，氨氮排污量比目标值多 2.03 t/a。丹河任庄水库农业工业用水区、小东仓河高平工业农业用水区、许河高平工业农业用水区、北石店河城区泽州工业农业用水区等 4 个水功能区，2020 年的 COD 均达到纳污能力的目标要求，氨氮排污量分别比目标值高 1.82 t/a、2.62 t/a、17.43 t/a 和 4.87 t/a。丹河流域规划水平年入河污染物控制方案见表 9-20。

表 9-20　丹河流域规划水平年如何污染物控制方案　　　单位：t/a

河流名称	二级水功能区名称	纳污能力		2020 年		2030 年	
		COD	氨氮	COD	氨氮	COD	氨氮
丹河干流	丹河高平排污控制区	331.91	19.29	450	20	331.91	19.29
	丹河高平过渡区	14.29	0.47	30	2.5	14.29	0.47
	丹河任庄水库农业工业用水区	2.94	0.18	2.94	2	2.94	0.18
小东仓河	小东仓河高平工业农业用水区	84.89	5.38	84.89	8	84.89	5.38

续表 9-20

河流名称	二级水功能区名称	纳污能力		2020 年		2030 年	
		COD	氨氮	COD	氨氮	COD	氨氮
大东仓河	大东仓河高平工业农业用水区	17.65	1.04	17.65	1.04	17.65	1.04
许河	许河高平工业农业用水区	424.07	24.57	424.07	42	424.07	24.57
东大河	东大河陵川工业农业用水区	11.03	0.48	11.03	0.48	11.03	0.48
巴公河	巴公河高平泽州工业农业用水区	254.64	14.28	254.64	14.28	254.64	14.28
北石店河	北石店河城区泽州工业农业用水区	255.33	15.13	255.33	20	255.33	15.13
白洋泉河	白洋泉河陵川泽州工业农业用水区	28.21	1.05	28.21	1.05	28.21	1.05
白水河	白水河城区泽州农业用水区	568.65	27.31	568.65	27.31	568.65	27.31
	白水河泽州过渡区	0	0	0	0	0	0
合计		1 993.61	109.18	2 127.41	138.66	1 993.61	109.18

9.5　水环境治理方案

9.5.1　入河排污口布局与综合治理

入河排污口指污染源污水直接排入河流的出口，它是污染源与水环境之间的桥梁。入河排污口监测是支撑水功能区管理、水污染防治的一项重要的基础性工作，通过入河排污口的监测可以得到功能区的排污总量和河流纳污量，为功能区纳污能力、排污总量、水生态保护等提供数据支持，为优化入河排污口布局、管理、规划，以及最严格水资源管理和河长制等考核指标提供基础信息。

入河排污口是指直接或者通过沟、渠、管道等设施向江河、湖泊排放污水的排污口，是污染物从产生源头流入地表水体的主要途径，是陆域污染源进入河流、湖泊、水库等水域的通道。入河排污口布设与整治是区域水资源保护的基础性工作，是防止水污染、改善水环境、保护水资源的重要措施，它在维护河流生命健康、推进水生态文明建设方面具有重要作用。对于晋城市而言，自 20 世纪 80 年代建市以来，随着工农业生产的快速发展，工业废水和生活污水排放量也大量增加，由于废污水治理工作滞后于经济的发展，导致晋城市境内的河流遭受不同程度污染。因此，为适应新形势下生态文明建设的战略需要，实现水资源的可持续利用，保障晋城市经济发展和人民生活的水质安全和用水安全，开展区内河流入河排污口布局与整治规划是十分必要的。

9.5.1.1　布局原则

1. 禁止设置入河排污口水域的划定

根据《中华人民共和国水法》、水功能区划、水域纳污能力及限制排污总量控制等有关要求，禁止设置入河排污口的水域包括但不仅限于：①饮用水水源地保护区；②调水水源地及其输水干线；③区域供水水源地及其输水通道；④具有重要生态功能的水域；⑤泉域重点保护区；⑥其他禁止设置入河排污口的水域。

2. 限制设置入河排污口水域的划定

除禁止设置入河排污口的水域外，其他水域均为限制设置入河排污口水域。对于与禁止设置入河排污口水域联系比较密切的一级支流及部分二级支流，应严格限制对其的排污行为；一些当前没有向城镇供水任务，但是从长远考虑仍具有保护意义的湖泊、水库等水域，以及缓冲区等，也应严格限制对其的排污行为。上述水域划为严格限制设置入河排污口水域。对于其他水域，应根据排污控制总量要求，对排污行为进行一般控制，划为一般限制设置入河排污口水域。

（1）严格限制设置入河排污口水域。对于污染物入河量已经削减到纳污能力范围内或者现状污染物入河量小于纳污能力的水域，原则上可在不新增污染物入河量的控制目标前提下，采取以老带新、削老增新等手段，严格限制设置新的入河排污口。在现状污染物入河量未削减到水域纳污能力范围内之前，该水域原则上不得新建、扩建入河排污口。

（2）一般限制设置入河排污口水域。对于污染物入河量已经削减到纳污能力范围内或者现状污染物入河量小于纳污能力的水域，原则上可在水体纳污能力容许的条件下，采取以老带新、削老增新等手段，有度地限制设置新的入河排污口。在现状污染物入河量未削减到水域纳污能力范围内之前，该水域原则上不得新建、扩建入河排污口。

9.5.1.2　布局方案

依据前述入河排污口布局原则，结合晋城市水功能区划、水功能区水质管理目标和水功能区水质达标现状，以及《山西省泉域水资源保护条例》《山西省桑干河、滹沱河、漳河、沁（丹）河、涑水河流域生态修复与保护规划（2017—2030）》《晋城市"十三五"环境保护规划》《山西省丹河流域生态环境综合治理工程总体方案》《延河泉域水资源保护规划》《三姑泉域水资源保护规划》有关规定，水功能区一级功能区中的保护区、保留区和缓冲区，水功能区二级区中的饮用水水源区、过渡区，以及延河泉域和三姑泉域水质重点保护区等河流流经的地区为禁止设置入河排污口的水域。根据晋城市未来发展规划，将未来城镇重点发展区域、生态环境重点建设区、现状污染严重河段，并结合纳污能力，可考虑但不是唯一条件，将 COD 纳污能力小于 200 t/a、氨氮小于 10 t/a 的水功能区设置为入河污染物排入的严格限制区，除去禁止区和严格限制河段外的水功能区，全部设为入河污染物排泄的一般限制区。

在晋城市水功能区划基础上，共划分入河排污口禁止区 20 个，禁止区河长 484.7 km；划分严格限制区 15 个，严格限制区河长 478.6 km；划分一般限制区 2 个，一般限制区河长 24.5 km（见表 9-21）。沁河流域水功能区排污口布局的河流长度约 469.2 km，共布置了入河排污口禁止区 7 个，禁止区河流长度约 203.8 km；严格限制区 7 个，严格限制区河长约 190.1 km；一般限制区 2 个，一般限制区河长约 75.3 km。丹河流域水功能区排污口布局的河流长度约 401.3 km，共布置了入河排污口禁止区 9 个，禁止区河流长度约 163.6 km；严格限制区 7 个，严格限制区河长约 214 km；一般限制区 1 个，一般限制区河长约 23.7 km。入黄小河与卫河流域的水功能区均为入河排污口禁止区，共 4 个，河长约 117.3 km。

9.5.1.3 综合治理

晋城市排污口综合治理包括入河排污口原址综合治理（含入河排污口禁止区的排污口跨区迁建）和入河排污口的污染源治理。入河排污口原址综合治理包括排污口规范化建设、排污口生态净化工程和排污口截污导流等综合治理工程。治理对象包括入河排污口禁止区内所有排污口，严格限制区入河排污口入河污染物总量超过本身纳污能力的排污口，一般限制区污染物排放超过水功能区水质控制目标的排污口。入河排污口禁止区的排污口跨区迁建，须考虑排污企业迁建并将排污口调整至入河排污口禁止区的水域范围之外，并且不对接纳区产生明显影响。入河排污口的污染源治理主要包括污水处理工程的新建与升级改造，配套收集管网建设，以及依法取缔污染严重的小型工业企业，积极推进清洁生产，专项整治十大重点行业，城市污水再生回用，集中治理工业集聚区水污染等。

表 9-21　晋城市入河排污口布局划分

序号	一级水功能区名称	二级水功能区名称	范围 起	范围 止	河长/km	布局方案	布局依据
1	沁河临汾晋城开发利用区	沁河沁水县张峰水库饮用工业用水区	市界	张峰水库	24.0	禁止区	供水水源地
2		沁河沁水县张峰水库工业农业用水区	张峰水库	郑庄	16.1	严格限制区	
3		沁河晋城农业用水区	郑庄	润城	56.6	一般限制区	
4			润城	曹河	35	禁止区	延河泉泉源重点保护区
5	沁河晋城缓冲区		曹河	省界	18.5	禁止区	延河泉泉源重点保护区
6	沁水县河沁水源头水保护区		河源	五柳庄	19.7	禁止区	河源保护区
7	沁水县河沁水开发利用区	沁水县河沁水工业农业用水区	五柳庄	河口	25.7	严格限制区	
8	端氏河沁水开发利用区	端氏河沁水饮用工业用水区	河源	杏林	46.3	严格限制区	
9		端氏河沁水农业用水区	杏林	河口	8.4	严格限制区	
10	芦苇河阳城开发利用区	芦苇河阳城饮用工业用水区	河源	芹池	22.1	严格限制区	
11		芦苇河阳城工业农业用水区	芹池	河口	27.6	严格限制区	
12	获泽河沁水阳城源头水保护区		河源	前岭	54.4	禁止区	河源保护区

续表 9-21

序号	一级水功能区名称	二级水功能区名称	范围 起	范围 止	河长/km	布局方案	布局依据
13	获泽河阳城开发利用区	获泽河阳城工业农业用水区	前岭	河口	32.2	禁止区	延河泉水质重点保护区
14	西冶河阳城开发利用区	西冶河阳城饮用工业农业用水区	河源	河口	43.9	严格限制区	
15	长河泽州开发利用区	长河泽州工业农业用水区	河源	川底	18.7	一般限制区	
			川底	河口	20	禁止区	延河泉水质重点保护区
16	蟒河晋豫自然保护区		河源	蟒河林场	24.1	禁止区	自然保护区
17	大峪河晋豫保留区		河源	省界	12.7	禁止区	保留区
18	丹河高平源头水保护区		河源	寺庄镇	15.2	禁止区	河源保护区
19	丹河高平开发利用区	丹河高平排污控制区	寺庄镇	韩庄	15.1	严格限制区	
20		丹河高平过渡区	韩庄	刘庄	10.9	禁止区	三姑泉水质重点保护区
21		丹河高平过渡区	刘庄	下城公	4.5	禁止区	三姑泉水质重点保护区
22	丹河晋城开发利用区	丹河任庄水库农业工业用水区	下城公	白洋泉河入	35.1	禁止区	三姑泉水质重点保护区
23	丹河泽州缓冲区		白洋泉河入	双槽洼	32	禁止区	三姑泉水质重点保护区
24	丹河晋豫自然保护区		双槽洼	菁天河坝址	13.1	禁止区	自然保护区
25	小东仓河高平开发利用区	小东仓河高平工业农业用水区	河源	河口	16.5	严格限制区	

续表 9-21

序号	一级水功能区名称	二级水功能区名称	范围		河长/km	布局方案	布局依据
			起	止			
26	大东仓河高平开发利用区	大东仓河高平工业农业用水区	河源	河口	23.7	一般限制区	
27	许河高平开发利用区	许河高平工业农业用水区	河源	河口	26.2	严格限制区	
28	东大河陵川开发利用区	东大河陵川工业农业用水区	河源	河口	44.8	严格限制区	
29	巴公河高平泽州开发利用区	巴公河高平泽州工业农业用水区	河源	河口	28	严格限制区	
30	北石店河城区泽州开发利用区	北石店河城区泽州工业农业用水区	河源	河口	11.6	严格限制区	
31	白洋泉河陵川泽州开发利用区	白洋泉河陵川泽州工业农业用水区	河源	河口	71.8	严格限制区	
32	白水河城区源头水保护区		河源	寨上	5.1	禁止区	河源保护区
33	白水河城区泽州开发利用区	白水河城区泽州农业用水区	寨上	河西部队处	24.0	禁止区	三姑泉水质重点保护区
34	白水河泽州过渡区	白水河泽州过渡区	河西部队处	河口	23.7	禁止区	三姑泉水质重点保护区
35	淇河（香磨河）陵川开发利用区	淇河（香磨河）陵川饮用工业用水区	河源	省界	27.4	禁止区	
36	武家湾河陵川开发利用区	武家湾河陵川饮用工业用水区	河源	省界	53.1	禁止区	

1. 排污口原址综合治理

（1）排污口规范化建设。

排污口规范化建设是排污口整治的基础工作，可以促进排污单位加强经营管理和污染治理，加大监督执法力度，逐步实现污染物排放的科学化、定量化管理。建设内容主要包括设立标志牌、增设缓冲堰板。

强化入河排污口监督管理。加强入河排污口规范化管理，强化入河排污口登记、论证、审批及监督检查。完善入河排污口论证和审批制度，入河排污口设置要满足水功能区水质达标率以及水功能区限制排污总量要求。

（2）生态净化工程。

排污口生态净化工程是针对经处理达到相应排放标准的废污水，或合流制截污式排水系统的排水，为进一步改善其水质、满足水功能区水质要求而采取的各种生态工程措施，包括生态沟渠、净水塘坑、跌水富氧、人工湿地等。

生态净化工程的设置应结合当地自然地理条件、废污水特性、防洪排涝要求及景观要求等，综合考虑选择相应的工程措施。

（3）排污口合并和调整工程

排污口合并与调整工程要结合当地污水处理设施的建设情况和规划，对现状调查入河排污口进行必要的合并和调整。

对于城区内禁止设置入河排污口的水域，入河排污口整治应重点考虑污水集中入管网；截污导流一般是将入河排污口延伸至下游水功能区，或延伸至下游与其他入河排污口合并等形式。对于无法实施集中入管网或截污导流的入河排污口，如果具备适合条件，应考虑调整排放，调整排放的水域必须符合水功能区管理的要求。

对于远离城市、禁止设置入河排污口的水域，由于不具备污水入管网的条件，整治方案可重点考虑污水处理后回用、调整、截污导流等措施。

建设水功能区水质监测和评价系统。加强全市水功能区及重点入河排污口水质监测站网建设，开展流量和污染物排放量监测，并提高应对突发性水污染事件的应急反应能力。

2. 入河排污口的污染源治理

（1）污水处理厂升级改造。

本次的污水处理厂升级改造主要针对现有城镇污水处理设施，主要采用混凝—沉淀—过滤工艺对晋城市 27 座城镇及分散型污水处理厂提标改造，根据各污水处理厂的地域特点，结合所处地理位置，规划到 2020 年所有城镇污水处理厂确保达到一级 A 排放标准，或达到水功能区的水质管理目标相应排放标准，或再生利用水质要求。"十三五"期间，城镇污水处理厂要按照集中和分散相结合的原则，优化布局，继续提升污水处理能力，城区污水处理率达到 95% 以上，县级市及县城污水处理率达到 85% 以上。污水处理设施产生的污泥应进行稳定化、无害化和资源化处理处置，禁止处理处置不达标的污泥进入耕地，非法污泥堆放点一律予以取缔。规划到 2020 年底，晋城市污泥无害化处理处置率达到 90% 以上。27 座城镇及分散型污水处理厂提标改造中，城镇集中处理污水厂 5 个，分散式处理厂 22 个。城区 3 个，全部为城镇集中处理污水厂；沁水县 6 个，全部为分散式污水处理厂；阳城县 4 个，全部为分散式污水处理厂；陵川县 1 个，为分散式污水处理厂；泽州县 6 个，其中 2 个城镇集中处理污水厂，4 个分散式污水处理厂；高平市 7 个，全部为分散式污水处理厂。污水处理工艺主要有 A^2/O 工艺、SBR 生物活性污泥法、生物接触氧化、爆气氧化和奥贝尔工艺等。污水处理厂升级改造工程见表 9-22。

（2）污水收集系统配套管网建设。

晋城市的城镇污水收集系统，在新建城镇区为雨污分流制，在旧城区为雨污合流制，在晋城市市区已将旧城区改为截流式雨污合流制。但在有些城镇，污水收集管网覆盖不全，很多污水收集不到污水处理厂，存在污水实际收集量小于设计收集量，使污水处理厂存在"大马拉小车"的现象。为强化城中村、老旧城区和城乡结合部污水截流、收集，对现有合流制排水系统应加快实施雨污分流改造，难以改造的，应采取截流、调蓄和治理等措施。配套管网建设的重点是县级已建污水处理厂的配套管网，使建成满 3 年的县级城镇污水处理厂负荷率达到 85% 以上。规划到 2020 年底前，城区建成区雨污合流排水管道改造完成率达到 40% 以上，城镇新区建设均实行雨污分流，有条件的地区要推进初期雨水收集、处理和资源化利用。污水收集系统配套管网工程见表 9-23。

（3）依法取缔污染严重的小型工业企业。

严格环境准入，不得新上或采用国家明令禁止的工艺和设备，新建项目必须符合国家产业政策，严格执行环境影响评价和"三同时"制度，严格入河、湖库排污口监督管理。综合考虑行政区和控制单元的水污染防治目标，从严审批产生有毒有害污染物的新建和扩建项目，暂停审批总量超标地区的新增污染物排放量建设项目，实行新建项目环评审批的新增排污量与治污年度计划完成进度挂钩机制。鼓励发展低污染、无污染、节水和资源综合利用的项目，严格控制新建、改扩建项目资源利用率和污染物排放强度，大中型项目的资

表9-22　晋城市污水处理厂升级改造工程一览表

区县	污水处理厂名称	污水处理厂类型	设计处理能力/（万m³/d）	现行处理工艺	执行排放标准	改造技术及改造后排放标准
城区	晋城蓝焰煤业股份有限公司凤凰山矿生活污水处理厂	城镇	1	A²/O工艺	一级B	
城区	晋煤集团机关物业公司污水处理厂	城镇	1	A²/O工艺	一级B	
城区	山西兰花集团北岩煤矿有限公司生活污水处理厂	城镇	0.2	SBR生活活性污泥法	一级B	
沁水县	沁和能源集团有限公司永红煤矿生活污水处理厂	分散型	0.15	SBR生物活性污泥法	一级B	
沁水县	沁和能源集团有限公司侯村煤矿生活污水处理厂	分散型	0.12	SBR生物活性污泥法	一级B	
沁水县	晋城沁秀煤业有限公司岳城煤矿生活污水处理厂	分散型	0.1	生物接触氧化	一级B	混凝—沉淀—过滤提标改造后全部达到一级A排放标准
沁水县	沁和能源有限公司永安煤矿生活污水处理站	分散型	0.05	SBR处理工艺	一级B	
沁水县	沁和能源集团有限公司端氏煤矿有限公司生活污水处理厂	分散型	0.024	奥贝尔工艺	一级B	
沁水县	山西晋煤集团坪上煤业有限公司生活污水处理厂	分散型	0.096	二级生物处理和深度过滤	一级B	
阳城县	山西阳城阳泰集团屯城煤业有限公司生活污水处理站	分散型	0.096	SBR生活性污泥法	一级B	
阳城县	山西阳城阳泰集团伏岩煤业有限公司生活污水处理站	分散型	0.04	SBR生物活性污泥法	一级B	
阳城县	山西阳城阳泰集团晶鑫煤业有限公司生活污水处理站	分散型	0.03	SBR生物活性污泥法	一级B	
阳城县	阳城清源源北留污水处理有限公司	分散型	0.5	改良型A/O工艺	一级A	
陵川县	山西陵川崇安苏村煤业有限公司生活污水处理厂	分散型	0.024	生物接触氧化	一级B	

续表 9-22

区县	污水处理厂名称	污水处理厂类型	设计处理能力 / (万 m³/d)	现行处理工艺	执行排放标准	改造技术及改造后排放标准
泽州县	山西晋城晋普山煤矿生活污水处理厂	城镇	0.25	生物接触氧化	一级 B	
泽州县	晋煤集团成庄矿生活污水处理厂	城镇	0.5	A²/O 工艺	一级 B	
泽州县	山西晋城天户煤业有限公司生活污水处理站	分散型	0.024	SBR 生物活性污泥法	一级 B	
泽州县	山西泽州天泰锦辰煤业有限公司生活污水治理站	分散型	0.043	SBR 生物活性污泥法	一级 B	
泽州县	山西天地王坡煤业有限公司生活污水处理站	分散型	0.05	曝气氧化	一级 B	
泽州县	山西泽州天泰西陈庄煤业有限公司生活污水处理站	分散型	0.012	生物接触氧化	一级 B	混凝—沉淀—过滤提标改造后全部达到一级 A 排放标准
高平市	山西长平煤业有限责任公司生活污水处理厂	分散型	0.24	SBR 生物活性污泥法	一级 B	
高平市	山西长平煤业有限责任公司金山生活污水处理厂	分散型	0.24	SBR 生物活性污泥法	一级 B	
高平市	山西高平科兴牛山煤业有限公司生活污水处理厂	分散型	0.05	SBR 处理工艺	一级 B	
高平市	山西兰花集团东峰煤矿有限公司生活污水处理厂	分散型	0.15	SBR 处理工艺	一级 B	
高平市	山西高平科兴前和煤业有限公司生活污水处理厂	分散型	0.05	SBR 处理工艺	一级 B	
高平市	山西高平科兴赵庄煤业有限公司生活污水处理厂	分散型	0.1	SBR 生物活性污泥法	一级 B	
高平市	山西高平科兴高良煤业有限公司生活污水处理厂	分散型	0.04	SBR 生物活性污泥法	一级 B	

源环境效率达到同期国际先进水平。

2016 年底前，按照水污染防治法律法规要求，全部取缔不符合国家产业政策的小型造纸、制革、印染、染料、炼焦、炼硫、炼砷、炼油、电镀、农药等严重污染水环境的生产项目。

表 9-23　晋城市生活污水收集管网建设工程

序号	县（市、区）	新建管网名称	长度 /km
1	沁水县	依托现有嘉峰镇污水处理站的肖庄村、郑村移民小区、夏荷村、侯村、潘节村、枣树腰村 6 个村庄以及全县采煤沉陷区 45 个村污水管网工程	10
2	晋城市	配套新建污水管网	150
3	阳城县润城镇	配套新建污水管网	1.5
4		雨污分流管网改造	10
5	阳城县町店镇	配套新建污水管网	2
6		雨污分流管网改造	10
7	阳城县北留镇	雨污分流管网改造	5
8	城区凤台镇	配套新建污水管网	3
9		雨污分流管网改造	11
10	泽州县	配套新建污水管网	4
11		配套新建污水管网	1
12		配套新建污水管网	10

（4）积极推进清洁生产，专项整治十大重点行业。

按照循环经济理念，鼓励污染物排放达到国家或者地方排放标准的企业自愿组织实施清洁生产审核，推行工业用水循环利用，发展节水型工业。流域内所有超标排放和超总量排放的企业、直排干支流的化工企业、排放重金属等有毒有害物质的企业，要依法实行强制性清洁生产审核，并积极落实清洁生产中、高费技术改造方案。

制订造纸、焦化、氮肥、有色金属、印染、农副食品加工、原料药制造、制革、农药、电镀等行业专项治理方案，实施清洁化改造。新建、改建、扩建上述行业建设项目实行主要污染物排放等量或减量置换。2017 年底前，造纸行业力争完成纸浆无元素氯漂白改造或采取其他低污染制浆技术，钢铁企业焦炉完成干熄焦技术改造，氮肥行业尿素生产完成工艺冷凝液水解解析技术改造，印染行业实施低排水染整工艺改造，制药（抗生素、维生素）行业实施绿色酶法生产技术改造，制革行业实施铬减量化和封闭循环利用技术改造。

（5）城市污水再生回用。

推进沁水县、阳城县、高平市城市污水再生回用设施建设。城区新建、改造街道要规划再生水管线，并与城市道路同步建设。完善再生水利用设施，工业生产、城市绿化、道路清扫、车辆冲洗、建筑施工以及生态景观用水要优先使用再生水。2018 年起，单体建筑面积超过 2 万 m^2 的新建公共建筑，应安装建筑中水设施，积极推动其他新建住房安装建筑中水设施。

（6）集中治理工业集聚区水污染。

大力发展工业园区循环经济，加强生态工业园区建设，加快节能减排技术示范和推广。新建园区必须配套建设集中处理设施，提高园区集中处理规模和排放标准，加强园区企业排水监督，确保集中处理设施稳定达标。可能对园区废水集中处理设施正常运行产生影响的电镀、化工、皮革加工等企业，应当建设独立的废水处理设施或预处理设施，满足达标排放且不影响集中处理设施运行的要求后才能进入废水集中处理设施。严格控制化工园区建设，严格审核进入园区的化工企业，进入园区的企业必须符合国家产业政策，严格执行"三同时"制度。

9.5.2　面源治理

9.5.2.1　控制农业面源污染

推广低毒、低残留农药使用补助试点经验，开展农作物病虫害绿色防控和统防统治。实行测土配方施肥，推广精准施肥技术和机具。完善高标准农田建设、土地开发整理等标准规范，明确环保要求，新建高标准农田要达到相关环保要求。敏感区域和大中型灌区，要利用现有沟、塘、窖等，配置水生植物群落、格栅和透水坝，建设生态沟渠、污水净化塘、地表径流集蓄池等设施，净化农田排水及地表径流。到 2020 年，测土配方施肥技术推广覆盖率达到 90% 以上，化肥利用率提高到 40% 以上，农作物病虫害统防统治覆盖率达到 40% 以上。

9.5.2.2　畜禽养殖污染防治

根据养殖场区土地消纳能力合理确定规模化畜禽养殖企业养殖规模，科学划分禁养区、控养区和可养区，优化养殖场布局。在饮用水水源地一级保护区和超标严重的水体周边等敏感区域内禁止新建规模化畜禽养殖项目，严格控制畜禽养殖规模。鼓励废水经处理后回用于场区园林绿化和周边农田灌溉，回用于农田灌溉的水质应达到农田灌溉水质标准。鼓励养殖小区、养殖专业户和散养户适度集中，统一收集和处理污染物，推广干清式粪便清理法，推进畜禽粪污的无害化处理。以肥料生产及沼气工程为主要途径，推进畜禽养殖废弃物资源化利用。优先控制单元内，规模在 1 000 头标准猪以上的养殖场区要采用生物发酵床等清洁环保的养殖技术或采用干清粪、沼气工程、沼液处理、粪渣和沼渣资源化利用的全过程综合治理技术。

9.5.2.3　水产养殖污染防治

加强沁河及丹河河源区的水产养殖管理，合理确定水产养殖规模布局，严格控制围网养殖面积。推广循环水养殖、不投饵料养殖等生态养殖技术，减少水产养殖污染。具有饮用水水源地功能的水库禁止网箱养殖水产品。

9.5.2.4　推进农村环境综合整治

推进沁河及丹河干支流农村环境的综合整治。沿岸重点解决影响群众健康和农村人居环境的突出环境问题，推进生活垃圾的定点存放、统一收集、定时清理、集中处理，改善村庄环境卫生状况和村容村貌，实现"清洁水源、清洁家园、清洁田园"。结合农村综合治理，推广畜－沼－肥生态养殖方式，因地制宜实施集中式沼气工程，建设粪便、生活垃圾等有机废弃物处理设施。加快生态示范区建设步伐，积极开展生态镇、生态村等创建活动。以县级行政区域为单元，实行农村污水处理统一规划、统一建设、统一管理，有条件的地区积极推进城镇污水处理设施和服务向农村延伸。深化"以奖促治"政策，实施农村清洁工程，开展河道清淤疏浚，推进农村环境连片整治。到 2020 年，新增完成环境综合整治的建制村 100 个。

9.5.2.5　规范工业集聚区水污染防治

加强阳城县建瓷园区、高平市轻工食品工业园区等工业集聚区污水处理设施建设和运营的分类指导。新建、升级工业集聚区应同步规划、建设污水、垃圾集中处理等污染治理设施。工业集聚区按批准规划或实际建设需要，配套完善相应的污水集中处理设施，并安装自动在线监控装置。逾期未完成的，一律暂停审批和核准其增加水污染物排放的建设项目。

9.5.3　生态系统保护

9.5.3.1　河道生态修复工程

通过采用河道原位水质净化（生物－生态修复技术）对丹河污染较严重的寺庄镇至下城公河段进行生态修复，主要包括布置生物膜技术（主要指碳素纤维生态草）修复工程 6 处，处理水量 10 万 t/d，COD 削减量 100 t/a、氨氮削减量 10 t/a，工程总投资 3.6 亿元。

9.5.3.2　湿地工程规划

　　根据沁河流域自然湿地的水文、生物、土壤等组成要素的基本特征，可以将湿地划分为河渠、水库坑塘、滩地等几个基本类型。据遥感解译资料，沁河流域现有湿地面积共计 92.92 km²，占流域总面积的 0.69%。其中河渠 33.33 km²、水库坑塘 20.80 km²、滩地 38.79 km²。典型湿地优势植物有白茅、芦苇等，湿地生态系统的野生动物以鸟类和鱼类为主，以常见种为主，种类较丰富。

　　湿地不仅具有保持水源、净化水质、蓄洪防旱、调节气候、美化环境及维护生物多样性等功能，同时还具有科学研究、旅游休闲等经济价值，2003年国务院批准了《全国湿地保护工程规划》，强调指出建设湿地公园必须要高度重视对湿地的保护，并重视对湿地的合理利用。通过合理规划和布局湿地建设，不仅能够通过涵养水源缓解沁河流域水资源压力，一定程度上提高自然系统景观的异质性，提高物种多样性，增强流域阻抗稳定性，同时对改善城市空气质量、保护生物多样性、丰富居民业余文化生活水平有着重要作用。

　　晋城市拟规划湿地工程共 9 处，面积 4.135 万亩，拟投资 2.12 亿元，对已有的湿地景观进行改建完善，严格保护河流及河漫滩湿地，逐步修复受损的鱼类栖息地，在确保防洪安全前提下保证河漫滩湿地宽度，保障鱼类栖息地繁殖生境。沁河流域湿地规划见表 9-24。

表 9-24　沁河流域湿地规划

行政区	现有湿地工程		个数	规划湿地工程		
	工程名称	面积 / 万亩		工程名称	面积 / 万亩	投资 / 万元
高平	丹河湿地公园	0.13	2	丹河人工湿地	0.065	2 000
				两河湿地	0.022	3 995
泽州			3	泽州丹河湿地公园	0.45	5 000
				山里泉湿地公园	2.2	8 000
				巴公湿地（在建）	0.021	7 248
沁水			1	张峰水库湿地公园	0.80	3 000
阳城			2	阳城沁河湿地公园	0.48	2 000
				王村湿地公园	0.027	5 310
城区			1	白水河人工湿地	0.07	8 000
合计		0.13	9		4.135	44 553

高平丹河人工湿地位于高平市区北端丹河河道两侧,目前已经完成的湿地长约 1 500 m,宽 30 m。湿地采用平面流植物吸附净化工艺,日处理污水能力为 4 500 t。规划对高平丹河人工湿地进行扩建,在现有人工湿地的东侧建设潜流与表流湿地,面积 0.065 万亩,设计日污水处理能力达到 10 000 t,氨氮与总氮指标的出水达到 V 类功能要求,预计年可削减 COD 22 t、氨氮 5 t、总氮 12 t。

高平丹河人工湿地位于高平市区北端丹河河道两侧,目前已经完成的湿地长约 1 500 m,宽 30 m。湿地采用平面流植物吸附净化工艺,日处理污水能力为 4 500 t。规划对高平丹河人工湿地进行扩建,在现有人工湿地的东侧建设潜流与表流湿地,面积 0.065 万亩,设计日污水处理能力达到 10 000 t,氨氮与总氮指标的出水达到 V 类功能要求,预计年可削减 COD 22 t、氨氮 5 t、总氮 12 t。

高平南部两河人工湿地位于高平市河西镇下庄丹河与许河交汇处丹河河道及岸边坡地,采用 G-BAF+ 人工湿地(潜流＋表流湿地)技术,占地面积 0.022 万亩,设计日处理污水能力 25 000 t,预计年可削减 COD 136.8 t、氨氮 44.46 t、总氮 210 t。

泽州丹河湿地公园打造具有生态防护、生态教育、美学价值、人文和休闲游憩等五位一体、复合功能的大型湿地公园,规划范围北至陵沁路,南接龙门水库,西至滨河路、珏山路,东临滨河东路及滨水山坡地,南北长 4 188 m,东西最窄约 260 m,总面积为 0.45 万亩,重点建设风景游赏片区、田园景观片区、文化休闲片区、环境教育片区、人工湿地片区五个主体功能区。

泽州县山里泉湿地位于泽州县山里泉风景区,隶属于山里泉湿地公园,对沁河水体实现净化,提高水生态环境水平具有重要意义。

泽州县巴公湿地工程位于泽州县南社村,占地面积 0.021 万亩,2014 年 4 月 18 日开工奠基,建成后日处理污水 3 万 t,全年处理污水 1 095 万 t,削减 COD 760 余 t、氨氮 220 t,将作为丹河龙门湿地公园的源头水,为湿地公园景观用水提供干净水源,改善丹河水环境质量,确保丹河出境断面水质达标。

张峰水库湿地位于张峰水库出水口至坝尾后 200 m 处,面积约 0.8 万亩,是以自然生态保育和动植物生境为特色是自然湿地,适当发展旅游观光业。

阳城沁河湿地公园分别由北部和南部的河滩湿地及镇区公园内部的滨水湿地构成,是润城公园系统的组成部分。沁河水体通过沟渠与润城公园内部水系相连通,形成活水系统,同时疏浚小东河润城镇区河湾段,并与润城南部湿地相衔接。

　　王村湿地公园位于沁河端氏至润城段王村附近，占地面积 0.027 万亩，投资 5 310 万元，以提高端氏至润城段水生态质量，提高沁河生态功能，保护与创造湿地动植物生长栖息地。

　　白水河人工湿地位于晋城市区南端寺底村白水河河岸，结合河滩平地形成自然湿地，挖水成潭，种植水生植物，提高白水河的生态功能。

9.5.3.3　生态景观规划

　　以水为基础进行生态景观规划，使雨水能够最大限度地保留在这片土地上，同时净化雨水，这不仅将减少地下排水管道的建造费用，同时还保护和创造了本土动植物和湿地植物生长的栖息地。

　　进行生态景观规划时，要因地制宜，利用生态、环保、低碳的景观与建筑创造结合；要符合新美学的环境和崭新的生活方式；要制订切实可行的治理目标和治理方案；要坚持生态治理观念，尊重河流特征和演变规律；要注重水生态环境保护与修复，大力推广生态治理措施。

　　沿沁河干流端氏至润城段 31 km 长河段规划 6 个生态景观公园：端氏古镇逸苑、窑庄古堡广场、武安三里湾公园、屯城休闲公园、尉迟生态公园、下伏农桑文化园。

　　结合美丽乡村建设，旅游远期发展规划，进行生态景观建设，投资共计 1.98 亿元。

9.5.3.4　河岸植被恢复规划

　　河岸植被对水陆生态系统间的物流、能流、信息流和生物流发挥着廊道、过滤器和屏障作用。但是由于高强度开发造成的河道断流现象增加，人类过度樵采砍伐，河道内过度采砂，以及河岸土壤本身含沙量高，容易被流水冲刷和风力搬运堆积，疏松地表在强烈风蚀作用下，植物难以存活等原因，河岸植被应有的作用难以有效发挥。根据晋城市生态现状及发展需要，修筑绿色生态长廊，实现山美水美、人水和谐，主要采取的工程措施有林草工程和护岸工程。

　　1. 沁河干流

　　沁河干流规划安排实现植被恢复共 44.8 万 m^2。其中端氏至润城段规划安排生态护岸岸墙 14.4 km，生态绿色长廊 276 m，绿化面积 24.8 万 m^2。沁河干流河岸植被恢复规划见表 9-25。

　　端氏至润城段：端氏镇至坪上村段采用台阶花池式护岸，沿河侧设置 43 m 长、2 m 宽行道树，以当地柳树为主，以外形成经济林带，以桃树为主，生态绿色长廊面积达 55 673 m^2；坪上村至曲堤村段沿河侧设置 13 m 长、2 m 宽行道树，以当地白皮松为主，以外形成经济林带，以杏树为主，生态绿色长廊面积达 2 797 m²；窦庄村至郭北村段治理护岸 1.9 km，采用台阶式生态护岸；郭南村至潘庄村段沿河侧设置 30 m 长、2 m 宽行道树，以当地梧桐树为主，以外形成经济林，以山楂树为主，生态绿色长廊面积达 53 310 m²；刘庄村至殷庄村段治理护岸 1.1 km，采用草坡入水式护岸；长畛村至屯城段采用自然草坡式护岸，长 5.4 km，其中长畛村至武安村段，沿河侧设置 30 m 长、2 m 宽行道树，以当地柳树为主，以外形成经济林带，以桃树为主，生态绿色长廊面积达 23 310 m²，武安村至屯城段，沿河侧设置 120 m 长、2 m 宽行道树，以当地松柏为主，以外形成经济林带，以沙棘树为主；王村至润城段治理护岸 3.7 km，采用草坡入水式护岸；望川村至上伏村段，沿河侧设置 50 m 长、2 m 宽行道树，以当地杨树为主，以外形成经济林带，以枣树为主。

表 9-25　沁河干流河岸植被恢复规划

河段	范围	生态护岸治理 /km	生态绿色长廊 /m	生态绿化长廊面积 /m²	植被物种
沁水	端氏镇—坪上村	2.3	43	55 673	柳树、桃树
	坪上村—曲堤村		13	2 797	白皮松、杏树
	窦庄村—郭北村	1.9			
	郭南村—潘庄村		30	53 310	梧桐树、山楂树
	刘庄村—殷庄村	1.1			
	长畛村—屯城	5.4	150	23 310	落叶松、核桃树、松柏、沙棘树
阳城	王村—润城	3.7			
	望川村—上伏村		40	29 739	杨树、枣树
合计		14.4	276	164 829	

2. 沁河支流

沁河支流规划安排实现植被恢复共 2.4 万 m²。白水河以西河、花园头河为核心轴，布置带状绿地，以常绿乔木作基调，种植大规格的滇朴、乐昌含笑、拟单性木兰等树种，使之成为沿河公园与带状绿地之间的视觉焦点，起到引导人流和标识的作用。白水河河流水系通过两侧岸线建设，形成网状结构的水系绿道形式，通过绿色缓冲区和绿化隔离带构成串联成网的线形绿色游憩空间及健身休闲慢行系统。

9.5.3.5　河源保护规划

以沁河沁源源头水保护区、丹河高平源头水保护区为重点，按照功能划定重点保护区（核心区）和一般保护区（缓冲区），进行分区保护。重点保护区采取封山育林等措施，严格限制人类活动，不允许开展任何建设项目，以自然修复为主；一般保护区为重点保护区外围的缓冲区，以缓冲外来干扰对重点保护区的影响，可适当开展有限制的人类活动。

保护工程包含环境整治工程和水源涵养工程。

（1）环境整治工程。实施污染源清除、生活污水处理、垃圾填埋、居民旱厕改造、移民搬迁等措施，以及河道疏浚、清淤，进行水生态修复。

（2）水源涵养工程。在保护区内实施植树造林、水土保持、小流域治理等工程，涵养和保护水源，改善水生态环境。

9.6　监测方案

9.6.1　水功能区水质监测

在工业化、城镇化的快速推进下，越来越多的生活、工业和农业排放物伴随着自然过程（比如降水、地表径流）进入河流中，引起地表水质的污染和退化，进而威胁人类健康和破坏生态环境，同时，人类活动对水的需求也日益增加。因此，监测和评价流域地表水质，控制流域的地表水污染，对于满足日益增加的水需求和生态环境保护非常重要。

现状晋城市水功能区水质监测断面布设 38 处，现状监测断面 33 处，监测断面覆盖率 86.8%，其中纳入全国重要水功能区水质监测范围的断面 11 处，现状监测 11 处，覆盖率 100%。

现状未监测断面包括获泽河坪头庄断面、丹河刘庄断面、东大河西伞和小丁壁断面、白水河寨上断面，规划到 2020 年对晋城市 38 处水功能区水质监测断面监测覆盖率达到 100%。

根据《水环境监测规范》（SL 219），对晋城市水功能区监测断面监测频次和监测项目进行规划，规划现状 38 处监测断面中，纳入全国重要水功能区水质监测范围的 11 处断面监测频次全部达到 12 次 /a，其余监测断面监测频次全部达到 6 次 /a。监测项目规划包括水温、pH、溶解氧、高锰酸盐指数、化学需氧量、五日生化需氧量、氨氮、总磷、总氮、铜、锌、氟化物、硒、砷、汞、镉、六价铬、铅、氰化物、挥发酚、石油类、阴离子表面活性剂、硫化物、粪大肠菌群等 24 项常规监测项目。

9.6.2　入河排污口监测

对入河排污口进行有效监控，实施有效管理，完善水环境监控体系是保护地表水环境的重要环节。

晋城市现状调查 132 处入河排污口，其中有污水排放量监测数据的排污口 106 处，监测覆盖率 80.3%；有主要污染物浓度监测数据的排污口 60 处，监测覆盖率 45.5%。现状入河排污口监测覆盖率偏低。

规划到 2020 年对晋城市全部入河排污口污水监测覆盖率和主要污染物浓度监测覆盖率全部达到 90% 以上，对主要排污企业的入河排污口监测达到全面覆盖。监测频次不少于 4 次/a，监测项目包括排污流量、COD 和氨氮浓度。

第10章　地下水资源保护

地下水是重要的供水水源和生态环境要素,在保障城乡生活生产供水、支持经济社会发展、维系良好生态环境等方面发挥着极其重要的作用。自20世纪80年代以来,随着经济社会的快速发展,在大规模开采地下水和煤矿开采对水资源破坏的双重作用下,山西省部分地区地下水严重超采,区域地下水位下降,岩溶泉水流量锐减甚至断流,太原、运城、大同等盆地出现较大范围的地下水超采区,不同程度的地面沉降、地裂缝,以及地下水水质恶化等一系列生态环境问题。为治理地下水超采问题,2000年11月,山西省政府办公厅印发了《关于严格控制地下水超采,加强地下水保护内容的通知》(晋政办发〔2000〕110号)。2007年,山西省委、省政府实施兴水战略,随着35项应急水源工程建成和投入使用,全省用水结构得到明显改善,地下水供水在总供水量中的比例由"十五"末的63%下降到"十一五"末的52.7%。2011年,山西省委、省政府《关于加快水利改革发展的实施意见》指出:到2020年,地下水年开采量控制在25亿 m³ 以内,实现供水结构由地下水为主向地表水为主的根本性转变,实现地下水采补平衡。2015年12月,山西省政府办公厅印发了《关于加强地下水管理与保护工作的通知》(晋政办发〔2015〕123号),公布了重新划定的全省地下水超采区、严重超采区和禁采区、限采区范围,并就加强地下水管理与保护提出了一系列重要措施。

通过十几年的努力,通过全方位、多角度的采取关井压采、水源置换、渠道节水改造、煤炭限采等综合措施,山西省在地下水资源合理开发以及强化保护方面取得了显著成绩,然而,地下水保护方面存在的问题依然严重,仍需要持续治理,地下水超采带来的环境等问题方能得到根本解决。

近年来,晋城市工农业飞速发展,人民生活条件不断改善,用水量急剧增加,各行各业大量取用地下水,造成了地下水过度开采,已在城区、泽州县、高平市的局部地区形成了岩溶地下水超采区,对地下水及当地水生态环境造成了破坏,引发了水资源供需矛盾及水生态平衡失调。晋城市地下水资源保护应根据当地地下水的特点、功能属性、生态保护的要求,结合地下水开采现状及存在的问题,对地下水进行规划分区,因地制宜地制定地下水开采的总量控制目标、水质保护目标和水位控制目标,提出针对性的地下水保护方案。

10.1　浅层地下水功能区划

浅层地下水水资源保护以地下水功能区为单元，根据其功能状况，提出分区分类保护与修复规划方案。浅层地下水功能区的划分主要根据区域水文地质条件、区域生态与环境保护的目标要求，参照《全国地下水开发利用与保护规划地下水功能区划分技术大纲》要求及方法执行，划分标准见表10-1，共划分为二个级别，其中一级功能区划分为开发区、保护区、保留区3类；在一级功能区框架内，划分6种地下水二级功能区，开发区划分为集中开发区和分散开发区，保护区划分为地下水源涵养区和环境地质敏感区，保留区划分为不宜开采区和应急储备区。

本次浅层地下水功能区划分是在山西省地下水功能区划的基础上进行调整，全市共划分浅层地下水功能区25个，具体复核调整区划成果如下。

（1）分散式开发利用区：卫河山区分散式开发利用区、延河泉分散式开发利用区、高平盆地分散式开发利用区、三姑泉分散式开发利用区、城区分散式开发利用区。

（2）集中式供水水源区：成庄水源地集中式供水水源区、五龙沟水源地集中式供水水源区、望川水源地集中式供水水源区、下河泉水源地集中式供水水源区、延河泉水源地集中式供水水源区、川起水源地集中式供水水源区、巴公水源地集中式供水水源区、北石店水源地集中式供水水源区、晋城市区水源地集中式供水水源区、郭壁泉水源地集中式供水水源区。

（3）生态脆弱区：历山保护区生态脆弱区、蟒河保护区生态脆弱区。

（4）不宜开采区：沁水县西不宜开采区、沁水县王必不宜开采区、阳城县不宜开采区、衙道不宜开采区、高平不宜开采区、高平西不宜开采区、三门峡—花园口晋城市捕头不宜开采区、阳城杨柏不宜开采区。

依照地形条件将浅层地下水水功能区划分为平原区和山丘区，对应浅层地下水水功能区划结果见表10-2。

表 10—1　浅层地下水水功能区划分标准

一级分区	指标	标准	二级分区	指标	标准
开发区	地下水可开采量模数	≥2 万 $m^3/(a \cdot km^2)$	集中式供水水源区	（1）地下水可开采量模数	≥10 万 $m^3/(a \cdot km^2)$
	单井出水量	≥10 m^3/h		（2）单井出水量	≥30 m^3/h
	矿化度	≤2 g/L		（3）矿化度	≤1 g/L（生活用水）
	水质	满足相应用水户要求		（4）水质	满足相应用水户要求
	多年平均采补平衡	不引起生态与环境问题		（5）现状或规划期内日供水量	≥1 万 m^3/d 地下水集中供水水源地
	现状或规划区内	具有一定的开发利用规模	分散式开发利用区	指现状或规划期内以分散的方式供给农村生活、农田灌溉和小型乡镇工业用水	
保护区	生态与环境系统对地下水位及水质变化较为敏感，地下水开采期间始终保持地下水位不低于其生态控制水位的区域		生态脆弱区	（1）国际重要湿地、国家重要湿地和有重要生态保护意义的湿地；（2）国家级和省级自然保护区的核心区和缓冲区；（3）干旱半干旱地区天然绿洲及其边缘地区、有重要生态意义的绿洲廊道	
			地质灾害易发区	（1）沙质海岸或基岩海岸的沿海地区，其范围根据海岸区域咸淡水分布界线确定，沙质海岸以海岸线以内 30 km 的区域为易发生海水入侵的区域，基岩海岸根据裂隙的分布状况，合理确定海水入侵范围；（2）由于地下水开采而易引发咸水入侵的区域，以地下水咸水含水层的区域范围来确定咸水入侵范围；	

续表 10-1

一级分区	标准	指标	二级分区	指标	标准
保护区	生态与环境系统对地下水水位及水质变化较为敏感，地下水开采对其生态控制水位不低于始终期间始采期保持地下水位的区域		地质灾害易发区	（3）由于地下水开采，水位下降易发生岩溶塌陷的岩溶地下水分布区，根据岩溶区水文地质结构和已有的岩溶塌陷范围等，合理划定易发生岩溶塌陷的区域； （4）由于地下水水文地质结构特性，地下水水质极易受到污染的区域	
			地下水水源涵养区	（1）观赏性名泉或有重要生态保护意义泉水的泉域； （2）有重要开发利用意义的泉水的补给区域； （3）有重要生态意义且必须保证一定生态基流的河流或河段的滨河地区	
保留区	指当前及规划期内由于水量、水质和开采条件较差，开发利用难度较大或有一定的开发潜力但作为储备水源的区域		不宜开采区	（1）多年平均地下水可开采量模数	＜2万 m³/（a·km²）
				（2）单井出水量	＜10 m³/h
				（3）地下水矿化度	＞2 g/L
				（4）地下水中有害物质超标导致地下水使用功能丧失的区域	
			储备区	（1）地下水赋存和开采条件较好，当前及规划期内人类活动很少、尚无或仅有小规模地下水开采的区域； （2）地下水赋存和开采条件较好，当前及规划期内，当地地表水能够满足用水的需求，无需开采地下水的区域	
			应急水源区	指地下水赋存、开采及水质条件较好，一般情况下禁止开采，仅在突发事件或特殊干旱时期应急供水的区域	

表 10-2　晋城市浅层地下水水功能区分区表

序号	一级功能区	二级功能区	功能区名称	水资源分区	地貌类型	面积/km²
1	保留区	不宜开采区	沁水县西不宜开采区	入汾小河	一般山丘区	90
2	保留区	不宜开采区	沁水县王必不宜开采区	沁河	一般山丘区	2 039
3	保留区	不宜开采区	阳城县不宜开采区	沁河	一般山丘区	956
4	开发区	分散式开发利用区	延河泉分散式开发利用区	沁河	岩溶山区	1 674
5	保留区	不宜开采区	衙道不宜开采区	沁河	一般山丘区	165
6	开发区	集中式供水水源区	成庄水源地集中式供水水源区	沁河	岩溶山区	5
7	开发区	集中式供水水源区	五龙沟水源地集中式供水水源区	沁河	一般山丘区	13
8	开发区	集中式供水水源区	望川水源地集中式供水水源区	沁河	岩溶山区	4
9	开发区	集中式供水水源区	下河泉水源地集中式供水水源区	沁河	一般山丘区	18
10	开发区	集中式供水水源区	延河泉水源地集中式供水水源区	沁河	岩溶山区	0
11	保留区	不宜开采区	高平不宜开采区	丹河	一般山丘区	658
12	开发区	分散式开发利用区	高平盆地分散式开发利用区	丹河	一般山丘区	255
13	保留区	不宜开采区	高平西不宜开采区	丹河	一般山丘区	301
14	开发区	分散式开发利用区	三姑泉分散式开发利用区	丹河	岩溶山区	1 248
15	开发区	分散式开发利用区	城区分散式开发利用区	丹河	一般山丘区	273
16	保留区	不宜开采区	晋城市捕头不宜开采区	丹河	一般山丘区	225
17	开发区	集中式供水水源区	川起水源地集中式供水水源区	丹河	一般山丘区	10

续表 10-2

序号	一级功能区	二级功能区	功能区名称	水资源分区	地貌类型	面积/km²
18	开发区	集中式供水水源区	巴公水源地集中式供水水源区	丹河	一般山丘区	0
19	开发区	集中式供水水源区	北石店水源地集中式供水水源区	丹河	一般山丘区	35
20	开发区	集中式供水水源区	晋城市区水源地集中式供水水源区	丹河	一般山丘区	68
21	开发区	集中式供水水源区	郭壁泉水源地集中式供水水源区	丹河	岩溶山区	75
22	保护区	生态脆弱区	历山保护区生态脆弱区	入黄小河	一般山丘区	30
23	保留区	不宜开采区	阳城杨柏不宜开采区	入黄小河	一般山丘区	444
24	保护区	生态脆弱区	蟒河保护区生态脆弱区	入黄小河	一般山丘区	50
25	开发区	分散式开发利用区	卫河山区分散式开发利用区	卫河分区	岩溶山区	1 073
合计						9 490

注：五龙沟、下河泉、延河泉、川起、巴公、北石店、晋城市区和郭壁泉水源地集中式供水水源区面积与其他功能区面积重叠，不计入面积合计。

10.2　水功能区开发利用状况

地下水开采程度评价用地下水开采率表示，地下水开采率计算公式为：

$$C_{wr-5} = Q_实 / Q_W$$

式中：C_{wr-5} 为年均地下水开采率；$Q_实$ 为地下水开发利用时期内年均地下水实际开采量，万 m³；Q_W 为年均地下水可开采量或允许开采量，万 m³。

地下水开采率评价标准可参照表 10-3。

表 10-3　地下水开采率指标评价标准

指标名称	评价标准				
	优	良	中	差	劣
地下水开采率 /%	< 80	≤ 90	≤ 100	≤ 130	> 130

　　根据分析计算各地下水功能区 2015 年实际开采量、地下水平均埋深、地下水水质和污染状况、与地下水相关的生态与环境问题，其中高平盆地分散式开发利用区、三姑泉分散式开发利用区 2 个分散式开发利用区，巴公水源地集中式供水水源区、北石店水源地集中式供水水源区、晋城市区水源地集中式供水水源区 3 个集中式供水水源区开采程度评价结果为差或劣，存在超采情况，见表 10-4。

表 10-4　浅层地下水功能区开发利用状况

序号	一级功能区	功能区名称	面积/km²	可开采量/万 m³	2015 年实际开采量/万 m³	开采率/%	开采程度
1	保留区	沁水县西不宜开采区	90	24	13	54.2	优
2	保留区	沁水县王必不宜开采区	2 039	556	350	62.9	优
3	保留区	阳城县不宜开采区	956	328	225	68.6	优
4	开发区	延河泉分散式开发利用区	1 674	8 830	1 900	21.5	优
5	保留区	衙道不宜开采区	165	50	22	44.0	优
6	开发区	成庄水源地集中式供水水源区	5	365	176	48.2	优
7	开发区	五龙沟水源地集中式供水水源区	13	730	80	11.0	优
8	开发区	望川水源地集中式供水水源区	4	949	35	3.7	优
9	开发区	下河泉水源地集中式供水水源区	18	2 375	493	20.8	优
10	开发区	延河泉水源地集中式供水水源区	1	6 623	2 443	36.9	优
11	保留区	高平不宜开采区	658	1 443	576	39.9	优
12	开发区	高平盆地分散式开发利用区	255	497	516	103.8	差
13	保留区	高平西不宜开采区	301	587	387	65.9	优
14	开发区	三姑泉分散式开发利用区	1 248	3 202	5 973	186.5	劣
15	开发区	城区分散式开发利用区	273	556	478	86.0	良
16	保留区	晋城市捕头不宜开采区	225	439	291	66.3	优

续表 10-4

序号	一级功能区	功能区名称	面积/km²	可开采量/万 m³	2015 年实际开采量/万 m³	开采率/%	开采程度
17	开发区	川起水源地集中式供水水源区	10	1 343	465	34.6	优
18	开发区	巴公水源地集中式供水水源区	35	720	1 513	210.1	劣
19	开发区	北石店水源地集中式供水水源区	35	1 230	1 900	154.5	劣
20	开发区	晋城市区水源地集中式供水水源区	68	1 810	1 864	103.0	差
21	开发区	郭壁泉水源地集中式供水水源区	75	3 091	1 147	37.1	优
22	保护区	历山保护区生态脆弱区	30	585		0.0	优
23	保留区	阳城杨柏不宜开采区	444	817	376	46.0	优
24	保护区	蟒河保护区生态脆弱区	50	975		0.0	优
25	开发区	卫河山区分散式开发利用区	1 073	2 062	159	7.7	优

10.3　地下水保护方案

依照浅层地下水功能区现状进行评价，全市整体不超采，但存在局部超采的现象，主要集中于城区和高平市盆地区域，即高平盆地分散式开发利用区、三姑泉分散式开发利用区、巴公水源地集中式供水水源区、北石店水源地集中式供水水源区、晋城市区水源地集中式供水水源区 5 个水功能区存在不同程度的超采。

经过近年来有关部门的治理，部分超采区水位虽有所回升，但整体仍处于下降状态。

针对现阶段的超采情况，制订以下保护方案：

（1）完善地下水动态监测系统，及时准确掌握地下水水质、水位动态变化，为进一步加强地下水管理和保护提供翔实的基础资料与基础数据。在超采区内各主要用水户设立自动监测站点，并保持正常运行，实行即时有效的用水量监控。

（2）依照制定的地下水用水总量和水位控制指标，对用水户实行取用水计划管理，加强节约用水工作。对已经达到总量控制指标的地区，停止地下水取水许可申请，对已经接近总量控制指标的地区，限制新增地下水许可审批。与此同时，在地下水超采区加大关井压采力度。尽快在不影响经济发展的情况下恢复超采地区的水位。首先要对超采区水资源开发利用现状及各工程措施的现状进行全面的调查，同时对主要用水户开展水平衡测试，提高用水效率，结合总量和水位控制，综合规划，分配水量。

（3）采取工程、行政、法制、经济等综合手段，实行地下水禁采和限采。按照《中华人民共和国水法》规定，结合本地实际经济发展情况和用水情况，出台符合可持续发展要求的地下水超采区管理与保护方面的具体规定，以使超采区地下水的管理与保护有法可依、有章可循。

（4）寻找替代水源。为了保持晋城市经济快速稳定发展，对地下水超采区进行治理与修复，必须寻找可以替代地下水供给的水源。为此，晋城市人民政府已开展了张峰水库供水工程、郭壁水源地供水工程等一系列水利建设工程，需综合分析考虑各水利工程供水能力及水质条件，分质供水，同时合理规划供水管网建设，使水利工程能够更好地发挥其经济效益。张峰水库增加的水量可向高平市城市生活和工业供水 2 523 万 m^3/a，农业灌溉供水 1 014 万 m^3/a，剩余水量 3 713 万 m^3/a，供泽州县巴公地区用水和晋城市城市用水。郭壁供水改扩建工程完成后，其供水能力总计为 4 380 万 m^3/a，向市区城市生活用水、北石店一带（晋煤集团）工业及生活用水、沿途农村人畜吃水和农业灌溉用水等供水。

第 11 章　岩溶泉域水生态修复

晋城市区域内分布着延河泉域和三姑泉域，泉域面积占晋城市总面积的一半以上。岩溶地下水是晋城市生活、生产的重要水源，其中三姑泉域内人口、工业分布比较集中，泉域内工农业生产和城乡生活用水主要依靠岩溶地下水的开采。近年来，随着晋城市经济的高速发展，用水量逐年加大，造成了地下水过度开采，已在局部地区形成了岩溶地下水超采区。经核实，现阶段晋城市岩溶地下水超采主要为高平小型岩溶水超采区和城郊岩溶水超采区 2 个地下水超采区，面积分别为 35 km^2 和 178 km^2，均分布于三姑泉域，因此对岩溶泉域水生态修复重点针对三姑泉域开展。为了进一步加强区域地下水资源管理，合理开发、利用、节约和保护水资源，晋城市水务局于 2013 年下发了《关于下达晋城市"十二五"期间关井压采任务的通知》（晋市水〔2013〕255 号），之后又于 2014 年下发了《晋城市水务局关于暂停岩溶深井审批的通知》（晋市水〔2014〕5 号）控制岩溶地下水的开采。

11.1　延河泉域

延河泉域地处太行山南段西麓，晋城市西部，跨越阳城县、泽州县、高平市和沁水县，总面积 2 840 km^2。

11.1.1　水资源开发利用情况

本次规划工作延河泉域岩溶地下水资源量与可开采量均采用《晋城市水资源评价》（2008）的分析成果，以 1956—2000 年系列泉域岩溶地下水多年平均排泄量 36 369.98 万 m^3/a（11.53 m^3/s）作为延河泉域岩溶地下水资源量，以预测降水方案所求得的 6.41 m^3/s（20 214.58 万 m^3/a）作为延河泉域岩溶地下水系统的可开采资源量。

根据 2015 年《晋城市水资源公报》，2015 年延河泉域岩溶水总取水量 5 127 万 m^3，其中岩溶泉水 2 443 万 m^3，岩溶地下水 2 684 m^3。2015 年延河泉域岩溶水整体开采系数为 0.25。

11.1.2　存在问题分析

11.1.2.1　泉流量持续衰减

根据延河泉、下河泉群多年流量观测资料,流量总体呈下降趋势。延河泉多年平均(1956—2000 年)为 2.96 m^3/s,在 1956—2000 年的 45 年间,该泉年均流量均方差达 0.832 m^3/s,占多年平均流量的 28.1%。受降水量的影响较大。延河泉流量的变化可分为 3 个阶段:第一阶段为 1956—1969 年,泉流量体现出波动中略有上升的特点,由 2.63 m^3/s 上升为 4.59 m^3/s;1969—1985 年,泉流量也体现出波动中略有上升的特点,由 2.55 m^3/s 上升为 3.85 m^3/s;1986—2000 年,泉流量体现出波动中下降的特点,由 3.15 m^3/s 下降为 0.98 m^3/s。

泉流量的衰减主要受降水量减少、岩溶水井采量增加和煤矿排水等因素的影响。

11.1.2.2　水环境受到污染

延河泉域现状地下水水质总体情况较好,但由于受泉域内采煤排水、生活污水、工业污水排放的综合影响,泉域内地表水环境受到污染,随着地表水入渗补给,直接污染泉域岩溶地下水,使得泉域内岩溶地下水中的硫酸盐、总硬度等逐渐增加。

11.1.3　保护目标

延河泉域是景观和开发并重型岩溶大泉,需在保持泉水一定流量的基础上,综合规划相应的水资源保护工程,确保景观功能与供水功能的双重体现。

(1)2020 年,通过实施泉域流量保护工程措施,遏制延河泉泉水流量衰减趋势,使泉水流量保持基本稳定。泉水流量目标为历史最小泉水流量 0.98 m^3/s;泉域井采量控制在 17 124 万 m^3 范围内;泉水水质保持Ⅲ类标准,达到国家饮用水标准。

(2)2030 年,继续实施泉域保护工程措施,使泉水流量保持基本稳定,泉水水质保持地下水Ⅲ类以上标准,主要离子含量不增加。泉源区环境优良,人水和谐,景观旅游、人文历史、水源保护、开发利用等各项功能完善和谐。泉水流量目标为历史最小泉水流量 0.98 m^3/s;泉域井采量控制在 17 124 万 m^3 范围内;泉水水质保持Ⅲ类标准,达到国家饮用水标准。

11.1.4　泉域水生态修复方案

11.1.4.1　泉源区保护工程

（1）环境整治工程：实施污染源清除、生活污水处理、垃圾填埋、居民旱厕改造等措施，以及河道疏浚、清淤，进行水生态修复。

（2）生态景观建设工程：根据历史记载恢复古代建筑，还原历史原貌；结合泉源古建风格，融入现代园林设计思路，建设泉源区以岩溶泉为主题的景观工程。努力营造良好的生态宜居环境。

11.1.4.2　水源涵养工程

在泉域内实施植树造林、水土保持、小流域治理等工程，增加地下水补给量，涵养水源，改善水生态环境。实施水土保持植树造林绿化工程，绿化面积 50 km²。岩溶水保护总体方案，是遵循岩溶大泉补给、径流、排泄自然规律，制定流量、水质和控制开采量目标，分别针对灰岩裸露区（补给区）、岩溶水主径流带和灰岩渗漏段（径流区）、泉源出露区（排泄区）实施岩溶水综合保护工程措施。

11.1.4.3　废井封堵工程

对沁水县、阳城县止水失效的岩溶井进行修复，完成后可以防止煤系地层水和浅层地下水流入岩溶含水层，减少岩溶地下水的污染源。

11.1.4.4　泉域监测系统建设

建设水质分析中心 1 处，新布设岩溶地下水观测孔 30 眼，配置水位监测设备，建立延河泉域监控网络。建立和完善泉域岩溶地下水水量、水位、水质监测网，实现监测动态自动化，通过实时监测泉口流量、地下水位与水质，及时掌握泉域的地下水位与水质变化情况，为保护和管理泉域水资源提供科学依据与技术支撑。

11.1.4.5　岩溶泉标识

修建岩溶大泉保护碑 1 座，加大宣传力度，提高保护延河泉的意识。建设岩溶大泉纪念碑、重点保护区边界标识牌，明确重点保护区范围，提示人们泉域重点保护区内禁止的行为，提高岩溶大泉的社会知名度，树立全民保护岩溶大泉意识。

11.1.4.6　科学研究

开展泉域内各地下水类型的水资源量评价工作，摸清延河泉域内的各种水源类型的水资源分布和水资源量情况；开展泉域内各水源类型水资源的开发利用配置规划，摸清泉域水资源现状，为经济发展提供水资源支撑。

11.2　三姑泉域

三姑泉域位于晋城市东中部，包括晋城市城区、泽州县、高平市和陵川县的大部分区域，总面积 2 571 km²。

11.2.1　水资源开发利用情况

根据 2015 年《晋城市水资源公报》，2015 年三姑泉域岩溶水总取水量 9 912 万 m³，其中岩溶泉水 908 万 m³，岩溶地下水 9 004 万 m³。2015 年三姑泉域岩溶水整体开采系数为 0.71。但在泉域内对岩溶地下水的开采主要集中于集中供水水源地，形成了高平小型岩溶水超采区和城郊岩溶水超采区 2 个地下水超采区。

11.2.2　存在问题分析

11.2.2.1　地下水严重超采

随着国民经济的迅猛发展，水资源供需矛盾日趋突出。20 世纪 80 年代初开始泉域内浅中层地下水已近疏干，取水主要依靠深层岩溶地下水，随着地下水开采量的增大，造成区域地下水位不断下降，特别是重点水源地长期超采造成的地下水位下降趋势更加明显。

11.2.2.2　泉流量持续衰减

地下水位的快速下降造成了泉水流量的衰减。三姑泉的流量由 1956 年的 7.08 m³/s 逐渐衰减到 2000 年的 2.71 m³/s。三姑泉 1956—2000 年的平均流量为 3.91 m³/s，1980—2000 年的平均流量为 3.65 m³/s，比 1956—2000 年的平均流量衰减了 6.7%。

郭壁泉与土坡泉水流量在 1985 年为 0.9～1.2 m³/s，1985 年前多年平均 1.0 m³/s，目前仅剩 0.25～0.3 m³/s，减少了 60% 以上，白洋泉流量已减少了 70% 以上。

11.2.2.3　水环境受到污染

三姑泉域主要是煤、电、煤化工为主的超重型经济结构，随着地下水位的不断下降，加之城市和工矿业废水不经处理就直接排向河道，造成地面水质恶化，并污染地下水。凡靠近企业排污口地段的孔隙、裂隙水矿化度、总硬度、硫酸盐、亚硝酸盐氮等组分含量呈增高趋势。

11.2.3　保护目标

三姑泉是以开发利用为主的岩溶大泉，应合理规划岩溶大泉开发的利用工程，确保供水保障能力。

（1）2020年，围绕开发利用和保护的总目标，通过置换水量、关井压采、涵养水源、建设污水处理设施、渗漏段污水治理等方式，达到合理开发利用三姑泉岩溶水，维持泉水出流满足生态需水，水质满足用水标准，保证岩溶水的可持续利用。泉水流量控制目标为保持出流，规划岩溶地下水开采控制量12 810万 m^3，岩溶水水质符合《地下水质量标准》（GB/T 14848）Ⅲ类标准。

（2）2030年，在原有基础上进一步加强三姑泉岩溶水的系统管理，加强泉域水环境生态治理、加大污染区域环境治理，确保岩溶水采补平衡、泉源泉水不断流、满足生态需水，水质达到《地下水质量标准》（GB/T 14848）Ⅳ类水以上标准。泉水流量控制目标为采补平衡，规划岩溶地下水开采控制量13 970万 m^3，岩溶水水质符合地下水Ⅲ类标准。

11.2.4　泉域水生态修复方案

11.2.4.1　水源置换工程

三姑泉域内主要地表水供水工程为张峰水库供水工程和郭壁供水工程。

1. 张峰水库供水工程

（1）供水工程概况

张峰水库位于山西省晋城市沁水县张峰村沁河干流上，控制流域面积4 990 km^2。张峰水库属大（2）型水库工程，水库总库容3.94亿 m^3。开发任务是以城镇生活和工业供水、农村人畜饮水为主，兼顾防洪、发电等综合利用。供水主要对象为晋城市的泽州盆地、沁河沿岸工业用水和阳城电厂用水，水库多年平均供水量2.05亿 m^3，其中为泽州盆地城镇生活和工业供水7 250万 m^3。

张峰水库于2004年11月开工建设，2007年10月枢纽工程大坝竣工并开始蓄水。目前已完成总干渠、一干渠、二干渠等供水工程建设，其中向丹河流域供水的提（引）水干渠，从水库取水，经张峰水库总干将水送至高平市总干末端蓄水池。张峰总干长63.24 km，输水流量6.45～2.44 m^3/s，总干末端蓄水池总容积为48万 m^3，位于唐庄。张峰水库二干渠从总干末端蓄水池出发，南行至巴公镇调节池。张峰二干渠输水流量1.11 m^3/s，总长18.3 km，调节池位于巴公镇渠头村，总容积为40万 m^3。

高平市于 2012 年 9 月 12 日举行"关井压采"暨张峰水库供水启动仪式，实现张峰水库向高平市西部工业园区化工项目供水。该输水干渠工程供水配套全部完成工程后，张峰水库供水水量在满足高平市、泽州县巴公一带经济发展用水的同时，可以向高平小型岩溶水超采区、巴公水源地岩溶水超采区以及管网覆盖的未超采区提供关井压采的替代水量需求。张峰水库供水工程的建成运营，对于改善晋城市城镇生活和工业用水的供水条件，缓解地下水严重超采，调整水源结构，具有十分重要的作用。

（2）水资源配置方案。

晋城市人民政府以晋市政函〔2018〕53 号文件，根据泽州盆地高平、泽州、城区的社会经济发展现状，充分考虑取水许可批复水量和张峰水库配套供水工程建设情况，对张峰水库泽州盆地供水区水量进行了分配。张峰水库向泽州盆地总供水量 7 250 万 m^3，扣除各级水行政主管部门行政许可批复水量 2 570 万 m^3，张峰水库剩余可供水量 4 680 万 m^3。剩余可供水量按照优先城市生活、统筹兼顾工农业用水情况，进行如下分配：

①首先满足晋城市区置换超采地下水量及未来生活需水量。配置市区张峰供水量 2 920 万 m^3/a；高平市区置换超采地下水量及未来生活需水量，配置高平市区张峰供水量 500 万 m^3/a。

②剩余可供水量 1 260 万 m^3/a 作为规划工业、农业用水，分配至泽州县 200 万 m^3/a、高平市 1 060m^3/a。

2. 郭壁供水工程

（1）供水工程概况。

郭壁水源地位于晋城市市区东南 15 km 的丹河干流下游泽州县金村镇郭壁村东的珏山脚下丹河峡谷中，地理坐标为东经 111°55′～113°37′，北纬 35°11′～36°04′。郭壁水源地是指丹河干流寺南庄至围滩泉段，面积为 6 km^2，水源地范围内的饮用水资源量由奥陶系泉水、寒武系井水和后备水源围滩泉三部分组成，可供水量 2 920 万 m^3/a，现状实际供水量约 1 150 万 m^3/a。郭壁供水工程 1974 年 11 月动工兴建，1980 年完建。1985 年晋城建市后，市区迅速扩大，市区工农业迅猛发展。1992 年，经晋城市政府批准，变更郭壁供水工程为以城市生活和农村人畜吃水为主，兼顾农业灌溉的多功能供水工程。目前是晋城市除水井外的唯一水源，解决市区和沿途 20 余万人的生活生产用水问题。郭壁供水工程为三级提水工程，总扬程为 303 m，提水流量为 1.42 m^3/s，总装机容量为 6 285 kW。

郭壁水源地的水源属于丹河流域地表水和晋城市中奥陶的排泄区，水资

源拥有量为 $4.64\,\mathrm{m^3/s}$，其中可开发利用量为 $2\,\mathrm{m^3/s}$，郭壁供水工程利用了晋城市的地表水和中奥陶排泄至河南的泉水，为市区城市生活用水、北石店一带（晋煤集团）工业及生活用水、沿途农村人畜吃水和农业灌溉用水等提供水源。

（2）水资源配置方案。

根据《晋城市郭壁供水改扩建工程可行性研究报告》（2013 年 3 月），郭壁供水改扩建工程完成后，其供水能力总计为 4 380 万 $\mathrm{m^3/a}$（日供水 12 万 $\mathrm{m^3/d}$，其中散泉 5 万 $\mathrm{m^3/d}$、寒武井水 3 万 $\mathrm{m^3/d}$、围滩水库 4 万 $\mathrm{m^3/d}$）。其供水对象主要有市区城市生活用水、北石店一带（晋煤集团）工业及生活用水、沿途农村人畜吃水和农业灌溉用水等。

3. 水源置换工程

近期规划建设张峰水库泽州北部农村饮水工程作为城郊中型岩溶水超采区的水源置换工程。工程建设于泽州县，设计年供水规模 400 万 $\mathrm{m^3}$，以张峰水库地表水替换当地地下水，解决大阳、巴公、高都、北义城 4 镇 10 万农村人口饮水安全。该工程主要建水厂 1 座，一级二级提水泵站 2 座，蓄水池 3 个，输水管道 50 km。

11.2.4.2　关井压采工程

根据关井压采实施原则，确定三姑泉域岩溶地下水压采量。

1. 高平小型岩溶水超采区压采方案

超采区主要压采城镇生活用水量。高平小型岩溶水超采区内共有岩溶水井 16 眼，其中农村生活水井 5 眼，城镇生活水井 9 眼，工业水井 2 眼，高平市自来水公司为区内主要岩溶水取用水户。

该超采区压采方案确定为：近期关闭区域内 16 眼水井，并以张峰水库供水作为压采水井的置换水源。

2. 晋城市城郊中型岩溶水超采区压采方案

超采区主要压采城镇生活和工业用水量。晋城市城郊中型岩溶水超采区涉及城区、北石店和巴公 3 个水源地。

（1）城区水源地压采方案。

城区水源地超采区内共有岩溶水井 72 眼，其中农村生活水井 16 眼，城镇生活水井 36 眼，工业水井 12 眼，灌溉水井 1 眼，其他用途水井 7 眼。晋城市自来水公司为区内主要取用水户。

该水源地压采方案确定为：近期关闭区域内 72 眼水井，并以郭壁供水工程供水作为压采水井的置换水源。

（2）北石店水源地压采方案。

北石店水源地超采区内共有岩溶水井 50 眼，其中农村生活水井 18 眼，城镇生活水井 5 眼，工业水井 25 眼，其他用途水井 2 眼。晋煤集团及其下属单位为区内主要取用水户。

该水源地压采方案确定为：近期关闭区域内 50 眼水井，并以张峰水库供水工程供水作为压采水井的置换水源。

（3）巴公水源地压采方案。

巴公水源地超采区内共有岩溶水井 45 眼，其中农村生活水井 21 眼，工业水井 22 眼，农业灌溉水井 2 眼。煤矿、钢铁、化工等工业企业为区内主要取用水户。

该水源地压采方案确定为：近期关闭区域内 45 眼水井，并以张峰水库供水作为压采水井的置换水源。

3. 供水管网覆盖的未超采区压采方案

供水管网覆盖的未超采区的压采区域主要为张峰水库总干渠所到达的高平西部地区，主要压采工业用水量。供水管网覆盖的未超采区内共有岩溶水井 12 眼，其中天脊集团 8 眼，丹峰化工公司 2 眼，长平煤矿 2 眼。煤矿企业为区内主要取用水户。

该水源地压采方案确定为：近期关闭区域内 12 眼水井，并以张峰水库供水作为压采水井的置换水源。

11.2.4.3　人工增补工程

1. 小型水库清淤工程

根据已收集资料，到 2017 年泉域内各县（市、区）小水库共建设 65 处，总库容 11 669.94 万 m³。三姑泉域内小水库大部分建于 20 世纪 50—70 年代，经多年运行，加上河流中挟带的泥沙含量较多，淤积严重。水库的淤积使得水库的使用功能逐渐丧失，同时也减少了地下水的渗漏补给。通过清淤工程，可恢复水库功能，增加对地下水的渗漏补给，同时可通过清除表层污染严重的流泥和底泥，减少水库的内污染源。

根据《山西省晋城市水库工程技术资料》，泉域内有 42 处小水库建成时间较长，淤积现象较为严重，总淤积量约 3 594.94 万 m³，应在近期实施清淤工程。泉域内水库淤积情况见表 11-1。

2. 淤地坝建设工程

由于三姑泉域地处黄土高原，水土流失问题严重。山西省长期的水土保持实践经验证明，大规模开展淤地坝建设，发挥拦沙蓄水淤地等综合功能，同时通过淤地坝的蓄水作用，增加地下水的补给，对改善泉域地下水生态环境具有非常重大的现实意义。

表 11-1 三姑泉域小水库淤积情况

序号	地区	水库	建设地点	所在河系和河流	竣工日期	已淤积库容 / 万 m³
1	城区	人民水库	北石店乡尧头村	丹河支流北石店河	1957 年 12 月	22.13
2		龙门水库	北石店乡东上村	丹河支流北石店河	1974 年 10 月	17.20
3		战备水库	西上庄乡寨上村	丹河支流白水河	1972 年 10 月	36.64
4	泽州	来村水库	巴公镇来村村	丹河支流巴公河	1959 年 1 月	73.75
5		山耳东水库	陈沟乡山耳东村	丹河支流巴公河	1960 年 10 月	164.67
6		蔡河水库	北义城乡蔡河村	丹河支流蔡河	1957 年	6.29
7		西庄村水库	北义城乡西张村	丹河支流	1965 年	12.80
8		渠头水库	巴公镇渠头村	丹河支流巴公河	1962 年 5 月	18.91
9		哑叭沟水库	巴公镇东四义村	丹河支流巴公河	1975 年 2 月	18.69
10		东西义湖水库	巴公镇东四义村	丹河支流巴公河	1958 年 7 月	10.53
11		三沟水库	高都镇桥沟村	丹河支流桥沟河	1958 年 10 月	11.51
12		冶底水库	南村镇冶底村	沁河支流冶底河	1974 年 10 月	18.54
13	高平	赵庄水库	赵庄乡赵庄村	丹河	1960 年 10 月	138.94
14		釜山水库	釜山乡釜山村	丹河支流釜山河	1960 年 4 月	90.00
15		东仓水库	三甲镇三甲村	丹河支流小东仓河	1960 年 6 月	151.29
16		西仓水库	三甲镇三甲村	丹河支流小东仓河	1962 年	216.13
17		陈堰水库	陈堰镇王村	丹河支流大东仓河	1960 年 3 月	225.00
18		米山水库	米山镇米东村	丹河支流大东仓河	1961 年 8 月	455.16
19		杜寨水库	杜寨乡杜寨村	丹河支流许河	1978 年 5 月	78.00
20		南村水库	拥万乡南村村	丹河支流明东河	1959 年 7 月	92.66
21		石末水库	石末乡石末村	丹河支流东大河	1972 年 6 月	284.81
22		明西水库	北诗镇北诗村	丹河支流明西河	1971 年 3 月	46.00
23		堡头水库	永录乡堡头村	丹河支流永录河	1959 年 8 月	26.10
24		故关水库	团池乡故关村	丹河支流故关河	1971 年 4 月	22.43
25		秦庄水库	东城办秦庄村	丹河支流秦庄河	1959 年 4 月	23.20
26		云泉水库	云泉乡张壁村	丹河支流张壁河	1958 年 5 月	33.71

续表 11-1

序号	地区	水库	建设地点	所在河系和河流	竣工日期	已淤积库容/万 m³
27	高平	河底水库	杜寨乡河底村	丹河支流河底河	1960 年 3 月	11.34
28		何家水库	建宁乡何家村	丹河支流建宁河	1958 年 9 月	16.94
29		五星水库	北诗镇北诗村	丹河支流明西河	1957 年 8 月	10.09
30		吴庄水库	北诗镇吴庄村	明西河	1972 年 4 月	6.43
31		毕家院水库	石末乡毕家院村	丹河支流毕家院河	1960 年 4 月	56.84
32	陵川	秦家庄水库	秦家庄乡和家脚村	丹河支流原平河	1959 年 10 月	381.58
33		窄相水库	城关镇西沟村	原平河支流北马河	1976 年 9 月	256.15
34		猪头山水库	侯庄乡苍掌村	丹河支流廖东河	1960 年 10 月	41.90
35		云谷图水库	城关镇云谷图村	丹河支流廖东河	1960 年 3 月	169.46
36		石景山水库	潞城乡石景山村	廖东河支流张家庄河	1960 年 6 月	61.16
37		桑家坪水库	丈河乡桑家坪村	丹河支流廖东河	1973 年 6 月	209.92
38		原沟水库	秦家庄乡原沟村	丹河支流原平河	1959 年 6 月	22.13
39		山后水库	附城镇红土鱼村	丹河支流北马河	1960 年 6 月	15.71
40		三泉水库	西河底镇三泉村	丹河支流南召河	1960 年 8 月	15.10
41		安阳水库	城关镇安阳村	廖东河	1959 年 7 月	12.97
42		梧桐水库	西河底镇梧桐村	丹河支流吕家河	1960 年 10 月	12.13
合计						3 594.94

因此，近期在泽州县东部灰岩裸露的区域补充建设 5 座小型淤地坝工程以控制水土流失量，减少入河泥沙的排放，既起到蓄水拦泥的作用，又起到补给地下水的作用。泉域范围内土层深厚，黄土广泛，具有质地均匀、结构疏松、透水性强、易崩解、脱水固结快等特点，是良好的筑坝材料，可就地取材。

3. 回灌库建设工程

三姑泉域目前主要开采中奥陶统灰岩溶水。岩溶水的补给方式包括大气降水的入渗补给、河道和水库渗漏补给以及上覆含水层的越流补给。泉域内地表水对泉域地下水的补给主要为丹河及其支流流经灰岩裸露区、半裸露区时，河水的渗漏补给以及任庄水库的下渗补给。因此，可通过采取修建渗漏水库的措施达到补给岩溶人工增补的目的，从而缓解岩溶水的超采状况。

通过对泉域现状调查了解到，泉域东部灰岩裸露区没有建设工矿化工企业，植被大部分为灌木丛，水土资源没有发生大的扰动，生态环境较优，其径流水质良好，适宜补给地下水。因此，该部分区域可作为回灌水库的修筑坝址。

本次近期计划在泉域灰岩裸露、半裸露区及河道渗漏段修建渗漏回灌水库4座（下朵沟回灌库、南渠回灌库、丈河回灌库、潞城镇义门回灌库），远期计划建设回灌水库10座（寨平回灌库、北凹回灌库、郝庄回灌库、龙头沟回灌库、太和回灌库、新村回灌库、田庄回灌库、圣王山回灌库、圪塔回灌库、西八渠回灌库）。拦洪回灌库位于丹河支流东大河、东丹河、小东仓河的泽州、高平市东部、陵川西部。共计控制流域面积 464.7 km²，总库容3 448.4 万 m³，见表 11-2。

表 11-2　规划回灌库基本情况

序号	规划建设期	名称	位置	所在河流	流域面积/km²	设计库容 / 万 m³
1	近期	下朵沟回灌库	泽州县北义城镇下朵沟	丹河支流东大河	40	96.8
2		南渠回灌库	泽州县柳口镇南渠村	丹河支流东丹河	21	166.3
3		丈河回灌库	陵川县附城镇丈河村	东丹河下游白洋泉河	65	493.8
4		潞城镇义门（礼义门）回灌库	陵川县潞城镇义门村	东丹河上游廖东河	32	337.5
近期小计					158	1 094.4
5	远期	寨平回灌库	高平市石末乡寨平村	丹河支流东大河	45	180
6		北凹回灌库	高平市石末乡北凹村	丹河支流东大河	24	123.5
7		郝庄回灌库	高平市北诗镇郝庄	丹河支流东大河	40	183.1
8		龙头沟回灌库	陵川县礼义镇龙头沟村	丹河支流东大河	28.7	96.8
9		太和回灌库	陵川县杨村镇太和村	丹河支流东大河	30	150
10		新村回灌库	陵川县秦家庄乡新村	丹河支流东大河	15	148.6

续表 11-2

序号	规划建设期	名称	位置	所在河流	流域面积/km²	设计库容量 / 万 m³
11	远期	田庄回灌库	陵川县礼义镇田庄	东大河支流北马河	33	204
12		圣王山回灌库	泽州县柳口镇圣王山村	东丹河下游白洋泉河	38.5	462.6
13		圪塔回灌库	陵川县潞城镇圪塔	东丹河上游廖东河	39	421.4
14		西八渠回灌库	陵川县崇文镇西八渠	东丹河上游廖东河	42	484.6
远期小计					306.7	2354
合计					464.7	3 448.4

　　回灌库库容量是根据其所控制汇水区的面积和多年平均地表水径流模数计算得到的，即水库控制的流域面积的多年平均地表径流量。回灌库所拦蓄的地表径流除蒸发外，可全部渗入地下补充地下水，回灌水库蓄水以平均水深 3 m 进行计算，根据《晋城市水资源评价》，泉域内 E601 型多年平均水面蒸发量为 973.9 ~ 1 153.2 mm，回灌水库入渗补给地下水量约为库容量的 60%，即回灌库工程全部实施后多年平均可回灌补给地下水量为 2 069 万 m³/a。

　　4. 水源涵养工程

　　近年来，随着人们不合理的生产活动，毁林毁草，自然植被涵养水源能力大大降低，根据《晋城市水土保持综合规划（2016—2025）》资料，截至 2014 年底，三姑泉域所在地区共有水土流失面积 1 944.62 km²，其中轻度水土流失面积 393.30 km²，中度水土流失面积 1 271.94 km²，强度水土流失面积 279.37 km²，平均土壤侵蚀模数 3 239.25 t/（km²·a）。在泉域内实施水源涵养工程，可控制水土流失情况，增加地下水的补给。

　　植树造林是水源涵养的主要技术措施之一。植被素有"绿色水库"之称，具有涵养水源、调节气候的功效，是促进自然界水分良性循环的有效途径之一。通过采取植树造林措施，使蓄水保土效益显著提高，治理区内水土流失得到有效控制。规划到 2030 年，地表覆盖率达到 70%，其中森林覆盖率为 40%，治理区土壤侵蚀模数控制在 500 t/（km²·a）以下。

　　根据三姑泉域的自然地理条件，远期在泉域内植树造林共 26 165 hm²，其中城区 735 hm²，泽州 7 560 hm²，高平 4 900 hm²，陵川 12 970 hm²，具体规划情况见表 11-3。

表 11-3　植树造林规划

地区		城区	泽州	高平	陵川	合计
规划植树造林 /hm²	乔木林	435	4 430	3 100	6 000	13 965
	灌木林	0	950	0	6 600	7 550
	经济林	300	2 180	1 800	370	4 650
	合计	735	7 560	4 900	12 970	26 165

11.2.4.4　非常规水源综合利用

1. 采煤排水综合利用

三姑泉域内共有 61 座煤矿，采煤排水总量约 4 794 万 m³/a。根据《晋城市中水利用研究》统计得到的晋城市 2009—2012 年已完成的近 90 多座煤矿的水资源论证报告书情况看，全市煤矿综合取水指标平均为 0.22 m³/t，其中厂区职工生活用水约占 25%，即煤矿生产用矿坑水约为 0.165 m³/t，据此估算三姑泉域内煤矿自身生产利用矿坑水量为 1 163.25 万 m³/a，按矿坑水处理损失率 10% 计算，分析得到矿坑水可利用量为 3 151.35 万 m³。

三姑泉域内煤矿主要分布于泉域中西部，涉及高平市全区、陵川县西北部、泽州县西部及晋城市西部区域。该区域的煤矿采煤排水经合理调配处理后，可置换泉域内工业、灌溉、生活杂用水、生态用水等。由于现状煤矿采煤排水除煤矿自身生产利用一部分外，其余大部分未经利用，排向河流，矿坑水利用率较低，可开展采煤排水综合利用。

（1）煤矿企业矿坑水综合利用。

①回用于煤矿生产用水：主要回用于矿井开采及原煤洗选用水。矿井开采用水包括开拓掘进、采煤、转载、煤壁注水等多项用水。据调查，这些生产用水对水质几乎没有什么特殊要求，只需经简单的物理处理后即可利用，对于煤炭企业压风机、综采机、钻机等动力机械及辅助设备间接冷却用水，应严格控制矿坑水水质，以防造成设备的腐蚀损坏。

②回用于公共生活用水：应根据用水对象对水质的不同要求，采用中水道技术，分质供水。对于职工洗衣、洗澡等用水，因与人体直接接触，应采用物理、化学、生物及深度物化相结合的方式，使水质达到使用要求。

（2）矿坑水跨企业利用。

非煤矿企业根据本企业的供排水状况，连通附近煤矿企业矿坑水供水管道，用于自身生产和生活用水，同时应兴建备用供水系统，提高供水保证率。

2. 中水回用

经调查统计，泉域内共建有 5 座城镇污水处理厂，合计设计污水处理能力为 18.1 万 m^3/d（合 6 606.5 万 m^3/a），能够满足泉域内废污水排放量的处理需求。泉域内污水处理厂处理后的中水，经合理调配，可置换泉域内工业、生态用水等。

（1）农业灌溉综合利用。

泉域内农业需水量较大，且水质要求相对较低，为节约清水，提高产量，保证粮食安全和农副产品的供应，采用处理后的中水用于农业灌溉。

（2）工业冷却综合利用。

晋城市是能源重化工基地，工业冷却用水量较大且对水质要求较低，处理费用相对较低，可采用处理后的中水用作工业冷却。

（3）城镇生活综合利用。

城镇生活杂用水对水质要求比较低，中水处理难度小、成本低。一般的中水处理厂均在城镇附近，输水管道比较短，输水成本小，但是必须另铺一条中水管道网，对于已建城镇来说，其支管和入户管网的铺设比较困难，所以采用处理后的中水用于新建小区居民日常杂用，合理利用水资源。

（4）生态环境综合利用。

环境生态用水包括城镇环境生态用水，居室和庭院环境生态用水，改善河、湖、库水质的环境生态用水，渔业和水生生物环境生态用水，绿化、林业、园林环境生态用水等。因其水质要求相对比较低，采用处理后的中水以维护生态环境。

泉域内的中水应进行统一的规划、配置，设计并铺设污水回收管网、中水供水管网，从而使中水能够得到有效利用。

11.2.4.5　煤炭资源开采生态保护修复

煤炭资源开采生态保护修复坚持"谁开发、谁保护，谁破坏、谁治理"的原则。主要从土地复垦和水环境修复 2 个方面进行生态保护与修复。

1. 土地复垦

土地复垦工程措施包括裂缝治理工程技术措施、土地平整工程、废弃场地复垦措施、林草地补植工程。

（1）裂缝治理工程。

对于轻度裂缝可直接用土填充至原地面标高下 1.0 m 处，再用黄土覆盖至原标高，并进行平整后加以利用。充填后的地面最低标高不低于附近地面最低标高，以利于雨季排水。

对于中度裂缝，原土地利用类型为耕地且拟复垦为耕地的地区，充填物料主要为黄土，具体措施是剥离表层土，用黄土充填至原地面标高下 1.0 m 处时用木杆捣实，再用表土覆盖至原标高，并进行平整后加以利用。充填后的地面最低标高不低于附近地面最低标高，以利于雨季排水。原土地利用类型为林、草地且拟复垦为林、草地区的裂缝充填方法与耕地区类似，但充填物料在裂缝深部利用煤矸石，接近地表 1.0 m 时用木杆捣实，然后利用黄土充填。若裂缝发育骤变土层较肥沃，植被较多，充填前需先剥离表层土壤；若原地表植被稀疏或无植被复垦，充填时不需进行表土单独剥离。

（2）土地平整工程。

平整的方法为抽槽法，以开挖线为分界线，把待平整的地面线分成若干带（宽度一般 2～5 m），平整时依次逐带地先将熟土翻在一侧，然后挖去沟内多余的生土，按施工图运至填方部位。填方部位也要先把熟土翻到一侧，填土达到一定高度后，再把熟土平铺在生土上。

（3）废弃场地复垦工程。

对废弃工业场地，首先进行建筑物拆除清理，覆土 50 cm，平整后覆土恢复为耕地。

（4）林草地补植工程。

林地、草地是沉陷区内重要的土地利用类型，其复垦的主要目的是修复受损的林地、草地，控制可能发生的水土流失。采取的复垦措施主要有补种和管护，最终仍将林地、草地复垦为林地、草地。

2. 水环境修复

（1）对现有废水治理设施进行改造。对已老化、损坏的废水治理设施、设备进行修复、改造，确保矿井废水长期、稳定达标排放。

（2）对部分废弃矿井外排的废水进行治理。修建沉淀池，并投加石灰等药剂，经中和、反应、沉淀处理后，达标后外排。

（3）对部分环境污染和生态破坏严重的区域进行综合治理。一是对淤塞的河道进行清淤疏浚、护岸；二是做好水保工程，一般应在矿区地面径流汇入点建设污水沉淀处理池等。

11.2.4.6　地下水监测系统建设

根据区域岩溶水特点，对泉域上部中奥陶统灰岩含水层和下部中寒武统灰岩含水层分别进行监测。首先利用现有生产生活水井安装监测设备，其次在无岩溶水井地区新凿地下水远程监测孔，增加监测点数量，为泉域地下水位回升、用水结构调整，以及用水量控制指标体系建设、水资源可持续开发利用方案制订提供有力的数据支撑和技术支持。对于水质监测系统，重点监测补给区、保护区、泉源区的水质，其次监测矿山区、灌区的水质。对于水量监测系统，根据泉域的地形地貌及水文地质条件，分别在补给区、径流区、排泄区对岩溶含水层水位进行全面监测，尤其是对泉源区进行合理布设、重点监测，其次监测矿山区、灌区的水量，且在地下水动态监测系统建设中充分利用已有的岩溶水井或将关井压采的岩溶水井转作观测水井，合理利用现有资源。

根据《晋城市地下水动态监测》报告，三姑泉域共有地下水长观井 37 眼，其中，浅层井（孔隙水）1 眼，中层井（裂隙水）2 眼，深层井（岩溶水）34 眼。三姑泉域地下水井观测见表 11-4、表 11-5。

现有的岩溶水监测水井中，只有白洋泉（长管）井为中寒武统岩溶井，其余均为中奥陶统岩溶含水层监测井，基本能够满足泉域内对中奥陶统岩溶含水层水量及水质的监测要求。

表 11-4　三姑泉域地下水长观井统计　　　单位：眼

县（市、区）	浅井（孔隙水）	中井（裂隙水）	深井（岩溶水）	合计
城区	1		7	8
泽州县		1	10	11
高平市		1	7	8
陵川县			10	10
合计	1	2	34	37

表 11-5　三姑泉域内长观井统计

序号	井名	井孔位置	地面标高 /m	水源类型
1	晋煤集团 4#	晋煤集团科教楼南	760.88	岩溶水
2	凤凰山矿	凤凰山矿民用锅炉房北	807.5	岩溶水
3	运盛公司	运盛公司院东北角	768.59	岩溶水

续表 11-5

序号	井名	井孔位置	地面标高 /m	水源类型
4	天泽集团	天泽集团办公楼背后	699.5	岩溶水
5	东吕匠	东吕匠村南	749	岩溶水
6	金匠	金匠村北	675	岩溶水
7	山门	山门村西	754	岩溶水
8	东村部队	金村镇东南村东北	669.61	岩溶水
9	郝窑	金村镇郝窑村西	712.77	岩溶水
10	金村附件厂	金村镇金村村东	754.9	岩溶水
11	东坡车站	大箕镇东坡村南	531.26	岩溶水
12	南石翁	柳口镇南石翁村西北	650	岩溶水
13	白洋泉（长管）	柳树口镇南寨村北	655.81	岩溶水
14	白洋泉（短管）	柳树口镇南寨村北	655.81	岩溶水
15	沙河	高都镇任庄水库南	750.55	岩溶水
16	巴化 8#	巴公化肥厂厂区路西	770.1	岩溶水
17	柳坡掌	巴公镇柳坡掌村东南	852.85	岩溶水
18	杜村	河西镇杜村村西	792.1	岩溶水
19	天源庞村	南坡街道办事处庞村	814	岩溶水
20	迪源公司	迪源公司院外	865	岩溶水
21	康营	马村镇	842.33	岩溶水
22	马家沟	寺庄镇马家沟村南	875	岩溶水
23	米山	米山镇米西村	853	岩溶水
24	浩庄	陈区镇浩庄村北	907.5	岩溶水
25	牛家川	崇文镇牛家川村东北	1 045.67	岩溶水
26	椅掌	礼义镇椅掌村西南 500 m	987.7	岩溶水
27	杨村	杨村镇杨村西南井河村路南 20 m	1 100	岩溶水
28	偏桥底	西河底镇偏桥底村西	896	岩溶水
29	苏村	礼义镇苏村东南	998	岩溶水
30	黄庄	西河底镇黄庄村村南	973	岩溶水
31	东王庄	西河底镇东王庄村西北	1 078	岩溶水

续表 11-5

序号	井名	井孔位置	地面标高 /m	水源类型
32	北召	平城镇北召村南	1 306	岩溶水
33	淀粉厂	礼义镇鸿生淀粉厂院内	990	岩溶水
34	丈河	附城镇丈河村西	917.5	岩溶水
35	鸿村	北石店镇鸿村	777	孔隙水
36	巴公电厂	巴公镇巴公电厂院内	748	裂隙水
37	原村 7#	原村乡西南	875.3	裂隙水

　　根据已有寒武钻孔以及泉域水文地质情况，同时综合考虑了以疏为主，疏密结合，以浅为主，深浅结合和尽量成井的原则，综合确定近期新增 14 个监测孔，其中，需新凿的寒武井有 9 眼，需在已有寒武井基础上布设监测系统的有 5 眼。其中，监测系统的布设及新凿水井的建设均为近期规划，具体内容见表 11-6。

表 11-6　泉域中寒武岩溶水监测井统计

序号	监测名称	位置	新增类型	规划
1	寺庄西阳	高平市西阳村西	新凿水井	近期规划
2	米山川起	高平市川起村	新凿水井	近期规划
3	石末赵家河	高平市石末村	新凿水井	近期规划
4	陵川西岭	陵川县西岭村	新凿水井	近期规划
5	水东	金村镇水东村	新凿水井	近期规划
6	西交河	金村镇西交河村	新凿水井	近期规划
7	城区寺底	城区寺底村	新凿水井	近期规划
8	石青	金村镇石青村	新凿水井	近期规划
9	孟掌	孟掌村东南	新凿水井	近期规划
10	后河	平城镇后河村	布设监测系统	近期规划
11	夺火	泽州夺火镇	布设监测系统	近期规划
12	夏匠	城区夏匠村	布设监测系统	近期规划
13	郭壁	郭壁水源地	布设监测系统	近期规划
14	南石翁	柳树口镇南石翁村	布设监测系统	近期规划

第 12 章　饮用水水源地保护

　　饮用水水源地是指提供居民生活及公共服务用水的取水水域和密切相关的陆域。饮用水水源地的保护即划定饮用水水源保护区，并采取措施，防止水源枯竭和水体污染，保证城乡居民饮用水安全。

　　饮用水安全与人民群众的健康息息相关。保障饮水安全是促进经济社会发展、提高人民生活水平、稳定社会秩序的基本条件，是实现经济社会可持续发展、构建和谐社会的基础，也是贯彻落实《水法》、践行习近平中国特色社会主义新时代治水思路的具体体现，因此饮用水水源地的保护情况直接关系到城乡居民的饮用水安全。

　　当前水环境形势整体较为严峻，入河废污水排放量居高不下，工业污染尚未得到根本遏制，面源污染问题日益突出，湖库富营养化问题日趋严重，直接威胁饮用水水源地安全。为保护饮用水水源地，国家和地方制定并实施了一系列政策和措施，主要开展安全保障建设和污染综合治理工作，其中水源地安全保障建设工作主要由水利部门组织开展。

　　按照党中央、国务院的相关部署，水利部公布了《全国重要饮用水水源地名录》，逐步推进以全国重要饮用水水源地为主的饮用水水源地安全保障达标建设工作，提出并逐步完善饮用水水源地安全保障达标建设"水量保证、水质合格、监控完备、制度健全"的目标要求。

　　根据收集到的水源地统计资料及调查成果，晋城市现状有集中式饮用水水源地 79 个，其中全国重要饮用水水源地 1 个，县级城镇饮用水水源地 9 个，乡镇饮用水水源地 69 个。对晋城市饮用水水源地的保护，应依据饮用水水源地安全保障达标建设的目标要求，对现有饮用水水源地的基本情况、运行和管理现状情况等进行调查，分析现状存在的问题，并提出水量保证、水质保护、监控监测和综合管理等饮用水源地保护的措施方案。

12.1　水源地概况

12.1.1　全国重要饮用水水源地

根据水利部《关于印发全国重要饮用水水源地名录（2016 年）的通知》（水资源函〔2016〕383 号），晋城市全国重要饮用水水源地仅晋城市郭壁水源地1 个。

晋城市郭壁水源地为岩溶地下水水源地，位于晋城市区东南 14.5 km 泽州县金村镇郭壁村东，珏山脚下的丹河峡谷中，处于黄河流域沁河水系。水源地管理单位为晋城市郭壁供水工程管理处。

1992 年，郭壁供水工程变更为以城市生活和农村人畜吃水为主，兼顾农业灌溉的多功能供水工程。2013 年郭壁供水工程开始新建管道工程，2016 年5 月投入试运行，由原来供水渠道全部改为供水管道。2018 年 11 月，郭壁供水改扩建工程开工建设，对水源地及供水设施进行全面建设。水源地由奥陶系泉水、寒武系井水和后备水源围滩泉 3 部分组成，现水源为奥陶系泉水和寒武系井水。奥陶系泉水包括五龙泉、土坡泉、牛草泉 3 个主泉及部分散泉；寒武系水井现有 9 眼，其中 5 眼建设配套供水设施。水源地的供水工程包括水井、水泵、蓄水池。泉水经封闭提水到 4 个引水渠后汇流到提水站前池，井水汇水工程提水至引水渠汇流至提水站前池，提水站前池汇流的水量通过提水工程至干渠入口，进入蓄水池，经沉淀、过滤、消毒后供给用户。该水源地目前是晋城市除自备水井外的唯一水源，解决了市区和沿途 30 余万人的生活生产用水问题。

晋城市郭壁水源地年设计供水能力 0.183 亿 m^3，供水人口 35 万人，2018年实际供水量为 0.124 亿 m^3。

12.1.2　县级城镇饮用水水源地

根据收集到的水源地统计资料及调查成果，晋城市现状有县级城镇饮用水水源地 9 个，均为地下水型水源地，分别为：晋城市主城区水源地、沁水县万庆元水源地、沁水县大坪水源地、沁水县县城水源地、阳城县下芹水源地、阳城县王曲水源地、陵川县磨河水源地、高平市城北水源地和高平市川起水源地。

晋城市县级城镇饮用水水源地基础信息见表 12-1。

表12-1　晋城市县级城镇饮用水水源地基础信息

序号	所在地 县(区)	所在地 乡(镇)	水源地名称	级别	取水口数量/个	供水区域	供水人口/万人	实际供水量/(万m³/d)	供水能力/(万m³/d)	保护区面积/km² 一级保护区	保护区面积/km² 二级保护区	保护区面积/km² 准保护区
1	市辖区	城区	晋城市主城区水源地	县级	72	晋城市市区	50	6.0	6.0	0.28	—	—
2	沁水县	龙港镇	沁水县万庆元水源地	县级	1	沁水县城区	1.2	0.7	0.7	0.28	10	梅河和杏河流域补给区和径流区
3	沁水县	龙港镇	沁水县大坪水源地	县级	1	沁水县城区	1.1	0.6	0.6	0.28		
4	沁水县	龙港镇	沁水县县城水源地	县级	7	沁水县城区	2	0.7	0.7	0.027	—	
5	阳城县	凤城镇	阳城县下芹水源地	县级	6	阳城县城区	5	0.75	0.75	0.034	—	8.3
6	阳城县	凤城镇	阳城县王曲水源地	县级	4	阳城县城区	5	0.75	0.75	0.022	—	
7	陵川县	崇文镇	陵川县磨河水源地	县级	2	陵川县城区	2.5	0.55	0.55	0.06	10.97	磨河泉泉域 110 m²
8	高平市	东城街道	高平市城北水源地	县级	5	高平市城区	8	0.83	0.83	0.014	—	—
9	高平市	城区东南	高平市川起水源地	县级	3	高平市城区	8	0.9	0.9	0.013	—	—

12.1.2.1　晋城市主城区水源地

晋城市主城区水源地位于晋城市建成区内，丹河岩溶水系统中高平—晋城岩溶水地下水子系统的南部，水源井主要分布在晋城盆地，属于覆盖型岩溶水，水源地范围内岩溶地下水的主要补给来自东部裸露和半裸露岩溶区的侧向补给，以及高平一带的地表水渗漏补给，上覆第四系含水层的垂直渗漏补给较少。排泄区主要为南部的白水河和丹河。

主城区水源地属于地下水型水源地，地下水开采类型为岩溶承压水，日均取水量约 6.0 万 m^3。现有水源井 72 眼，采取奥陶系承压水，井深 260～470 m，主要为奥陶系上、下马家沟组水。供水方式为通过水泵抽水，通过暗管输送，沉淀、过滤、消毒后供给用户。

主城区水源地主要供水区域为晋城市区，供水人口约为 50 万人。水质评价结果显示：3# 井总硬度超标 0.31 倍，硫酸盐超标 1.78 倍；5#、20# 井总大肠杆菌群超标。水源地位于城区建成区内，人为活动多，环境较差。

水源地开采类型为岩溶承压水，依据国家《饮用水水源保护区划分技术规范》（HJ 338）要求，该水源地只划定一级保护区，一级保护区面积为 0.28 km^2。

12.1.2.2　沁水县万庆元水源地

沁水县万庆元水源地位于沁水县杏峪万庆元，地处杏河流域。水源地地下水补给来源主要为上游侧向径流、大气降水入渗补给、河谷地表水渗漏补给，地下水流向与地表水径流方向一致，万庆元水源地地下水自西向南向东北方向径流，水力坡度 10.0‰～13.0‰，水源地地下水以侧向径流、人工开采为主要排泄方式。

万庆元水源地属于地下水型水源地，开采方式为截潜流，开采类型为孔隙潜水，日均取水量 0.7 万 m^3，供给方式为采用管井取地下水，通过暗管进入蓄水池，经沉淀、消毒后供给用户。

万庆元水源地主要供水区域为沁水县城区，供水人口为 1.2 万人。水源位于杏河，一级保护区内为河谷阶地，人为污染影响小。水源地上游存在一些污染源，可能对水源地造成影响。

万庆元水源地开采类型为孔隙潜水，依据国家《饮用水水源保护区划分技术规范》（HJ 338）要求，水源地划定一级、二级保护区，一级保护区面积为 0.28 km^2，二级保护区与大坪水源地连片，总面积约为 10 km^2。

12.1.2.3　沁水县大坪水源地

沁水县大坪水源地位于沁水县苏庄大坪，地处梅河流域。水源地地下水补给来源主要为上游侧向径流、大气降水入渗补给、河谷地表水渗漏补给，地下水流向与地表水径流方向一致，大坪水源地地下水自西向东径流，水力坡度 8.0‰～10.0‰，水源地地下水以侧向径流、人工开采为主要排泄方式。

大坪水源地属于地下水型水源地，开采方式为截潜流，开采类型为孔隙潜水，日均取水量 0.6 万 m³，供给方式为采用管井取地下水，通过暗管进入蓄水池，经沉淀、消毒后供给用户。

大坪水源地主要供水区域为沁水县城区，供水人口 1.1 万人。水源位于梅河河谷，一级保护区内为河谷阶地，人为污染影响小。水源地上游存在一些污染源，可能对水源地造成影响。

大坪水源地开采类型为孔隙潜水，依据国家《饮用水水源保护区划分技术规范》（HJ 338）要求，水源地划定一级、二级保护区，一级保护区面积为 0.28 km²，二级保护区与万庆元水源地连片，总面积约为 10 km²。

12.1.2.4　沁水县县城水源地

沁水县县城水源地位于沁县城区建成区内，作为县城备用水源。水源地中心位置为东经 112.174°、北纬 35.687°。水源地地下水补给来源主要为上游侧向径流、大气降水入渗补给、河谷地表水渗漏补给，地下水流向与地表水径流方向一致，水源地地下水以侧向径流、人工开采为主要排泄方式。

县城水源地属于地下水型水源地，地下水开采类型为孔隙潜水，日供水能力约 0.7 万 m³。水源地现有水源井 7 眼，井深介于 8～17.5 m。供水方式为通过水泵抽水，通过暗管进入蓄水池后进行沉淀、消毒，供给用户。

县城水源地主要供水区域为沁水县城区，供水人口约为 2 万人。水源井位于城区建成区内，人为活动多，环境较差。

县城水源地开采类型为孔隙潜水，依据国家《饮用水水源保护区划分技术规范》（HJ 338）要求，该水源地均划定一、二级保护区，一级保护区面积为 0.15 km²，二级保护区与万庆元、大坪水源地二级保护区重叠。

12.1.2.5　阳城县下芹水源地

阳城县下芹水源地在县城西部中芹、下芹和水村一带。该区处于南北向小褶曲构造的发育部位，受构造应力作用，深部岩层引张裂隙发育，有利于岩溶水的径流和汇集，径流条件优越，富水性较强。水源地岩溶水主要接受西部、西北部岩溶水的侧向径流补给，其次为灰岩裸露区的降雨入渗补给，径流方向为由西向东，水力坡度为 10.0‰～13.3‰，主要以侧向径流方式向下游排泄，最终排向延河泉，其次人工开采也是其重要的排泄方式。

下芹水源地属于地下水型水源地，地下水开采类型为岩溶潜水，日均取水量为 0.75 万 m³。水源地现有水源井 6 眼，1# 水源井位于新阳东街府前广场东南侧，3[#] 水源井位于鸣凤村中，5[#] 水源井位于新阳西街计委对面，4[#]、6[#]、7[#] 水源井集中位于下芹。供水方式为通过水泵抽水，通过暗管进入蓄水池，进行消毒后供给用户。

下芹水源地主要供水区域为阳城县城区，供水人口约为 5 万人。水源地位于城区边缘，周围人为活动较多。

下芹水源地开采类型为岩溶潜水，依据国家《饮用水水源保护区划分技术规范》（HJ 338）要求，水源地划定一级、二级保护区，一级保护区面积为 0.37 km²，二级保护区面积为 29.1 km²。

12.1.2.6　阳城县王曲水源地

阳城县王曲水源地岩溶水补给来源主要接受西部、西北部岩溶水的侧向径流补给与灰岩裸露区的大气降水入渗补给，其次是区域地表水体的渗漏补给及相邻含水层的越流补给；径流方式为从北、北东部补给水源地；水源地范围内人工开采影响较小，以侧向径流的方式向下游排泄。

王曲水源地开采类型为岩溶潜水，依据国家《饮用水水源保护区划分技术规范》（HJ 338）要求，水源地划定一级、二级保护区，一级保护区面积为 0.37 km²，二级保护区面积为 29.1 km²。

12.1.2.7　陵川县磨河水源地

陵川县磨河水源地位于陵川县东南 21 km 处的山区地带。水源地中心位置为东经 113.470°、北纬 35.677°，磨河泉域内岩溶水的主要补给方式包括大气降水入渗补给及地表水渗漏补给。本区岩溶水主要在隔水层顶面沿其倾向呈薄层层流形式运移，总的径流方向为由北、东、西向南的磨河泉方向径流，其水力坡度约为 5‰。岩溶水主要以泉水的形式点状排泄，此外尚有部分岩溶水以侧向径流方式通过河床中第四系松散层向下游径流排泄出区外。

磨河水源地属于地下水型水源地，地下水开采类型为岩溶水，日取水量为 0.55 万 m³。水源地泉眼两处，分别为大磨河泉与小磨河泉，大磨河泉出露在大磨河村旁河谷东岸，高出河床 1 m 左右，泉域面积为 45.9 km²；小磨河泉出露在西闸水村李家坝村下山沟里，泉域面积为 21.6 km²，供水方式为：磨河泉水经磨河二级提水站提升后，经长达 40 km 的人工渠输送至陵川县城内的南关长征水池中，再由自来水公司加压后送至各水塔，由水塔经重力流进城区配水管网供给各个用户。

磨河水源地主要供水区域为陵川县城区。供水人口约为 2.5 万人。磨河水源位于陵川县东南部的山区，周边除小村庄外，几无人烟，地表植被茂密，生态良好，无污染影响。

磨河水源地开采类型为岩溶水，依据国家《饮用水水源保护区划分技术规范》（HJ 338）要求，该水源地划定一、二级保护区，一级保护区面积为0.06 km²，二级保护区面积为10.97 km²。

12.1.2.8　高平市城北水源地

高平市城北水源地位于城北张家坡附近的丹河河谷及其两岸。城北水源地为城市主要供水源。水源地处于高平—晋城强径流带上，位于晋获褶断带东侧，其地表出露岩性为第四系松散层，岩性以粉质黏土、砂卵石、粉土等为主。岩溶水补给来源主要为上游侧向径流补给，据区域等水压线图可知，水源地上游隐伏岩溶水在接受其北部、东北部、北西部灰岩裸露区大气降水入渗补给及裸露段地表水体的渗漏补给后，以侧向径流的方式从北、北东部补给水源地，水力坡度为2.2‰～5.0‰，水源地范围内人工开采甚微，以侧向径流方式向下游排泄。

城北水源地属于地下水型水源地，地下水开采类型为岩溶裂隙网格承压水，日均取水量约0.83万 m³，现有水源井16眼，井深介于400～420 m，岩溶水静水位为200.0～210.0 m。供水方式为通过水泵抽水，通过暗管输水，消毒后供给用户。

城北水源地主要供水区域为高平市城区，供水人口约为8万人。高平城区段及上游的丹河地表水体已遭受较严重污染，通过河道渗漏补给，直接对水源地构成威胁。应加强丹河渗漏段及其上游的地表水污染的防治工作。

依据国家《饮用水水源保护区划分技术规范》（HJ 338）要求，水源地划定一、二级保护区，一级保护区面积为0.014 km²，二级保护区面积为35 km²。

12.1.2.9　高平市川起水源地

高平市川起水源地位于高平市城区东南约2.5 km处的丹河阶地上。川起水源地为后备补充水源。水源地处于高平—晋城强径流带上，位于晋获褶断带东侧，其地表出露岩性为第四系松散层，岩性以粉质黏土、砂卵石、粉土等为主。岩溶水补给来源主要为上游侧向径流补给，据区域等水压线图可知，水源地上游隐伏岩溶水在接受其北部、东北部、北西部灰岩裸露区大气降水入渗补给及裸露段地表水体的渗漏补给后，以侧向径流的方式从北、北东部补给水源地，水力坡度为2.2‰～5.0‰，水源地范围内人工开采甚微，以侧向径流方式向下游排泄。

川起水源地属于地下水型水源地，地下水开采类型为岩溶裂隙网格承压水，日供水能力为0.9万 m³，现有水源井3眼，井深介于400～420 m，静水位标高为610.4～610.45 m。供水方式为通过水泵抽水，通过暗管输水，消毒后供给用户。

　　川起水源地主要供水区域为高平市城区，供水人口约为 8 万人。高平城区段及上游的丹河地表水体已遭受较严重污染，通过河道渗漏补给，直接对水源地构成威胁。应加强丹河渗漏段及其上游的地表水污染的防治工作。

　　依据国家《饮用水水源保护区划分技术规范》（HJ 338）要求，水源地划定一、二级保护区，一级保护区面积为 0.013 km²，二级保护区面积为 35 km²。

12.1.3　乡镇饮用水水源地

　　根据《山西省人民政府关于同意晋城市乡镇集中式饮用水水源地保护区划定方案的批复》（晋政函〔2013〕6 号），晋城市共有乡镇集中式饮用水源地 69 个，其中城区 2 个、泽州县 18 个、高平市 13 个、阳城县 18 个、沁水县 16 个、陵川县 2 个，均已划定了饮用水水源保护区，见表 12-2。现有乡镇集中式饮用水水源地中包括地下水型水源地 49 个、地表水型水源地 20 个。

表 12-2　晋城市乡镇集中式饮用水水源地保护区划分结果

编号	行政区	水源地名称	一级保护区		二级保护区	
			半径 /m	面积 /km²	半径 /m	面积 /km²
1	城区	西上庄北岩煤矿水源地	20	0.001		
			20	0.001		
			20	0.001		
2		北石店集中供水水源地	60	0.011	600	1.12
3	泽州县	南村镇集中供水水源地	40（以供水井 1#、2# 连线为中心，向外径向距离为 r=40 m 的长方形区域为边界）	0.007		
4		下村镇集中供水水源地	30	0.003		
5		大东沟镇集中供水水源地	30	0.003		
6		周村镇集中供水水源地	50	0.008		
7		犁川镇集中供水水源地	30	0.003		
8		晋庙铺镇东冻水源地	以泉眼为中心，上下游 100 m，左右各 10 m 的方形区域为边界	0.004		

续表 12-2

编号	行政区	水源地名称	一级保护区		二级保护区	
			半径 /m	面积 /km²	半径 /m	面积 /km²
9		金村镇集中供水水源地	30	0.003		
10		高都镇任庄水源地	30	0.003	300（以供水井为中心，北至大坝，东至村边的河谷不规则区域为边界）	0.307
11		巴公二村集中供水水源地	30	0.003		
12		巴公一村集中供水水源地	70	0.015	700	0.753
13	泽州县	大阳镇集中供水水源地	30	0.003	分别以大阳一分街取水井口为中心，向外径向距离为300 m，以三分街取水井口为中心，向外径向距离为500 m，两个区域相连围成的梯形区域为保护范围	1.259
			30	0.003		
			50	0.008		
			30	0.003		
14		山河镇道宝河水源地	以泉眼为中心，上下游200 m、左右各100 m的不规则多边形区域为边界	0.08		
15		大箕镇集中供水水源地	30	0.003		
16		柳树口镇玛琅水源地	以泉眼为中心，上游100 m、下游50 m、左右各25 m的不规则多边形区域为边界	0.008		
17		北义城镇集中供水水源地	30	0.003	以2#供水井为中心，西至村边，东至高速公路，南北各600 m的不规则区域为边界	0.672
			60	0.011		

续表 12-2

编号	行政区	水源地名称	一级保护区		二级保护区	
			半径 /m	面积 /km²	半径 /m	面积 /km²
18	泽州县	川底集中供水水源地	30	0.003		
			30	0.003		
19		李寨集中供水水源地	60	0.011		
20		南岭集中供水水源地	30	0.003		
21	高平市	米山镇集中供水水源地	30	0.003		
22		三甲镇集中供水水源地	350×160	0.056	沿上游向一级边界外延 200 m，宽 160 m	0.032
23		神农镇集中供水水源地	50	0.008	500	0.785
24		陈区镇集中供水水源地	30	0.003		
25		北诗镇集中供水水源地	30	0.003	300	0.21
26		河西镇集中供水水源地	60	0.011	600	0.761
27		马村镇集中供水水源地	70	0.015		
28		野川镇集中供水水源地	80	0.02	800	0.78
29		寺庄镇集中供水水源地	40	0.005	400	0.284
30		建宁集中供水水源地	60	0.011	600	1.118
31		石末集中供水水源地	40	0.005	400	0.451
32		原村集中供水水源地	30	0.003		
33		永录乡集中供水水源地	60	0.011	600	1.131
34	阳城县	东城办八甲口水源地	20	0.004		
35		北留镇漏河水源地	60	0.015		
36		北留镇皇城水源地	60	0.018		
37		润城镇集中供水水源地	90	0.025		
38		町店镇五龙沟水源地	80	0.02		
39		芹池镇集中供水水源地	30	0.003		
40		次营镇集中供水水源地	30	0.003		

续表 12-2

编号	行政区	水源地名称	一级保护区		二级保护区	
			半径/m	面积/km²	半径/m	面积/km²
41	阳城县	横河镇集中供水水源地		0.015		
42		河北镇集中供水水源地		0.021		
43		蟒河镇集中供水水源地		0.07		0.06
44		东冶镇集中供水水源地	50	0.015		
45		白桑集中供水水源地	30	0.004	300	0.099
46		寺头集中供水水源地	200	0.173		
47		西河集中供水水源地	30	0.003		
48		演礼集中供水水源地	40	0.005		
49		固隆集中供水水源地	30	0.003		
50		董封集中供水水源地	30	0.003	200	0.126
51		驾岭集中供水水源地	100	0.031		
52	沁水县	中村镇涧河截潜流水源地		0.11		0.33
53		郑庄镇胡沟泉水源地		0.015		
54		端氏镇杏林截潜流水源地		0.155		0.32
55		嘉峰镇集中供水水源地		0.037		0.05
56		郑村镇轩底水源地	30	0.003		
57		郑村镇小坡岭泉水源地	50	0.008		
58		柿庄镇算峪截潜流水源地		0.11		0.33
59		樊村河集中供水水源地		0.11		0.33
60		土沃集中供水水源地	40	0.005		
61		张村芦坡截潜流水源地		0.11		0.33
62		张村雨沟截潜流水源地		0.11		0.33
63		苏庄枣树沟泉水源地		0.013		
64		胡底后洞沟泉水源地	50	0.008		
65		胡底南雨沟截潜流水源地		0.013		0.248

续表 12-2

编号	行政区	水源地名称	一级保护区		二级保护区	
			半径/m	面积/km²	半径/m	面积/km²
66	沁水县	固县截潜流集中供水水源地		0.149		0.465
67		十里泉集中供水水源地		0.015		
68	陵川县	台北水源地		0.26		
69		浙水水源地		0.074		0.42

12.2　水源地现状存在问题分析

（1）应急水源地建设不足。

随着城市化进程的加快，环境污染、水资源短缺问题日益严峻，城市供水安全问题已成为制约经济社会发展的重大难题。城市供水安全主要表现在供水水量和水质两个方面，受气候条件变化、环境污染、供水技术等影响，城市供水容易出现水量供应不足等问题，严重威胁供水安全，一旦突发影响供水安全的环境事故，城市供水将可能面临全面停水的风险局面，因此科学规划和建设应急水源地显得非常重要。

（2）供水设施缺乏养护、供水能力不足。

部分水源地由于建设历史久远，供水设施常年运行，缺乏必要的维护和更换，导致供水管道漏损、水泵运行能力下降等，供水能力日渐减弱，造成能源和水资源浪费、供水水压下降等问题，威胁水源地供水安全。同时，随着社会经济的快速发展和人口规模的增加，导致部分水源地已处于超负荷运行状态，日益增长的需水量逐渐超过了设计供水量，导致出现供水不足的现象。

（3）部分水源地位于地下水超采区。

晋城市 10 个县级以上集中式饮用水水源地均为地下水水源地。由于天然河川径流资源量的不均，部分城市只能以开采地下水为主，大量集中开采地下水，造成局部区域地下水位下降，形成地下水降落漏斗，引发地面沉降、塌陷、水质恶化、泉水流量衰减甚至断流、供水井水量下降等环境问题，晋城市主城区水源地、高平市城北水源地等均位于三姑泉小型岩溶水超采区。

（4）部分水源地未设立保护区界标标识。

水源地保护区界标标识的设立用以明确保护边界，起到警示和提醒的作用，是保护饮用水水源地非常有效的管理手段和重要措施。根据调查分析，晋城市部分水源地还未按要求设立界标标识、宣传牌等。

（5）少数水源地水质不满足饮水要求。

全市大多数县级以上水源地水质良好，基本能达到Ⅲ类水水质标准，但仍有少数水源地由于环境污染或环境本底值影响等造成水质较差。

（6）监控监测能力有待提高。

按照《全国重要饮用水水源地安全保障评估指南（试行）》，地表水源地和地下水水源地监测频次需分别达到 24 次 /a 和 12 次 /a；水源地安装视频监控，对取水口和重要供水工程设施进行 24 h 在线监控；取水口附近设置在线水质水量监测设施，并具有信息在线传输和分析的能力等。结合水源地现状建设情况，晋城市大部分水源地还未完全达到上述建设标准要求，水源地监控监测能力有待进行提高。

（7）部分水源地存在保护区划分不当的问题。

晋城市县级以上水源地保护区划分基本遵照《饮用水水源保护区划分技术规范》（HJ 338）划分，但《饮用水水源保护区划分技术规范》（HJ 338）中有关水源地类型、方法、计算参数等存在不适用于晋城市水源地保护区划分的情形。《饮用水水源保护区划分技术规范》（HJ 338）中将地下水按照埋藏条件分类为孔隙水、裂隙水和岩溶水三大类，岩溶水又根据成因分为岩溶裂隙网络型、峰林平原强径流带型、溶丘山地网络型、峰丛洼地管道型和断陷盆地构造型 5 种类型，晋城市地下水类型基本以岩溶承压水为主，《饮用水水源保护区划分技术规范》（HJ 338）对于晋城市存在的泉水型、大口井、截潜流等类型水源地没有明确的划分方法。

（8）水源地立法保护不完备。

晋城市目前对水源地保护引用的法律条文主要是《中华人民共和国水法》《中华人民共和国环境保护法》《山西省水资源管理条例》等，以上法律条文主要从原则上规定应保护饮用水水源地，规定的内容均比较宏观，如《山西省水资源管理条例》虽然规定了饮用水水源保护区制度、饮用水水源地保护要求等相关水源地管理和保护内容，但其更多的是一部水资源管理与保护的法律条文，突出的是"水资源"而不是"水源地"，不是一部专门针对水源地管理和保护而制定的法律法规。晋城市还未发布针对水源地管理和保护的相关法律法规，缺乏对水源地管理和保护的有力依据。

（9）水源地保护缺乏公众参与。

公众参与水源地保护是指公民、法人和其他组织自觉自愿参与水源地立法、执法、司法、守法等事务以及与水源地保护和改善等活动。公众参与水源地保护是维护和实现公民环境权益、加强生态文明建设、保障供水安全的重要途径。积极推动公众参与水源地保护，对创新水源地管理机制、提升管理能力和建设生态文明具有重要意义。山西省目前在水源地管理和保护方面的角色主要是政府和相关主管部门，缺乏公众力量的参与。

12.3 饮用水水源地保护方案

12.3.1 水量保证措施

12.3.1.1 建立应急备用水源地

应急备用水源是抵御突发性污染事件、应对干旱等极端天气最有效的措施，要建立健全水资源战略储备体系，加强地下水应急水源地的勘测评价和储备工作，拟订应急和备用饮用水源方案，提出应急饮用水水源和储备水源工程建设项目。部分水源地未建立应急备用水源地或应急备用水源地未具有完备的供水配套设施，对于未建立应急备用水源地的，可对原有关停或规划关停的水源地进行必要的修复和维护，并将其作为应急备用水源地，在原有的供水管网和取水设施基础上，结合地区水污染防治和水生态修复，逐步恢复其供水与储水功能；如供水区域位于缺水区，备用水源建设难度较大，可储备高效过滤等净水设备，发生水源污染时，可考虑将轻度污染水进行处理后饮用。对于已有应急备用水源地的，需尽快完善水源地的供水配套设施，以确保水源地能发挥抵御突发性污染事件、应对干旱等极端天气的作用。

12.3.1.2 制订合理的调度方案

制订合理的水资源调度方案，统筹规划利用各类型水源地，既保证水源地有效利用，又能达到涵养水源的目的。饮用水是人类生存的基本需求，流域和区域水资源的调度方案应优先满足饮用水供水要求，确保饮用水水源地供水保证率达到95%以上。同时，为了增加安全性，应制订特殊情况下的区域水资源配置和供水联合调度方案，建立特枯年或连续干旱年的供水安全储备。

12.3.1.3 定期完善供水设施

水源地长期运行后，供水管道等供水设施老化，未进行必要的维护和更换，供水能力日渐减弱，对水源地饮水安全带来威胁。因此，应在水源地设立供水站，并配有专人管护，定期检查、维护和更新水源地的供水设施及配套设施，确保水泵、供水管网等供水设施及配套设施完好，取水和输水工程安全运行。

12.3.2　水质保护措施

12.3.2.1　开展污染源调查工作

应对水质不达标的水源地开展水源地污染源调查，主要调查水源地保护区、补给区等区域内的点源、面源、线源、内源等，确定水源地水质超标原因，以便采取针对性的措施改善水质。

12.3.2.2　保护区封闭管理及界标设立

晋城市郭壁水源地、晋城市主城区水源地、北石店水源地、高平市城北水源地、高平市川起水源地、沁水县大坪水源地、沁水县万庆元水源地等存在保护区未实行封闭管理或者未设立界标的情况，水源地一级保护区内通过在保护区边界设立物理或生物隔离设施，防止人类活动等对水源地保护和管理的干扰，拦截污染物直接进入水源保护区，隔离防护设施包括物理和生态防护两类，物理隔离防护设施如围栏、围网等，生态隔离防护设施如防护林、生态护坡等尽可能地实行封闭管理；按照《饮用水水源保护区标志技术要求》，在保护区边界设立明确的地理界标和明显的警示标志；在取水口和取水设施周边设置明显的具有保护性功能的隔离防护设施；另外，可根据需要在适当位置设立饮用水水源保护区宣传牌，根据实际需求设计宣传牌上的图形和文字。

12.3.2.3　入河排污口设置管理

根据《中华人民共和国水法》《中华人民共和国水污染防治法》《山西省水污染防治条例》的规定，禁止在饮用水水源一、二级保护区内设置排污口，对已设置的入河排污口，应予以取缔；在准保护区内应严格限制设置入河排污口，污水排放应严格执行相关水质标准，确保排污量不增加。

12.3.2.4　保护区综合治理

根据《中华人民共和国水法》《中华人民共和国水污染防治法》《山西省水污染防治条例》的有关规定，对水源保护区实施综合治理。

（1）饮用水水源一级保护区内，禁止新建、改建、扩建与供水设施和保护水源无关的建设项目，包括新建宅基，已建成的与供水设施和保护水源无关的建设项目，应由县级以上人民政府责令拆除或者关闭；禁止从事网箱养殖、旅游、游泳、垂钓或者其他可能污染饮用水水体的活动；禁止新增农业种植和经济林。

（2）饮用水水源二级保护区内，禁止新建、改建、扩建排放污染物的建设项目；禁止处置城镇生活垃圾；禁止建设未采取防渗漏措施的城镇生活垃圾转运站；禁止建设易溶性、有毒有害废弃物暂存和转运站，化工原料、危险化学品、矿物油类及有毒有害矿产品的堆放场所；从事网箱养殖、畜禽饲养场、旅游等活动的，应按规定采取措施，防止污染饮用水水体；已建成的排放污染物的建设项目，由县级以上人民政府责令拆除或者关闭。

（3）饮用水水源准保护区内，禁止新建、扩建对水体污染严重的建设项目；禁止改建增加排污量的建设项目；禁止建设易溶性、有毒有害废弃物暂存和转运站；禁止从事采砂、毁林开荒等活动。对有可能影响饮用水源安全的污染企业，应建立风险源名录，定期进行检查。

12.3.2.5 面源污染治理

水源地保护区内依然有农田、经济林等分布，水源地的面源污染主要来自于农业生产中农药和化肥等的过度使用，应在有条件的区域实施封闭管理。一级保护区内以实施退耕还林还草为主，强化水源涵养工程建设，积极利用土地置换、农村土地承包经营权流转、生态补偿等多种方式，推进饮用水水源保护区退耕还林还草，从根本上解决水源保护区农业面源污染问题，对于保护区耕地短期内无法退耕还林还草，应采取禁止或者限制使用化肥、农药以及限制种植等措施。对水源地二级保护区内耕地，实施饮用水水源准保护区及上游生态农业系统工程，推广无公害农产品及有机食品，减少农药、化肥对水源的污染，推广农业先进适用技术，实施秸秆还田技术，有效地提高土壤质量和减少对饮用水水源污染，控制农业面源污染。对于暂时没有能力发展生态农业的区域，应推广科学合理施肥施药。根据气候、土壤类型，按作物对养分的吸收规律，科学预算作物需肥量中氮、磷、钾三要素配比，适时适量施肥，减少化肥在土壤中的淋失和污染，科学施用农药，尽量选用药量小、高效、低毒、易降解的农药，禁止使用致畸、致癌、致突变的"三致"农药。

12.3.2.6 实施保护区绿化工程

陵川县的磨河水源地等处于丘陵山区的水源地，存在水土流失情况，根据保护饮用水水源地实际需要，在保护区内采取退耕还林、建造湿地、水源涵养林等生态保护措施，提高植被覆盖率，防止污染物直接排入饮用水水体，确保饮用水安全。

12.3.2.7 农村生活垃圾处理处置

利用土地置换等政策，鼓励保护区内居民迁出；对于没有能力搬迁的居民，应控制生活污染物排放，包括建设完善的污水收集与处理系统，旱厕防渗处理、垃圾集中回收处理，污水管网建设，禁止畜禽养殖等。

对于一级保护区内的生活垃圾，采用清运方式进行处置，将垃圾运出保护区后进行卫生填埋。

位于二级保护区内的农村居民，利用发展农村沼气的有关政策规定，鼓励农村沼气设施建设，减少生活垃圾对环境的污染。

鼓励和倡导农村生产、生活垃圾分类收集，对不同类型的垃圾选择合适的处理处置方式。将可回收垃圾再利用，对有害垃圾进行无害化处理，避免就地堆放造成水源污染。开展农村医疗废物、废弃农药瓶、电池、电瓶等有毒有害固体废物回收工作，实行县政府出资回收、环保局集中处置，乡镇政府分片转运、村级环保协管员代收暂管的处理模式。

12.3.3　监控监测措施

12.3.3.1　完善常规监测

建立自动在线监控设施，对饮用水水源地取水口及重要供水工程设施实现 24 h 自动视频监控；建立巡查制度，饮用水水源一级保护区实行逐日巡查，二级保护区实行不定期巡查，并做好巡查记录；地表水源地按照《地表水环境质量标准》（GB 3838）规定的特定项目，每年至少进行 1 次定期排查性监测；湖库型饮用水水源地，还应按照《地表水资源质量评价技术规程》（SL 395）规定的项目开展营养状况监测；地下水饮用水水源地按照《地下水监测规范》（SL 183）有关规定，对水位和采补量进行定期监测；取水口附近水域实施水质水量在线监测；建立饮用水水源地水质水量安全监控信息系统，能够进行水量、水质、水位、流速等水文水资源监测信息采集、传输和分析处理。

12.3.3.2　加强应急监测

优化监控指标和频次，预防突发性的水污染事件的发生，并在突发事件发生时，加密监测和增加监测项目，随时监测水污染事件的影响范围和程度，以便采取应急治理措施。

12.3.3.3　建立水源地管理档案

依据《集中式饮用水水源编码规范》（HJ 747）编制编码，建立饮用水水源地环境管理档案，做到"一源一档"，全面掌握全省集中式饮用水水源地及保护区的基本情况，对水源环境状况实行动态评估。

12.3.3.4　开展饮水安全风险评估

应至少每 5 年组织开展 1 次饮用水水源地基础环境调查，了解饮用水水源地分布、服务人口等情况，综合考虑区域经济社会发展水平、水资源、水文地质等因素，排查影响饮用水水源地环境风险源，并对水源保护范围内污染状况进行综合评估，建立水源地动态数据库。开展水源地饮水安全风险评估，分析影响饮用水水源地安全的主要潜在风险源，建立水源地饮水安全风险评估模型，改善水源地生态环境，保障饮水安全。

12.3.4　综合管理措施

12.3.4.1　合理划分保护区

对于尚未划定保护区或需重新调整保护区的水源地，应依据《饮用水水源保护区划分技术规范》（HJ 338）等有关标准规范，根据《中华人民共和国水污染防治法》的规定，划分饮用水水源保护区。由有关市、县人民政府提出划定方案，报省、自治区、直辖市人民政府批准；跨市、县饮用水水源保护区的划定，由有关市、县人民政府协商提出划定方案，报省、自治区、直辖市人民政府批准；协商不成的，由省、自治区、直辖市人民政府环境保护主管部门会同同级水行政、国土资源、卫生、建设等部门提出划定方案，征求同级有关部门的意见后，报省、自治区、直辖市人民政府批准。

12.3.4.2　建立部门联动机制

水源地安全问题是牵涉利益群体众多、突发性、复杂性的问题，涉及水利、环保、城建等多个部门，建立合理高效的部门联动机制，形成责任明确、协调有序、监管严格、保护有力的长效工作机制，建立污染防治联动体系，相邻地区或上下游地区应建立监测预警、信息沟通及联席会议机制，一旦发生突发水环境污染事件或存在重大水环境隐患，应立即通知相邻区域或上下游政府及环保部门，及时对水源地污染采取措施，启动应急预案，跨区域、跨部门整合资源，实现资源共享，通过统一指挥、联合行动的方式形成问题处理的规模收益和集成效应。

12.3.4.3　建立水源地保护的法规体系

现有的饮用水水源地保护的法律条文都是散见于相关的法律中，如《中华人民共和国水污染防治法》《中华人民共和国水法》等以单独的章节或条款来规范饮用水水源地的保护，而没有关于饮用水水源地保护的专门立法，因此应制定饮用水水源地保护的相关法规、规章或办法，通过专门立法的方式来修改和完善现行饮用水水源地保护法律规范的不足之处，对饮用水资源保护的内容进行详细的规定，修改各行政法规以及部门规章中相互冲突不一致的规定，以协调各部门之间的相关工作，让相关法规规章更具可操作性，使饮用水水源地得到真正意义上全面的保护。

12.3.4.4　水源地分级分类管理达标建设

以保障水源地供水安全为目的，针对水源地的不同特点，结合现有法律法规、规范、标准等对水源地保护和管理要求，从不同行政管理级别、区域差异，以及经济发展水平等方面构建水源地分级分类管理体系，以分级为主，按水源地重要性等因素将水源地划分为不同的等级，在分级的基础上，针对不同水源地的特点，将其进行分类划定，提出国家、省、市、县、乡镇等不同管理级别的管理范围、目标和责任，推进水源地饮水安全达标建设。

12.3.4.5　制定应急预案

根据《国家突发公共事件总体应急预案》，制定应对突发水污染事件、洪水和干旱等特殊条件下供水安全保障的应急预案，完善饮用水水源地应急预案内容，主要包括监测和预警、应急处置两个大的方面。监测和预警即将有关主管部门的各项工作的内容予以细化并加以完善，如监测地点、监测时间、监测内容、预警信息的发布、报告以及通报等，以保证能够在突发事件尚未发生或发生之初就得到有效的遏制。应急处置由各地政府统一领导并组织实施，成立供水应急领导小组，根据应急工作需要，成立供水应急领导小组办公室，负责对水源供水应急事件组织协调、决策指挥和处置，及时有效地开展各项紧急处置的工作，以最大限度地减少损失。加强对预案管理工作的领导和督促检查，每年至少开展一次应急演练。建立应对突发事件的人员、物资储备机制和技术保障体系。各行业、各单位的预案体系，做好各级、各类相关预案的街接工作，并建立技术、物资和人员保障系统，成立由政府行政长官任组长的供水应急领导小组，健全指挥机构及应急机制，加强对供水应急事件的组织协调、决策指挥和处置，提高政府应对涉及公共危机的饮用水突发事件的能力。

12.3.4.6　管理队伍建设

重要饮用水水源地的管理和保护应配备专职管理人员，细化专职管理人员管护职责，根据实际情况明确管护范围、内容、记录、报告等；遵循公开、公平、公正、择优的原则，选聘专职管理人员；强化队伍管理，加强技术人员培训、指导、管理、培训、考评等，提高监测能力和水平；落实工作经费，专职管理人员的劳务报酬、培训经费、日常巡查设备购置经费等列入财政预算，确保及时落实到位。

12.3.4.7　建立资金保障机制

财政投入力度加大，建立水源地管理、保护的专项基金，用于对水源地的管理和生态环境的保护。通过提供优惠政策、购买服务等的方式，引入市场资本，依靠专业技术治理遭受污染的水源。建立水源生态补偿机制和水源保护机制，本着"谁破坏水源地谁负责，谁保护水源地谁得到补偿"的原则。完善各级职能部门对水源地保护相关项目的资金扶持机制，有关部门在安排城镇基础建设、节能减排、现代农业、生态林业、退耕还林等项目资金时，应优先考虑位于保护区内的乡镇、农村，对其在政策制定上给予一定的倾斜。

12.3.4.8　加强公众参与

充分利用电视、网络、手册等多种媒介，加强对集中式饮用水水源地环境保护宣传教育，积极宣传饮用水水源地保护的法律法规、规划，组织开展以保护饮用水水源地安全为主题的宣传活动，公开环境执法典型案例，增强社会公众的环境保护意识，鼓励和引导公众和社会团体有序地参与水源地的保护工作。

12.3.4.9　实现饮用水水源信息公开

建立健全水源地环境信息共享与公开制度，完善饮用水水源地信息化管理平台，发挥政府环境信息网站作用，实行水源地环境保护公告制度，定期发布饮用水源水质等信息，逐步实现污染源、水源地和人群健康资料等有关信息的共享，使公众及时了解饮用水源质量状况，唤起全社会关心、重视和保护饮用水水源，引导公众参与和支持饮用水水源保护。

第 13 章　　总体布局和实施方案

13.1　　基本要求

（1）依据水资源配置方案，统筹考虑水资源的开发、利用、治理、配置、节约与保护。

（2）根据不同地区自然特点、水资源条件和经济社会发展目标要求，因地制宜，大中小工程相结合，努力提高用水效率，合理利用地表水与地下水资源；有效保护水资源，积极治理利用中水、矿坑水等其他资源；统筹考虑开源、节流、保护、治污的工程措施，建设控制工程。

（3）要坚持"全面规划、统筹兼顾、标本兼治"的原则，坚持开源、节流、治污并举，工程措施和非工程措施相结合，对供水、用水、节水、治污、水资源保护等方面进行统筹安排，实现对地表水、地下水及其他水源在不同区域、不同用水目标、不同用水部门水量与水质的统一、合理调配，协调好开发与保护、近期与远期、流域与区域、城市与农村等关系。

（4）遵循"突出重点，节水优先、保护为本，经济合理、技术可行"的原则。针对不同流域和区域的特点，突出对供水、用水、节水、治污与生态环境保护等基础设施所构成的水网络体系的统筹安排，重视对水资源开发、利用、治理、配置、节约与保护等领域的非工程措施的制定。

13.2　　总体布局

根据晋城市水资源供需平衡分析结果以及未来经济社会发展布局和产业结构调整，结合各地区的自然特点、水资源条件和经济社会发展目标，需要通过开源和节流双管齐下、工程措施和非工程措施相结合，对供水、用水、节水、治污与生态环境保护等方面进行统筹安排，合理安排水资源开发利用总体布局。

在规划水平年，以初具规模的"晋城市大水网"供水安全体系现有供水工程为基础，对现有的工程加固、改建、扩建和挖潜配套，在充分发挥工程效益的基础上，分析结合晋城市水利发展"十三五"规划、中长期供水规划、中水利用规划等相关规划，新建需要的工程，统筹考虑地表水、地下水等常规水源，再生水和矿坑水等非常规水源，以提高水资源的承载能力和增强水资源开发利用的调控能力，并通过置换水源的方式减少地下水开采，逐步解决地下水超采的问题，在增加水源的同时，注意水资源的节约利用、保护和修复等，达到涵养水源、保护水生态环境的目标。实施方案要统筹考虑投资规模、资金来源及发展机制等，做到协调可行。

13.3　近期实施方案

近期实施方案以晋城市水利发展"十三五"规划为基础规划实施，包括工程措施和非工程措施。

13.3.1　工程措施

13.3.1.1　供水保障方案

以重点水源工程建设为抓手，加快推进水资源保障体系建设。以"井"字形大水网为总体布局，规划到 2020 年实施建设提水工程 13 处（其中，续建工程 6 处，新建工程 7 处），蓄水工程 6 处（其中，续建工程 2 处，新建工程 4 处），管道连通工程 12 处，逐步建成连通"一区六园"的管网工程体系，形成覆盖全市的供水安全保障体系。规划主要供水工程基本情况见表 13-1。

表 13-1　规划主要供水工程基本信息

序号	工程分类	工程名称	工程性质	供水对象	建设内容和规模
1		围滩水库供水工程	续建	城区	400 m³ 调蓄水池，二级提水泵站 1 座
2		湾则水库供水工程	续建	沁水县	1 000 万 m³/a
3	提水工程	郭壁水源南村供水工程	续建	泽州县	提水站 1 处，提水管道 20 km，调节水池 1 个
4		张峰水库泽州供水工程（二期）	续建	泽州县	李庄泵站 1 座，管道 1.09 km
5		张峰水库泽州北部农村饮水工程	续建	泽州县	水厂 1 座，一级二级提水泵站 2 座，蓄水池 3 个，输水管道 50 km

续表 13-1

序号	工程分类	工程名称	工程性质	供水对象	建设内容和规模
6	提水工程	南岭沁河提水工程	续建	泽州县	提水站 2 座，大口井 1 座，蓄水池 3 个，输水管道 40 km
7		晋城市郭壁供水改扩建工程（除围滩水库）	新建	泽州县	水源工程、泵站工程、调蓄水池 2 座、输水管线工程、输变电改造工程
8		晋城市杜河提水工程	新建	泽州县	一级泵站工程、李寨支线泵站、管道工程、2 座调蓄水池、输变电工程
9		晋城市丹河下游提水工程	新建	城区	集水廊道、提水泵站
10		东双脑调水工程	新建	陵川县	供电专线 30 km，潜水泵 4 台，输水管道 42 km
11		古石提水工程	新建	陵川县	输水干管 29.9 km，加压泵站 3 处，调蓄水池 2 处
12		董封水库供水工程	新建	阳城县	输水干管 25.9 km，加压泵站 2 处，调蓄水池 2 处
13		西冶水库供水工程	新建	阳城县	输水管道 12 km
14	蓄水工程	磨河水库工程	续建	陵川县	总库容 240 万 m^3
15		下河泉蓄水池续建工程	续建	阳城县	4 万 m^3 终端调节水池，输水管线 1 414 m，配水管线 1 380 m
16		陵川县仙台水库工程	新建	陵川县	供水 130 万 m^3/a
17		云首水库工程	新建	沁水县	总库容 177 万 m^3
18		下泊水库工程	新建	沁水县	总库容 290 万 m^3
19		石河水库工程	新建	泽州县	总库容 157.3 万 m^3

13.3.1.2　节约用水方案

节约用水措施方案主要从城镇生活、农业和工业 3 个方面开展。

1. 城镇生活节水

在新建小区、道路等工程建设的同时进行城市再生水的规划、设计、施工，保证新建管网的工程质量，并对旧管网进行改造，通过改造供水体系，有效减少管网漏失的情况。推广应用节水型的器具，有效减少生活用水量。加大中水回用力度，将其回用于景观用水、城镇绿化、道路清洁、汽车冲洗、居民冲厕、施工用水和企业设备冷却用水等领域。

2．农业节水

以任庄灌区、董封灌区、许河灌区、釜山灌区、渠堤灌区、北留灌区、丹河灌区等 7 个万亩灌区和原村灌区、山泽灌区等中型灌区为重点推进灌区节水改造，主要解决工程老化失修、渠系不配套、渗漏损失严重、田面不平整等问题。

3．工业节水

针对化工、煤炭、电力（火电）及冶金业等取水量、耗水量较大的工业行业，采取高效冷却和不同水质水源交替使用等工艺节水改造、废水处理及回用设施设备升级改造、生活用水设施设备改造等工程措施提高水的循环利用水平。

13.3.1.3　地表水环境保护方案

1．污水处理厂提标改造工程

城镇污水处理厂按照集中和分散相结合的原则，优化布局，继续提升污水处理能力，主要采用混凝—沉淀—过滤工艺对晋城市 27 座城镇及分散型污水处理厂提标改造，到 2020 年，晋城市所有城镇污水处理厂确保达到一级 A 排放标准。

2．生活污水收集管网建设工程

在沁水县、晋城市、阳城县等地建设生活污水收集管网或改造雨污分流管网共计 217.5 km。

3．城市污水再生回用工程

推进沁水县、阳城县、高平市城市污水再生回用设施建设。2018 年起，单体建筑面积超过 2 万 m^2 的新建公共建筑，应安装建筑中水设施，积极推动其他新建住房安装建筑中水设施。

4．工业园区污水集中处理工程

工业园区污水集中处理工程包括高平市煤电化工业园区、高平市装备制造工业园区、阳城县建瓷园区、晋城市金匠新兴产业工业园区、北留周村煤电化工业园区、晋城市巴公装备制造工业园和高平市轻工食品工业园区污水集中处理工程和管网建设工程。

5．河道生态修复工程

用河道原位水质净化（生物—生态修复技术）对丹河污染较严重的寺庄镇至下城公河段进行生态修复，主要包括布置生物膜技术（主要指碳素纤维生态草）修复工程 6 处，处理水量 10 万 t/d，COD 削减量 100 t/a、氨氮削减量 10 t/a。

6. 湿地工程

规划建设湿地工程 9 处，面积 4.135 万亩，包括对在建的高平丹河人工湿地和泽州县巴公湿地工程进行改建完善，以及新建的 4 处湿地公园和 3 处人工湿地工程。严格保护河流及河漫滩湿地，逐步修复受损的鱼类栖息地，在确保防洪安全前提下保证河漫滩湿地宽度，保障鱼类栖息地繁殖生境。

7. 河岸植被恢复工程

（1）沁河干流规划安排实现植被恢复共 46.4 万 m^2。其中端氏至润城段规划安排生态护岸岸墙 14.4 m，生态绿色长廊 276 m，绿化面积 24.8 万 m^2。沿沁河干流端氏至润城河段规划 6 个生态景观公园：端氏古镇逸苑、窦庄古堡公园、武安三里湾公园、屯城休闲公园、尉迟生态公园、下伏农桑文化园。结合美丽乡村建设，旅游远期发展规划，进行生态景观建设。

（2）丹河支流植被恢复主要分为以下几段：源头至赵庄、赵庄至刘庄、刘庄至任庄水库出口、任庄水库出口至东焦河水库出口、东焦河水库出口至省界。

（3）其他支流主要有沁水县河、获泽河等。规划对河道两侧进行生态绿化带建设、恢复河道内生态功能以及两侧山体坡地进行植树造林。周边城镇、村落集中建设区的外围，种植本土树木，形成 10 ～ 30 m 宽的树木围合。河道周边挖土开矿造成土层裸露的区域，恢复植被覆盖。

13.3.1.4 地下水资源保护方案

1. 替代水源工程

针对高平岩溶水超采区，巴公、北石店和市区岩溶水超采亚区的关井压采，建设替代水源工程，主要包括郭壁供水改造工程、张峰水库供水工程和寒武系供水水源地建设工程。

2. 关井压采工程

高平岩溶水超采区规划关闭岩溶深井 3 眼，晋城城郊岩溶水超采区规划关闭岩溶深井 33 眼。

3. 超采区水位监测工程

晋城市城郊岩溶水超采区增加 4 眼岩溶地下水位监测井，高平市小型岩溶水超采区增加 4 眼岩溶地下水位监测井。

4. 地下水监测系统工程

对城市公共供水水源井和城乡工业自备井，实行实时监测。对农村分散式开采的农业灌溉用机井，要逐步提高计量率，对机电井做到一井一表。规划建设地下水位监测井 95 眼，水质监测井 114 眼，建立地下水井管理信息系统；完善水量、水质监控信息系统。

13.3.1.5　泉域水生态修复方案

1. 水源置换工程

三姑泉域内主要地表水供水工程为张峰水库供水工程和郭壁供水工程，可作为地下水的替代水源。近期建设张峰水库泽州北部农村饮水工程作为城郊中型岩溶水超采区的水源置换工程。近期对泉域内建成时间较长、淤积现象较严重的水库开展清淤工程，总清淤库容为 3 576.25 万 m^3。

2. 关井压采工程

三姑泉域近期通过张峰水库供水工程和郭壁供水工程作为置换水源，高平小型岩溶水超采区压采 16 眼水井，城区水源地压采 72 眼水井，北石店水源地压采 50 眼水井，巴公水源地压采 45 眼水井，供水管网覆盖的未超采区压采 12 眼水井。

3. 废井封堵工程

对延河泉沁水县、阳城县止水失效的 8 眼岩溶井进行修复，完成后可以防止煤系地层水和浅层地下水流入岩溶含水层，减少岩溶地下水的污染源。

4. 水源涵养工程

三姑泉域采取植树造林措施涵养水源，计划到 2030 年，地表覆盖率达到 70%；在泽州县建设 5 座小型淤地坝工程以控制水土流失量，减少入河泥沙的排放；计划远期在泉域东部灰岩裸露、半裸露区及河道渗漏段修建渗漏回灌水库 14 座，回灌补给地下水 2 069 万 m^3/a。延河泉域实施水土保持植树造林绿化工程，2020 年绿化面积达 50 km^2。

5. 非常规水源综合利用

三姑泉域对煤矿企业矿坑水综合利用，主要回用于矿井开采、原煤洗选用水和公共生活用水；中水回用于农业灌溉、工业冷却、城镇生活杂用水和生态环境用水。

6. 煤炭资源开采生态保护修复

三姑泉域从土地复垦和水环境修复 2 个方面进行生态保护与修复。土地复垦包括裂缝治理工程技术措施、土地平整工程、废弃场地复垦工程、林草地补植工程；水环境修复包括对现有废水治理设施进行改造、对部分废弃矿井外排的废水和环境污染和生态破坏严重的区域进行综合治理。

7. 地下水监测系统建设

根据三姑泉域的水文地质条件，近期新增寒武统地下水水量、水质监测

系统水井 14 眼，其中新凿的寒武井 9 眼，在已有寒武井基础上布设监测系统
5 眼。延河泉建设水质分析中心 1 处，新布设岩溶地下水观测孔 30 眼，配置
水位监测设备，建立延河泉域监控网络。

13.3.1.6　饮用水水源地保护方案

1. 水源地隔离防护工程

规划对郭壁水源地、晋城市主城区水源地、北石店水源地、高平市城北
水源地、高平市川起水源地、沁水县大坪水源地、沁水县万庆元水源地等 7
个地下水水源地井群，分别采取相应的工程措施，主要包括隔离防护工程、
污染综合整治、生态保护与修复措施。

2. 水源地保护工程

在陵川县的磨河水源地治理水土流失，建设小型污水净化处理设施、水
源涵养林等。

13.3.2　非工程措施

非工程措施是与工程措施配合协调的，有关水资源管理的法律、行政、
经济技术、宣传教育等方面的制度与措施。应根据水资源配置配置方案和水
资源开发利用以及生态环境保护的总体布局，紧密结合基础设施建设实施计
划来制订。

（1）制定合理控制和调控水资源需求的机制和制度。

加强对水资源的需求管理，实行用水总量控制和定额管理，以提高用水
效率为核心，加大各种非工程措施节水的力度，建立合理的水价形成机制，
建立高效、公平、可持续的水资源配置和管理制度，实现流域和区域水资源
的优化配置。

（2）制订水资源实时调度系统的方案。

建立和完善水资源管理信息与决策支持系统，实行地表水与地下水联合
运用、跨流域调水与当地水源联合调度的多种水源合理开发，进行科学调度，
提高水资源承载能力。

（3）改进水资源利用方式。

研究制定水资源利用由粗放经济型向集约型转变的政策性措施与经济手
段，通过水平衡测试、合同节水管理模式等方式方法，促进节约用水，提高
用水效率。

（4）制定保护生态环境的管理措施与制度。

以加快沁河、丹河河道全面综合治理为主，加大城市内河道清淤治理力

度。结合不同水域的功能要求和水质标准要求，确定河流的纳污能力，建立入河排污总量控制与管理制度；建立严格的泉域保护和供水水源地保护制度，加强入河排污口管理，有效保护水资源和水生态环境，使全市水功能区水质达标率达到 80% 以上。

（5）加强水资源监测系统建设。

制定实行水资源数量与质量、供水与用水、排污与环境相结合的统一监测网络体系；建立完善供、用、排计量设施，建立现代化水资源监测系统。

（6）加强科技队伍建设，提高决策的科学化。

加强人力资源建设，增强全社会水资源可持续利用的观念，依靠科技创新和推广，提高决策的科学化和民主化水平，提高实施总体布局和实施方案的现代化科技水平。

（7）加强水资源利用和保护的宣传工作。

通过电视、网络、新媒体等各种平台和手段加强水资源利用和保护的宣传工作，树立正确的用水、节水和水生态保护观念，营造全民参与的社会氛围，充分发挥人民群众自主和监督的作用。

（8）充分利用经济手段促进水资源的利用和保护。

进一步调整水价，试点开展水权交易制度，利用经济手段促进非常规水源的综合利用、社会经济的产业结构调整，以及节水技术和工艺的推广。

（9）实施组织保障措施。

为促进水资源的合理开发利用、社会经济发展和提高人民生活质量，按照流域管理与行政区域管理相结合的制度，进行水资源统一管理和保护工作，对水资源的开发利用、保护进行有计划的统一领导。

13.4　实施效果分析

本次水资源配置在统筹分析晋城市经济社会发展情势、水资源开发利用和节约保护等的基础上，进行了需水和供水预测，提出了水资源配置、节水、水资源保护，泉域水生态修复及水源地保护措施方案。通过方案的实施，可为经济社会发展提供水安全保障，在保障人民大众幸福生活，为晋城市社会稳定创造条件的同时，将促进社会经济水平的进一步提高，保证地表水体的生态需水和环境质量，促进地下水的采补平衡，保障晋城市经济社会与生态环境的协调发展。

（1）水资源配置在综合分析晋城市晋城市人口、GDP、主要产品产量等经济社会发展指标和水资源条件的基础上，结合经济社会发展规划，对供水、需水进行了合理预测和水量优化配置。配置方案实施后，供水能力新增 9 849 万 m^3，晋城市生活用水和工业生产用水保证率可达到 95%，农业用水保证率可达到 75% 以上，可明显改善晋城市水资源分布不均和工程性缺水状况，提高用水保障程度和水资源承载能力，为经济社会创造更多效益提供水资源支撑，可以实现晋城市水资源开发利用与经济社会的协调发展。

（2）水资源配置严格落实新时期治水思路和最严格水资源管理制度的要求，提升水资源集约节约利用水平。通过强化城镇生活用水、农业、工业节水水平，到 2020 年和 2030 年，公共供水管网漏损率分别提升到 11% 和 8%，农田灌溉水有效利用系数分别达到 0.63 和 0.69；工业用水重复利用率分别增加至 89.1% 和 90.2%。节水方案实施后，提高了用水效率，节约了水资源，缓解了水资源的供需矛盾，进一步提高了晋城市的用水保障程度和水资源承载能力；减少了污水的排放，改善了生态环境；节省了供水工程的投资和运行费用，同时节水设备、节水工艺和节水技术的发展将带动一批相关产业的发展，成为晋城市经济发展的一个新的增长点。

（3）水资源配置坚持水资源开发利用与治理保护的协调可持续发展理念，根据水功能区纳污能力对污染物排放总量及入河总量进行有效控制，提高污水处理率和回用率，加强面源污染治理，可有效减少地表水污染，保护地表水环境。通过修复河道生态功能、建设湿地和生态景观、加强河源保护等，可提高河道内与河道外的环境需水保障程度，改善水环境与水生态状况，减少河流泥沙，减轻河道、水库的淤积，改善居民的生存环境和生态环境。同时，生态环境的改善可为晋城市经济社会发展创造更多间接和直接的经济效益。

（4）水资源配置充分考虑了地下水保护与生态修复的要求，划定了地下水功能区，并提出了保护目标。通过采取关井压采、水源涵养等措施，可加快泉域岩溶地下水位回升，缓解由于地下水超采引起的一系列生态环境问题，在合理开发利用泉域水资源、保护泉域水环境和涵养泉域岩溶地下水资源的基础上，保障了人民群众对生态环境的需求，促进了水资源开发利用与保护生态环境、保障经济社会的协调可持续发展。

（5）水资源配置强化了饮用水水源地的安全保障能力，通过实施水源地保护措施，对饮用水水源地供水水量、水质、监控和管理等方面开展综合保护，一方面可以完善饮用水供水体系，提高用水保障程度，保障群众饮水安全；另一方面可以提高应对突发水污染事件的能力，减少因饮用水问题对人民群众生命健康和生态环境造成的经济损失，保障经济社会安全有序发展。

参 考 文 献

[1] 王炜. 水资源公允配置理论研究 [D]. 中国地质大学（北京），2011.

[2] 邓铭江. 中国西北"水三线"空间格局与水资源配置方略 [J]. 地理学报，2018(7)：1189-1203.

[3] 陈文艳，易斐，李亚非，等. 水资源配置与区域发展的适应性分析浅议 [J]. 中国水利，2018(7)：15-17

[4] 王浩. 水资源配置理论与方法探讨 [J]. 水利规划与设计，2004 (S1)，50-56.

[5] 王伟荣，张玲玲. 最严格水资源管理制度背景下的水资源配置分析 [J]. 水电能源科学，2014，32(2)：38-41.

[6] 粟晓玲. 石羊河流域面向生态的水资源合理配置理论与模型研究 [D]. 杨凌：西北农林科技大学，2007

[7] 王刚，张诚，程兵芬，等. 变化环境下我国流域水资源管理的若干思考 [J]. 水电能源科学，2011(12)：8-12.

[8] 最严格水资源管理制度的提出背景及其内涵解读——引自胡四一副部长解读《国务院关于实行最严格水资源管理制度的意见》[C]// 中国水利学会水资源专业委员会 2012 年会暨学术讨论会. 2012：8-13.

[9] 方子杰，涂成杰，刘俊威. 对坚持五大发展理念与科学治水方针、推进水利供需改革与转型发展的思考及探索 [J]. 水利发展研究，2016(3)：8-13.

[10] 陈进，黄薇. 实施水资源三条红线管理有关问题的探讨 [J]. 中国水利，2011(6)：3.

[11] "十三五"水资源消耗总量和强度双控行动方案 [J]. 水政水资源，2016(B12)：3.

[12] 陈雷. 实行最严格的水资源管理制度保障经济社会可持续发展 [J]. 中国水利，2009，26(5)：9-17.

[13] 梁士奎，左其亭. 基于人水和谐和"三条红线"的水资源配置研究 [J]. 水利水电技术，2013，44(7)：1-4.

[14] 顾洪. 树立底线思维 强化水资源"三条红线" 控制指标刚性约束 [J]. 中国水利，2016(13)：12-13.

[15] 张军社. 限制纳污红线实施的保障措施 [J]. 北京农业，2015(24)：136-137.

[16] 王晓敏. 山西省晋城市煤化工产业发展方向的探讨 [J]. 现代工业经济和信息化，2016(23)：5-6.

[17] 柳长顺，刘昌明，杨红. 流域水资源合理配置与管理研究 [M]. 北京：中国水利

水电出版社，2007.

[18] 唐青凤．煤炭型城市推广合同节水管理的前景——以山西省晋城市为例 [J]．中国水利，2018(11)：13-14, 26.

[19] 郭晓燕．晋城市节水型社会建设现状与经验浅析 [J]．南方农业，2015, 9(3)：40-42.

[20] 贾梦璐．山西晋城生态文明建设研究 [D]．太原：山西大学，2016.

[21] 常慧琳．市级区域生态保护红线划定研究 [D]．太原：太原理工大学，2017.

[22] 王政友．水文地质类型区划分及确定研究 [J]．地下水，2009, 31(6)：143-145.

[23] 山西省水利厅．山西省县（市、区）水文地质类型区划分工作大纲．2008.

[24] 唐青凤．晋城市水文地质类型区划分初探 [J]．山西水利，2012(3)：21-22.

[25] 晋城市统计局．晋城统计年鉴．2016[M]．北京：中国统计出版社，2016.

[26] 汪晓文，李明，张云晟．中国产业结构演进与发展：70年回顾与展望 [J]．经济问题，2019(8)：1-10.

[27] 吴连霞，赵媛，管卫华．江苏省人口城乡结构差异的多尺度研究 [J]．长江流域资源与环境，2016, 25(1)：25-38.

[28] 程丽琳．山西产业结构与人口结构耦合关联研究 [D]．太原：山西大学，2013.

[29] 郑连生．广义水资源与适水发展 [M]．北京：中国水利水电出版社，2009.

[30] 水资源术语：GB/T 30943—2014[S].

[31] 本刊编辑部．笔谈：水资源的定义和内涵 [J]．水科学进展，1991, 2(3)：206-215.

[32] 中华人民共和国水利部．水文基本术语和符号标准 [M]．北京：中国计划出版社，2014.

[33] 程涛，崔英，鱼京善，等．全国水资源分区社会经济及用水量数据汇总系统设计与实践 [J]．北京师范大学学报（自然科学版），2014(5)：515-522.

[34] 吕彤．区域水资源供需分析及合理利用研究 [D]．南京：河海大学，2007.

[35] 梁永平，赵春红．中国北方岩溶水功能 [J]．中国矿业，2018, 27(S2)：297-299, 305.

[36] 韩行瑞，鲁荣安，李庆松．岩溶水系统——山西岩溶大泉研究 [M]．北京：地质出版社，1993.

[37] 山西省水利厅．山西省岩溶泉域水资源保护 [M]．北京：中国水利水电出版社，2008.

[38] 潘荦，黄晓荣，魏晓玥，等．三种常用水质评价方法的对比分析研究 [J]．中国农村水利水电，2019(6)：51-55.

[39] 郭秀红，赵辉．浅谈地下水超采区划分 [J]．中国水利，2015(1)：41-43.

[40] 蒋春云．太原市地下水化学特征及水质分析评价 [D]．中国地质大学（北京），

2018.

[41] 地下水质量标准：GB/T 14848—2017[S].

[42] 褚俊英，桑学锋，严子奇，等．水资源开发利用总量控制的理论、模式与路径探索 [J]．节水灌溉，2016(6)：85-89.

[43] 周璞，侯华丽，安翠娟，等．水资源开发利用合理性评价模型构建及应用 [J]．东北师大学报（自然科学），2014，46(2)：125-131.

[44] 左其亭，张志强．人水和谐理论在最严格水资源管理中的应用 [J]．人民黄河，2014，36(8)：47-51.

[45] 李东琴．水资源开发利用程度评价方法及应用研究 [D]．郑州：华北水利水电大学，2016.

[46] 中华人民共和国水利部．2015 年中国水资源公报 [R]．2016.

[47] 中华人民共和国水利部．2016 年中国水资源公报 [R]．2017.

[48] 山西省水利厅．2015 年山西省水资源公报 [R]．2016.

[49] 穆荣钦，张欢．我国供水和用水结构的年际变化分析 [J]．贵州科学，2017，35(4)：45-51.

[50] 薛圆圆．基于新维灰色模糊马尔可夫链的城市供排水量预测 [D]．天津：天津大学，2016.

[51] 张贡意．济南市中水回用机制研究 [D]．济南：山东大学，2008.

[52] 中华人民共和国住房和城乡住建部．城镇污水再生利用技术指南（试行）[J]．水务世界，2013(2)：10.

[53] 严凤霞，张玲玲．区域经济发展水平与用水效率的空间计量分析 [J]．人民黄河，2016(3)：41-44.

[54] 朱慧峰，秦复兴，吴耀民，等．上海市万元 GDP 用水量指标体系的建立 [J]．中国给水排水，2003，19(7)：36-37.

[55] 胡峰．城市居民生活用水需求影响因素研究 [D]．杭州：浙江大学，2006.

[56] 李梅艳．农村居民生活用水现状及用水量影响因素分析 [D]．南京：南京农业大学，2011.

[57] 刘翠善．地表水资源开发利用程度、限度和潜力分析 [D]．南京：南京水利科学研究院，2007.

[58] 李淑芳，鲁岚．山西省地下水开发利用程度分析 [J]．地下水，1995(4)：170-172.

[59] 毕二平．晋城市煤炭去产能现状分析与探究 [J]．水力采煤与管道运输，2018(4)：135-137.

[60] 刘爱萍．晋城市中水利用研究 [J]．地下水，2013，35(3)：110-112.

[61] 冯裕华. 煤矿开采对晋城市水资源的影响及治理对策 [J]. 山西水利, 2013(5): 18-19.

[62] 吴芳, 张新锋, 崔雪锋. 中国水资源利用特征及未来趋势分析 [J]. 长江科学院院报, 2017, 34(1): 30-39.

[63] 贺丽媛, 夏军, 张利平. 水资源需求预测的研究现状及发展趋势 [J]. 长江科学院院报, 2007, 24(1): 61-64.

[64] 李云玲. 水资源需求与调控研究 [R]. 中国水利水电科学研究院, 2007: 30.

[65] 尤鑫. 西部地区城镇化水平与经济人口发展变化研究——基于 2000—2010 年西部地区十二个省区面板数据 [J]. 地理科学, 2015, 35(3): 268-274.

[66] 刘国斌, 韩世博. 人口集聚与城镇化协调发展研究 [J]. 人口学刊, 2016, 38(2): 40-48.

[67] 晋城市发展和改革委员会. 晋城市国民经济与社会发展第十三个五年规划纲要 [R]. 2020.

[68] 晋城市水务局. 晋城市水利发展"十三五"规划 [R]. 2016.

[69] 国民经济行业分类与代码: GB/T 4754—2017[S]. 中国国家标准化管理委员会, 2017.

[70] 住房和城乡建设部计划财务与外事司 中国建筑业协会. 2015 年建筑业发展统计分析 [J]. 工程管理学报, 2016, 30(3): 1-13.

[71] 王春超. 城市水资源供需预测方法及应用研究 [D]. 北京: 华北电力大学, 2013.

[72] 张建兴, 崔晓首. 晋城市水资源可持续利用对策研究 [J]. 山西水利, 2014(1): 6-7.

[73] 黄鹏飞, 刘昀竺, 王忠静. 从概念演进重新审视地下水可持续开采量 [J]. 清华大学学报(自然科学版), 2012(6): 771-777.

[74] Alley W M. Sustainability of ground-water resources[R]. U.s.geol.surv. circulation, 1999, 1186.

[75] 迟宝明, 施枫芝, 王福刚, 等. 流域地下水可持续开采量的定义及评价体系 [J]. 水资源保护, 2009, 25(5): 5-9.

[76] 王长申, 王金生, 滕彦国. 地下水可持续开采量评价的前沿问题 [J]. 水文地质工程地质, 2007, 34(4): 44-49.

[77] Galloway D L. The complex future of hydrogeology[J]. Hydrogeology Journal, 2010, 18(4): 807-810.

[78] 陈勇华. 非传统水源利用的调查与思考 [J]. 江苏水利, 2013(11): 39-40.

[79] 廖宣昭. 开阳磷矿矿区矿坑水资源利用研究 [D]. 长沙: 中南大学, 2004.

[80] 高龙, 姜楠, 乔根平. 供水能力统计中的问题与建议 [J]. 水利发展研究, 2010, 10(12): 21-23.

[81] 赵学梅．晋城市水资源评价 [M]．北京：中国水利水电出版社，2008.

[82] 丛璐．松嫩平原（黑龙江） 地下水动态特征及超采区评价研究 [D]．长春：吉林大学，2017.

[83] 彭文启．水功能区限制纳污红线指标体系 [J]．中国水利，2012(7):19-22.

[84] 水功能区划分标准：GB/T 50594—2010[S]．北京：中国计划出版社，2011.

[85] 蔡宇．第二松花江流域纳污能力及限制排污总量研究 [D]．长春：吉林大学，2010.

[86] 沈兴厚．河南省水资源保护规划 [D]．南京：河海大学，2005.

[87] 水域纳污能力计算规程:SL 348—2006[S].

[88] 冷荣艾，郝仁琪．四川省污染物限排总量控制方案的制定 [J]．人民长江，2014(18):53-56.

[89] 殷世芳．水功能区达标率评价及影响因素分析 [J]．人民黄河，2012，34(5):38-39.

[90] 雷付春．辽宁省污染物入河量控制研究 [J]．水利规划与设计，2016(11):56-59.

[91] 陈静超．辽阳市地表水功能区水环境状况及纳污能力分析 [D]．沈阳：沈阳农业大学，2017.

[92] 袁彩凤，孟西林，蒋火华，等．入河排污口在总量控制中的作用 [J]．中国环境监测，1999(3):17-19.

[93] 柴洁．国内外入河排污口管理研究进展 [J]．长江科学院院报，2014，31(8):35-40.

[94] 周涛，贾利．合理规划入河排污口布局 严格纳污总量控制 [J]．治淮，2017(8):10-11.

[95] 杨芳，裴中平，周琴．长江经济带沿江排污口布局与整治规划研究 [J]．三峡生态环境监测，2018.3(2):21-26.

[96] 吴东芳．嫩江干流点污染源入河排污口现状布局分析研究 [D]．长春：吉林大学，2010.